玉米丰产增效栽培

李宗新 曲树杰 李文才 主编

中国农业出版社

编写人员名单

主　　编：李宗新　曲树杰　李文才

副 主 编：刘铁山　张发军　鲁守平　徐立华
张　慧　曹　冰　许增海

编写人员（按姓名笔画排序）：

丁　一　丁照华　于正贵　于林青　于彦丽
方志军　曲树杰　刘　强　刘春晓　刘铁山
许增海　孙　琦　李文才　李宗新　杨　菲
杨竞云　张　慧　张发军　张成华　武　军
周　进　单　娟　姚虹炜　贾　曦　徐立华
徐相波　郭传仑　曹　冰　董　瑞　鲁守平
薛艳芳　穆春华

学术顾问（按姓名笔画排序）：

王庆成　刘传道　汪黎明　张光煌　孟昭东

前言
PREFACE

玉米有7 000年以上的种植历史，遍布六大洲的种植区域，可作为粮食、饲料、能源、果蔬和工业加工原料等。目前，玉米已成为世界及中国种植面积与产量居首位的作物。玉米的丰收与减产是影响粮食贸易形势和畜牧业发展的重要因素之一。很难想象，如果没有了玉米，人们的生活将会变成怎样！长远来看，随着畜牧渔业、食品产业及玉米深加工产业的快速发展，中国玉米需求将继续保持刚性增长。而玉米产业发展目前面临着上有价格“天花板”、下有成本“地板”的双重挤压，有限的种植面积、严峻的生态条件、紧缺的劳动力，也使如何保障玉米增产、稳产、提质成为世界性的难题。大力增加基础设施、生产资料、人力资源、机械装备、科学技术的投入，尤其是注重提高玉米科技创新能力，是缩短玉米理论潜力和实际产量差距的桥梁，是玉米增产、提质、增效的驱动力，可为玉米产业健康发展提供强有力的保障。

针对国家倡导的提升农业科技创新服务能力的要求，山东省济阳县农业局和山东省农业科学院玉米研究所组织有关专家，面向新世纪的农业、农村和农民，立足当前生产实际需求，收集整理了与玉米丰产有关的简明理论和技术，编写了《玉米丰产增效栽培》一书，供广大基层农业技术人员和农民朋友参考。本书得到了山东省现代农业产业技术体系玉米创新团队、山东省财政支持玉米“一增四改”高产栽培技术示范推广项目、国家科技支撑计划课题

(2011BAD16B15，2013BAD07B06)、公益性行业（农业）科研专项经费项目（201203100，201303013）等项目的支持，得到了孟昭东研究员和王庆成研究员的指导，也得到了玉米所领导和县农业局领导的大力支持，在此一并表示感谢！

本书由山东省农业科学院、济阳县农业局、山东省农业机械科学研究院和山东省农村科技促进中心的专家编写。全书共分9章：第一章概述了玉米的发展史和当前生产状况，第二章分析了丰产的关键要素和环节，第三章至第七章按照玉米生产过程详细介绍了良种选择、栽培管理、病虫草害防治及产后加工利用等方面的知识，第八章展望了有借鉴推广价值的部分国外前沿科技成果，第九章简单诠释了玉米产业领域的热点名词。

本书力求涵盖实用的玉米丰产理论和技术，并在编写形式上谋求科学性、严谨性与通俗性、趣味性的统一。由于篇幅和编者水平有限，书中遗漏和错误之处在所难免，恳请读者提出宝贵意见和建议，供今后修正与充实。

编　者

2015年5月

目录
CONTENTS

第一章 辉煌的家族史

“一棵小树五尺高，小孩爬在树半腰，怀中藏着珍珠宝，头上戴着红缨帽。”遍布大千世界的玉米，拥有“饲料之王”的美名。“粮食要大上，玉米扛大梁”。现今玉米已成为我国第一大粮食作物，作为朝阳产业发展前景十分广阔。开卷之初，让我们追寻玉米悠久辉煌的发展历程，层层探秘它的丰产理论与技术。

第一节 玉米起源与分类

一、玉米的起源

（一）玉米的进化

玉米学名玉蜀黍，属于禾本科玉米属，是一年生禾本科草本植物。在我国不同地区，玉米有番麦、玉麦、玉黍、包谷、包芦、棒子、珍珠米等名称，还有的称为六谷，意思是说五谷之外的又一种谷。玉米原产于美洲墨西哥、秘鲁和智利一带，原本是体型很小的草，喜高温，经美洲原住民培育后才出现较大型的玉米。当地古代印第安人种植玉米已有7 000年的历史，是他们培育的主要粮食作物。在秘鲁历史上占有突出地位的光辉灿烂的印加帝国时期，就是以种植玉米为主的时代，也称为“玉米文明”时期。“秘鲁”这个词在印第安人语言里的意思就是“玉米之仓”。墨西哥传说中的特拉洛克神就是印第安阿兹特克族崇拜的玉米神。直到今天，有些印第安部落还以“玉蜀黍”命名，并以此尊称自己的酋长。他们常常把玉米以庄严的形象画在庙宇的墙壁上，雕刻在人首神像的身上。在很多宗教仪式上，都要把最新收获的最美观的玉米果穗作为主要祭品，玉米的雄穗、苞叶和花丝也被作为神的重要装饰品。

关于玉米的起源，一直存在争议，目前还没有定论。比较公认的说法是：栽培玉米起源于有稃玉米，大多数现代玉米都具有大刍草或者摩擦禾的遗传种质。玉米起源于美洲大陆，但是起源中心不止一处。软质型玉米起源于哥伦比亚；硬粒种玉米起源中心在秘鲁；马齿型和爆裂型玉米起源中心在墨西哥；甜质种和有稃种玉米的起源中心在巴拉圭。此外，糯玉米起源于中国，云南、广西一带可能是糯玉米的初生起源中心之一。

（二）中国玉米的由来

中国栽种玉米的历史已经有500多年了，大约在1500年前后传入中国。玉米传入中国的途径说法不一，一般有3种说法：第一种是从西班牙传到麦加，再由麦加经中亚细亚引种到中国西北地区；第二种是先从欧洲传到印度、缅甸等地，再由印度、缅甸引种到中国的西南地区；第三种是先从欧洲传到菲律宾，再由在葡萄牙或菲律宾等地经商的中国人经海路传到中国。比较公认的看法是：陆路传入的可能性大，传播方式先边疆，后内地；先丘陵，后平原。中国最早记载玉米的地方志是明正德年间（1511年）的《颍州志》，颍州在安徽省北部，当时称玉米为珍珠秫。河南《襄城县志》（1551年）、甘肃《平凉府志》（1560年）相继记载了当地种植玉米，分别称为玉麦、番麦、西天麦。“玉米”之名最早见于徐光启编著的《农政全书》（1639年）。在此之前，田艺衡著的《留青日札》（1573年）和李时珍著的《本草纲目》（1590年）都对玉米的植物学形态特征进行了具体的描述。到了明代中后期，各地也纷纷引种种植，迅速推广开来。到了清代，玉米进一步发展成为主要粮食作物，并大面积栽培种植。清道光年间吴其濬著的《植物名实图考》就记载说：“玉麦，陕、蜀、湖皆曰苞谷，山氓持之为命。”可见，在原产地美洲以外，中国也成为玉米种植最为普及的地区之一。

（三）山东玉米的种植历史

山东省种植玉米已经有400多年的历史。玉米刚传入山东时，仅在贵族菜园内作为珍品种植，发展很慢。进入20世纪后，随着人口增多，粮食需求增加，玉米逐渐成为山东各地的重要粮食作物。1914 年山东玉米种植面积已达到 305.51 万亩*。1931 年的《统计月报》记载：山东省有 107 个县，其中 63 个县有玉米统计数字；玉米面积以鲁西北地区最大，胶东次之，鲁南地区无玉米。1934 年出版的《中国实业志·山东省》称："玉蜀黍在鲁省分布颇广，栽培者计达 1 市 1 区 76 县，全省栽培面积达到 615.86 万亩"。1952 年《山东省志》记载："麦为中等人家主食，贫农多恃稷、高粱、山芋、玉蜀黍等"。可见，当时玉米种植已经较普遍。现在，全省 139 县市区都有较大的玉米种植面积，总种植面积已经超过 4 500万亩，已成为左右山东省粮食安全供给的重要粮食作物。

二、玉米的分类

玉米在长期的栽培过程中，由于人类的定向培养以及对环境适应的不断变化，形成了一个庞大的家族体系。根据玉米的生物学特性以及在生产上的利用情况，我们常常按籽粒形态与结构、生育期、籽粒的用途与组成、株形四类方法进行分类。

（一）按籽粒形态与结构分类

根据籽粒稃壳的有无、籽粒形状及胚乳性质，可将玉米分为 9 个类型。

1. 硬粒型　又称硬粒种或燧石种。果穗多呈锥形，籽粒顶部呈圆形。由于胚乳外周是角质淀粉，只有里面居中的部分为粉质胚乳，故籽粒外表透明，外皮具光泽，且坚硬平滑，多为黄色，也有紫红色。食味品质优良，适应性强，耐瘠、成熟期较早，产量较低但较稳定，是中国长期以来栽培较多的一种玉米。

2. 马齿型　又称马牙种。果穗多呈圆筒形，籽粒长而扁呈方形或长方形，籽粒的两侧为角质胚乳，中央和顶部为粉质胚乳，成熟时顶部粉质胚乳失水干燥较快，故籽粒顶端凹陷呈马齿状，因此得名。多为黄白粒，食味品质不如硬粒型。植株高大，耐肥水，产

---

* 亩为非法定计量单位，1 亩≈667 米^2。——编者注

量高，成熟较迟。目前栽培面积较大。

3. 半马齿型 介于硬粒型与马齿型之间，又称中间型。与马齿型比较，籽粒顶端凹陷不明显或呈乳白色的圆顶，角质胚乳较多，种皮较厚，边缘较圆。是由硬粒种和马齿种杂交产生的，产量较高。但它还不是一种稳定的种型。

4. 爆裂型 又名玉米麦或爆裂种。每株结穗较多，但果穗与籽粒都小，籽粒圆形，顶端突出，胚乳几乎全为角质。籽粒加热时，由于淀粉粒内的水分遇到高温形成蒸汽而爆裂，籽粒涨开如花。爆裂后的体积比原来大 2 倍多。爆裂型玉米按籽粒形状还可分为两类：米粒形，籽粒小如稻米状，顶端带尖；珍珠形，籽粒顶部呈圆顶形如珍珠一样。

5. 甜质型 又称甜玉米，植株矮小，果穗小。胚乳中含有较多的糖分及水分，成熟时籽粒因水分散失而皱缩，坚硬呈半透明状。多为角质胚乳，粉质胚乳含量很低，并且胚大。乳熟期籽粒含糖量为 15％～18％，多做蔬菜或制罐头用。

6. 甜粉型 籽粒上部为甜质型角质胚乳，下部为粉质胚乳，较为罕见，中国很少栽培。

7. 蜡质型 又名糯质型，食用时黏性较大，故又称黏玉米。果穗较小，角质层充满籽粒胚乳部分，胚乳几乎全部由支链淀粉构成，不透明，坚硬平滑，无光泽如蜡状，水解后易形成胶黏状的糊精。蜡质型玉米的胚乳遇碘液呈棕红色反应。

8. 有稃型 籽粒为较长的稃壳（颖皮和内外稃的变型）所包被，故名有稃型。稃壳顶端有时有芒，有较强的自花不孕性，雄花序发达，常有着生籽粒的现象，是原始类型。籽粒外皮坚硬，脱粒困难，无栽培价值。

9. 粉质型 又名软粒型，果穗及籽粒形状与硬粒型相似。缺角质胚乳，胚乳完全为粉质，籽粒乳白色，内部松软且无光泽，是淀粉制造业和酿造业的优良原料。

（二）按生育期分类

由于遗传上的差异，不同的玉米类型从播种到成熟，其生育期长短不一。中国栽培的玉米品种，生育期一般为 70～150 天，根据它们生育期的长短，可分为早熟、中熟、晚熟三大类型。

1. 早熟品种　春播生育期 80～100 天，有效积温2 000～2 200℃；夏播 70～85 天，积温为1 800～2 100℃。早熟品种一般植株矮小，叶片数量少，一般为 14～17 片。由于生育期的限制，产量潜力较小，籽粒小，千粒重为 150～200 克。

2. 中熟品种　春播生育期 100～120 天，有效积温2 300～2 500℃；夏播 85～95 天，积温2 100～2 200℃。叶片数较早熟品种多而较晚播品种少，多为 18～20 片。千粒重为 200～300 克，产量较高，适应地区广。

3. 晚熟品种　春播生育期 120～150 天，有效积温2 500～2 800℃；夏播 96 天以上，积温2 300℃以上。一般植株高大，叶片数多，多为 21～25 片。由于生育期长，产量潜力较大，籽粒大，千粒重约为 300 克。

值得注意的是，玉米生育期的长短，随环境不同会发生变化。由于温度高低和光照时数的差异，玉米品种在南北向引种时，生育期会发生变化。一般规律是：北方品种向南方引种，常因日照短、温度高而缩短生育期；反之，向北引种生育期会有所延长。因此，各地划分早、中、晚熟的标准并不完全一致。

（三）按用途与籽粒组成分类

根据籽粒的组成成分及特殊用途，可将玉米分为普通玉米和特用玉米两大类。

1. 普通玉米　普通玉米就是常见的大田玉米，其籽粒的组成成分差异不大，一般没有特殊的用途。

2. 特用玉米　指普通玉米以外的各种玉米籽粒类型，一般具有较高的经济价值、营养价值和加工利用价值。由于各自不同的内在遗传组成，表现出各具特色的籽粒构造、营养成分、加工品质以及食用风味等特征，因而有着各自特殊的用途、加工要求和相应的销售市场。特用玉米的主要类型有：优质蛋白玉米、高油玉米、糯玉米、爆裂玉米、甜玉米等。

（1）优质蛋白玉米。也称高赖氨酸玉米。优质蛋白玉米籽粒中赖氨酸和色氨酸含量比普通玉米高 80％～100％。优质蛋白玉米的营养价值相当高，可以媲美脱脂奶，利用优质蛋白玉米生产传统食品可改善营养状况，其生产的玉米面团的风味、延展性和颜色更加理想，加工的食品具有无可比拟的香味和口感。中国玉米大部分用作畜禽饲料，但仍不能满足国内饲料的需求。而优质蛋白玉米比普通玉米的净蛋白利用率高 4.39 倍，饲用价值高，用作饲料养猪，猪的日增重可较普通玉米提高 50％～110％。另外，许多农民没有足够的现金去购买价格昂贵的配合饲料，所以只能用原粮作饲料。优质蛋白玉米能够取代传统饲料或价格昂贵的配合饲料，在贫困山区更有推广价值。因此，高产优质蛋白玉米品种的育成与推广，将有力推动中国畜牧业及家禽饲养业的发展，从而提高人民群众的生活水平。

（2）高油玉米。玉米油是一种高含不饱和脂肪酸（高达80％～85％）的健康油脂，普通玉米的含油量为 4％～5％，而培育的高油玉米含油量可达 7％以上。高油玉米的育成和推广应用，使玉米本身的用途发生了改变，从单纯的粮食或饲料作物变成了油粮或油饲作物。一般高油玉米群体或综合种具有植株较高、株形松散、雄穗较发达等特点，其籽粒表面光滑，有光泽，胚较大，而且胚的大小决定了含油量的高低。每 500 千克高油玉米可生产 35～40 千克玉米油，其含油量相当于 175～200 千克大豆或 88～125 千克油菜籽的含油量。油分提取后的 460～465 千克产品仍可作工业原料、粮食或饲料。除此以外，与普通玉米相比，它还具有多方面的优越性。高油玉米还具有较高的蛋白质含量、赖氨酸含量和类胡萝卜素含量，是重要的优质饲料。高油玉米是一个技术含量较高的高科技产品，发展高油玉米生产可促进农业、畜牧和加工产业相结合。

（3）高淀粉玉米。玉米是主要的淀粉加工作物，普通玉米籽粒的淀粉含量为 65％左右，而培育的专用高淀粉玉米的籽粒淀粉含量可达 72％以上。玉米籽粒中淀粉分两种类型：直链淀粉和支链淀粉。普通玉米的淀粉一般是 28％的直链淀粉和 72％的支链淀粉，糯玉米籽粒中的淀粉约100%为支链淀粉，高直链淀粉玉米籽粒中有高达60%以上的直链淀粉和不到40%的支链淀粉。高淀粉玉米可广泛用于食品、医药、造纸、化学、纺织、能源等领域。直链淀粉在工业上应用十分广泛，而且具有特殊用途。在保健食品方面，直链淀粉可作为低脂肪、低热量食物添加物，其水解产物可替代食品中的脂肪。用直链淀粉取代聚苯乙烯生产可降解塑料，具有极好的透明度、柔韧性、抗张强度、水不溶性，对解决白色污染、保护环境具有深远意义。

（4）糯玉米。由于黏软清香、甘甜适口，近年来黏糯玉米渐渐成为人们喜爱的一种健康食品。糯玉米的黏性主要是因其胚乳中支链淀粉高达95%以上，水解后易形成黏稠状的糊精。糯玉米籽粒表面光滑，不透明，无光泽，呈坚硬晶状，显示蜡质特性，易为人体消化吸收，糯性强、风味独特，是食品工业的理想原料。糯玉米具有较高的黏滞性及适口性，可以鲜食或制罐头，中国还有用糯玉米代替黏米制作糕点的习惯。秸秆可作优质青贮饲料，糯玉米食用消化率比普通玉米高20%以上，因而有较高的饲料转化率。通过养猪、养肉牛、养羊和养鸡试验，饲喂糯玉米的羔羊日增重比普通玉米高20%，饲料效率提高14.3%；饲喂糯玉米的良种肥肉牛，饲料效率比普通玉米增加10%以上。根据中国优越的自然条件和生产、生活需要，发展糯玉米淀粉不仅对提高食品工业的产品质量有重要作用，而且对中国纺织工业、造纸工业以及黏着剂工业的发展也有重要作用。

（5）甜玉米。甜玉米是人们培育的一种籽粒高含糖分的玉米类型，其籽粒在乳熟期积累大量的糖分，一般糖分含量为8%以上，是普通玉米的2～5倍，口味很甜，但至成熟时籽粒表面皱缩，糖分减少，甜度明显下降。根据遗传类型、胚乳中碳水化合物的组成和性质、籽粒表现型等，甜玉米又可分为普甜玉米、加强甜玉米、超甜玉米和脆甜玉米等。普甜玉米的适宜采收期较短，一般只有2～3天，主要用作制造粒状或糊状罐头；加强甜玉米甜度高，嫩度好，风味佳，采收期长，是加工贮存和熟食青穗的理想品种，可用作鲜食、速冻和制罐头；超甜玉米的甜度高，采收期和贮藏期较长，一般一周左右，但种子发芽率低，果皮较厚，主要用于熟食青穗和速冻食品。甜玉米在发达国家销量较大，在中国沿海城市，特别在东南沿海省份有较大面积。

（6）爆裂玉米。爆米花是人们喜欢的一种食品，爆裂玉米是生产爆米花的主要原料，其籽粒中角质胚乳含量高，在常压下淀粉粒内的水分遇高温爆裂会形成蝶形或蘑菇形玉米花。50 克爆米花可以供应相当于 2 个鸡蛋的能量，是一种高营养、易消化的方便食品。果皮特性、胚乳结构、籽粒含水量、籽粒大小和爆花时的温度等决定爆裂玉米的爆花率和膨胀系数。近几年来，爆米花作为风味食品，在大中城市的消费量正迅速上升。

（7）笋玉米。幼嫩的玉米雌穗具有较高的营养价值，富含人体所必需的氨基酸、维生素、纤维素等营养物质，可以加工罐头，也可以作为蔬菜食用。笋玉米即是专门用于采摘刚抽花丝而未受精的玉米笋作为加工罐头、速冻或鲜食的玉米品种，是当今世界上新兴的一种低热量、高纤维、无胆固醇的特种蔬菜。笋玉米的生育期短，多穗，适于密植，鲜穗产量较高。笋玉米作为一种新型的经济作物，对调整当前农村种植结构，增加农民收入有一定的作用。

（8）青饲玉米。玉米的茎秆是重要的饲料来源，培育的青饲玉米品种是专门用于采收青绿的玉米茎叶和果穗作饲料的一类玉米。青饲玉米可分两类，一类是分蘖多穗型，另一类是单秆大穗型。青饲玉米单产绿色生物产量在4 000千克/亩以上，在收割时青穗占全株鲜重比不低于 25%。青饲青贮玉米茎叶柔嫩多汁、营养丰富，尤其经过微贮发酵以后，适口性更好，转化利用率更高，是畜禽的优质饲料来源。

（四）按株型分类

根据玉米植株抽雄后，穗位上和穗位下茎叶夹角及叶向值的大小，可将玉米划分为紧凑型、半紧凑型（中间型）和平展型三类。紧凑型品种穗位以上叶片茎叶夹角小于 20°，直立上举，穗位以下叶片茎叶夹角小于 35°，如登海 661。半紧凑型（中间型）品种穗位以上叶片茎叶夹角为20°～35°，较直立上举，穗位以下叶片茎叶夹角为35°～50°，较平展，如鲁单818。平展型品种穗位以上叶片茎叶夹角大于35°，拱形，穗位以下叶片茎叶夹角大于50°，平展下披，如农大108。

第二节　玉米地位与用途

一、玉米在农业生产中的地位

玉米是粮食、经济、饲料、能源、果蔬等多元用途作物。玉米光合作用效率较高，比小麦、水稻、大豆等作物高2～3倍，单产潜力大。2013年世界玉米平均单产为368千克/亩，分别比小麦（218千克/亩）、水稻（302千克/亩）高68.81%、21.85%。近年来，世界玉米产业在科技进步的带动下发展较快，玉米单位面积产量、总产量和在谷物生产中所占比重不断提升。据联合国粮农组织统计，2013年世界玉米总产量和占粮食总产比重为10.17亿吨、41%，均显著高于水稻（7.46亿吨、30%）和小麦（7.13亿吨、28%），玉米是无可争议的世界第一大粮食作物。

玉米也是中国第一大粮食作物，2014年全国玉米总种植面积为5.56亿亩，总产量达到2.11亿吨，均为全国第一。在国家新增500亿千克粮食生产能力规划中，玉米分担着其中53%的增产份额，玉米产量的丰与歉已成为左右中国粮食供求形势的重要因素。近年来，在各项支农惠农政策的支持及玉米“千斤省”活动的带动下，山东省玉米高产创建与玉米科研创新工作卓有成效，有力地带动了山东省玉米生产能力的提高。到2013年，山东省玉米种植面积达到了4 591.1万亩，平均428.55千克/亩，总产达到历史最高1 967.5万吨，已经实现连续12年增产。同时，山东省玉米产量占全省粮食作物总产的比重也不断提升，2001年超过40%，近几年一直维持在44%左右。近年来，随着中国经济的发展和居民消费水平的提高，特别是畜牧业和玉米精深加工链拓延和产业扩张，玉米需求量逐年快速增长，目前已呈现严重的供不应求的局面。2012

年，全国玉米进口 520.6 万吨，历史上进口玉米最多的一年。从长远看，中国玉米需求将继续保持刚性增长，玉米产业供需将处于紧平衡状态，玉米产业的发展前景十分广阔。

二、玉米的用途

玉米全身都是宝，其籽粒和植株在营养成分方面的特点决定了综合利用大有前途，常被称为“黄金作物”。它不仅是优良的食用、饲用和药用作物，也是重要的工业原料。随着科学技术的发展和经济领域的拓宽，玉米的用途越来越广泛，在人民生活中将发挥越来越大的作用。

（一）食用

玉米是三大粮食作物之一，食用消费占玉米总消费的比重10％左右。玉米是重要的传统食品，其籽粒中含有丰富的营养成分，籽粒中平均含淀粉 73.0％、脂肪 4.3％、蛋白质 8.5％、糖分 1.58％、纤维素 1.92％和 1.56％的矿质元素。在玉米的故乡墨西哥，“国菜”玉米饼的年消耗量达到1 200万吨，人们无论贫富贵贱都非常喜欢食用；在发达国家和地区，玉米也作为补充人体所必需的铁、镁等矿物质的来源而被人们广泛食用；在某些贫困国家和地区，玉米依然是人们廉价的果腹之物。伴随着国民经济发展和人民生活水平的提高，玉米已不再作为中国人民主要的食物，除有部分玉米面粉方面的直接消费外，一些以玉米为主要原料的加工食品正在兴起。主要产品有玉米面食、特制玉米粉和胚粉、玉米人造米、玉米片、膨化食品、玉米啤酒、甜玉米、糯玉米和爆裂玉米等。

（二）饲用

玉米籽粒和茎叶消化率高，营养价值高，是发展畜牧业的优良饲料，具有“饲料之王”的美称。生产实践表明，平均每生产 1 千克肉、蛋、奶混合产品，需消耗配合饲料 1.61 千克，其中玉米就占 1 千克（约 60％）。玉米籽粒和茎叶中含有丰富的碳水化合物、蛋白质、脂肪以及各种矿物质和维生素，对提高肉蛋奶产量具有显著效果。研究表明，100 千克玉米籽粒的饲用价值相当于 135 千克燕麦、130 千克大麦或 120 千克高粱。收获果穗后的玉米茎叶，作青贮饲料饲养家畜，清脆可口，含维生素较多，牲畜吃后易增膘，毛色发亮，粪便不干燥。世界上畜牧业发达国家有 70%～80%的玉米都用作饲料。2014 年中国饲用玉米消费量达到11 700万吨，约占玉米总产量的 62%。同时，中国饲用玉米消费区域分布较广，既包括了玉米主产地区，也包括了广大的南方等非主产区。随着我国人民生活水平的提高和畜牧业的发展，玉米的饲用价值会越来越高。

（三）工业加工

玉米是重要的工业原料，是粮食作物中加工链条最长、加工产品最多的品种，因此，有人把玉米比喻为“皇冠上的珍珠”。玉米的工业用途主要体现在 4 个方面：淀粉制取、发酵加工、制糖和玉米油。全球利用玉米进行粗加工和深加工而生产的产品超过3 000种，我国玉米加工产品有 400 多种。

2000 年以来，伴随着国际市场以石油为代表的国际能源价格的飞速上涨，在世界范围内出现了寻求替代能源的热潮，刺激了中国玉米深加工的飞速发展和加工能力不断提高，玉米消耗量年增长速度在 20%左右。据统计，2001/2002 年度，中国玉米深加工实际消费玉米为1 250万吨，而 2011/2012 年度，玉米工业加工用消费量达到5 700万吨，约占玉米总产量的 30%。玉米深加工的迅速发展改变了以玉米为主要饲料消费的单一消费结构，延伸了玉米工业的产业链条。

（四）药用

玉米在医药上也有着广泛的用途。玉米淀粉在现代医药工业可作为培养基的原料生产青霉素、链霉素、金霉素、红霉素和氯霉素等。玉米淀粉还可制造葡萄糖、降压剂、麻醉剂和利尿剂等。玉米须（花丝）煎药有利尿的作用，玉米穗轴、种皮也有一定的药用价值。玉米花粉中含有 18 种氨基酸、蛋白质、脂肪、碳水化合物、核酸，还有维生素 A、维生素 B_2、维生素 C、维生素 D、维生素 E，以及多种微量元素，具有滋补强身、抗疲劳、延缓衰老和健美作用。玉米中的维生素B_6、烟酸等成分，具有刺激胃肠蠕动、加速粪便排泄的特性，可防治便秘、肠炎、肠癌等。玉米富含维生素C等，有长寿、美容作用。玉米胚尖所含的营养物质有增强人体新陈代谢、调整神经系统功能，能起到使皮肤细嫩光滑，抑制、延缓皱纹产生作用，因此，吃玉米时应把玉米粒的胚尖全部吃进。玉米熟吃更佳，烹调尽管使玉米损失了部分维生素C，却获得了更有营养价值的更高的抗氧化剂活性。

第三节　玉米生产概况与对策

一、全国玉米生产概况

世界玉米产区分布十分广泛，种植玉米的北界达到北纬18°，南界达到南纬40°，主要分布在亚洲、北美洲、非洲、南美洲和欧洲，其中，北美洲和亚洲的玉米产量合计约占世界总产量的72.1%。全世界有165个国家和地区生产玉米，美国、中国、巴西、墨西哥、阿根廷是世界上最主要的玉米生产国，这5个国家的玉米播种面积占世界总播种面积的近60%，产量之和占世界玉米总产量的70%以上。近十几年来，中国玉米总产量增长了近70%，在全球范围内是总产量增长最快的国家。据世界粮农组织（FAO）2001—2012年统计数据显示，中国玉米播种面积平均占世界玉米播种面积的18.8%，总产量平均占20.1%。可见，中国玉米生产在全球占有十分重要的地位。

（一）种植区域分布

中国幅员辽阔，气候资源差异较大，玉米种植形式多样，种植区域分布广。东北、华北北部由于纬度及海拔高度的原因，积温不足，难以实行多熟种植，以一年一熟春玉米为主，主要分布在黑龙江、吉林、辽宁、内蒙古、宁夏全部，河北、陕西两省的北部，山西省大部和甘肃省的部分地区，西南诸省的高山地区及西北地区。黄淮海主要种植夏玉米，包括山东、河南、河北中南部、陕西中部、山西南部、江苏北部和安徽北部，西南地区也有少量种植。东北及华北春玉米区和黄淮海夏玉米区是我国两个最重要的玉米产区。此外，长江流域多种植秋玉米，在海南及广西可以播种冬玉米。

（二）种植面积

近年来，中国玉米种植面积增长较快。2000—2014 年，全国玉米种植面积年平均44 129.7万亩，每年平均增加1 502.1万亩（表 1-1）。在全国粮食作物种植面积总体保持稳定的背景下，也从一个侧面反映了社会经济发展对玉米产业的需求和推动。至 2014 年，全国玉米种植面积已增加到55 614万亩，分别比水稻、小麦多 22.3%和 54.1%，占全国粮食作物总种植面积的 32.9%，是中国种植面积最大的粮食作物。

表 1-1 2000—2014 年中国主要粮食作物种植面积变化概况

年份	粮食作物总种植面积（万亩）	玉米（万亩）	玉米占粮食作物总种植面积比例（%）	水稻（万亩）	小麦（万亩）
2000	162 694	34 584	21.3	44 943	39 980
2001	159 120	36 423	22.9	43 219	36 996
2002	155 836	36 951	23.7	42 302	35 862
2003	149 116	36 102	24.2	39 762	32 995
2004	152 409	38 169	25.0	42 568	32 439
2005	156 418	39 537	25.3	43 271	34 189
2006	157 437	42 694	27.1	43 407	35 420
2007	158 458	44 216	27.9	43 378	35 581
2008	160 189	44 796	28.0	43 862	35 426
2009	163 479	46 774	28.6	44 440	36 436
2010	164 814	48 750	29.6	44 810	36 385
2011	165 860	50 313	30.3	45 086	36 406
2012	166 807	52 545	31.5	45 206	36 402
2013	167 927	54 478	32.4	45 468	36 176
2014	169 107	55 614	32.9	45 464	36 096

资料来源：《中国农村统计年鉴》。

（三）产量

近年来，中国玉米单产水平逐年提高，加之玉米种植面积扩大，玉米总产量随之呈现逐年增加的趋势。2000—2014 年，全国玉米总产量增加了一倍多，占全国粮食作物总产量的比例增加了

12个百分点，对中国粮食总产量增加的贡献最大。至2014年，中国玉米总产量已增加到21 567.3万吨，分别比水稻、小麦多44.8%和70.9%，占全国粮食作物总产量的35.5%（表1-2）。玉米已经真正成为左右中国粮食形势的关键作物。

表1-2　2000—2014年中国主要粮食作物总产量变化概况

年份	粮食作物总产量（万吨）	玉米（万吨）	玉米占粮食作物总产量比例（%）	水稻（万吨）	小麦（万吨）
2000	46 217.5	10 600.0	22.9	18 790.8	99 63.6
2001	45 263.7	11 408.8	25.2	17 758.0	9 387.3
2002	45 705.8	12 130.8	26.5	17 453.9	9 029.0
2003	43 069.5	11 583.0	26.9	16 065.6	8 648.8
2004	46 947.0	13 028.7	27.8	17 908.8	9 195.2
2005	48 402.2	13 936.5	28.8	18 058.8	9 744.5
2006	49 804.2	15 160.3	30.4	18 171.8	10 846.6
2007	50 160.3	15 230.1	30.4	18 603.4	10 929.8
2008	52 870.9	16 591.4	31.4	19 189.6	11 246.4
2009	53 082.1	16 397.4	30.9	19 510.3	11 511.5
2010	54 647.7	17 724.5	32.4	19 576.1	11 518.1
2011	57 120.9	19 278.1	33.7	20 100.1	11 740.1
2012	58 958.0	20 561.4	34.9	20 423.6	12 102.4
2013	60 193.5	21 848.9	36.3	20 361.2	12 192.6
2014	60 709.9	21 567.3	35.5	20 642.7	12 617.1

资料来源：《中国农村统计年鉴》。

（四）供需状况

2000年以来，中国玉米消费量呈逐年持续上升之势。特别是2002年以后，全国玉米年消费量一直维持在12 000万吨以上，十几年间增加63.86%（表1-3）。由于中国玉米生产的良好运行，总产量逐年增加，有效地保障了中国玉米较高的自给率。同时可以看出，粮食消费构成中玉米的比重是逐年增加，玉米消费量占粮食总消费量的比例十年间增加了8个百分点，2011年曾高达32.72%。

表 1-3　2000—2014 年中国玉米供需变化概况

年份	产量（万吨）	消费量（万吨）	自给率（%）	占粮食总消费量比例（%）
2000	10 600	11 534	91.90	24.14
2001	11 409	11 670	97.76	23.91
2002	12 131	11 980	101.26	24.46
2003	11 583	12 150	95.33	24.58
2004	13 029	12 993	100.28	25.73
2005	13 937	13 979	99.70	27.02
2006	15 160	14 439	104.99	27.43
2007	15 230	15 365	99.12	27.81
2008	16 591	15 533	106.81	29.76
2009	16 397	17 070	96.06	31.68
2010	17 725	17 800	99.58	32.54
2011	19 278	18 735	102.90	32.72
2012	20 561	18 335	112.14	32.03
2013	21 849	18 198	120.06	28.70
2014	21 567	18 900	114.11	29.18

资料来源：国家粮油信息中心。

全国玉米消费构成中，食用消费、工业用消费和饲料用消费占绝对主导地位（表 1-4）。其中，食用消费占 5%～15%，工业用消费占 10%～30%，饲用消费占 60%～75%。2000 年以来，食用消费量和所占比重整体呈现逐年减少趋势，近两年略有反弹；受中国玉米深加工、燃料乙醇和畜牧业快速发展的拉动，工业用消费量和饲用消费量呈现逐年增加趋势，十几年间分别增加了 374.58%和 34.61%。其中，中国工业用玉米需求增长更为迅速，2011 年中国工业用玉米消费所占比重已达 30.11%，饲料用玉米消费则下降至 60.64%。随着中国居民生活水平的提高和经济发展的需要，玉米消费结构将进一步向饲料、工业加工为主的多方向、多领域、多层次消费转变。

表 1-4　2000—2014 年中国玉米消费主要构成变化概况

年份	食用（万吨）	工业（万吨）	饲料（万吨）	其他（万吨）	食用比重（%）	工业用比重（%）	饲料比重（%）
2000	1 771	1 180	8 380	203	15.35	10.23	72.65
2001	1 763	1 280	8 450	177	15.11	10.97	72.41
2002	1 744	1 290	8 800	146	14.56	10.77	73.46
2003	1 173	1 650	9 100	227	9.65	13.58	74.90
2004	1 346	2 932	8 600	115	10.36	22.57	66.19
2005	1 377	3 632	8 850	120	9.85	25.98	63.31
2006	1 380	3 980	8 950	129	9.56	27.56	61.98
2007	1 385	4 350	9 500	130	9.01	28.31	61.83
2008	1 385	4 120	9 900	128	8.92	26.52	63.74
2009	1 440	5 000	10 500	130	8.44	29.29	61.51
2010	1 540	5 350	10 780	130	8.65	30.06	60.56
2011	1 600	5 700	11 300	135	8.54	30.42	60.31
2012	1 740	5 200	11 250	145	9.49	28.36	61.36
2013	1 800	5 000	11 250	148	9.89	27.48	61.82
2014	1 850	5 200	11 700	150	9.79	27.51	61.90

资料来源：国家粮油信息中心。

（五）主产省份

2000 年以来，中国玉米年平均总产量超过1 000万吨的省（自治区）有 7 个，均处于东北及华北春玉米区和黄淮海夏玉米区（表 1-5），7 个主产省（自治区）合计占全国玉米总产量近 70%。其中，吉林省玉米年均总产量最高，达到1 893.9万吨，之后依次为山东省（1 729.2 万吨）、黑龙江省（1 664.3 万吨）、河南省（1 412.8万吨）、河北省（1 335.3万吨）、内蒙古自治区（1 221.4万吨）、辽宁省（1 098.5万吨）。2000—2013 年的 13 年间，7 个主产省（自治区）合计占全国玉米总产量的比重上升了 5.9%，由此可以看出，中国玉米生产存在向主产省（自治区）集中的趋势。这 7 个玉米主产省（自治区）再加上山西省、陕西省、湖北省、贵州省、广西壮族自治区、云南省和四川省，就形成了一条从东北斜向西南狭长的玉米带，此玉米带上的玉米种植面积和总产量均占全国总量的 80%以上。其中，山东省作为我国第二大玉米生产省，居黄淮海夏玉米区各省之首，玉米播种面积和总产分别占全国的

10%和12%左右，山东省玉米产业的发展对全国玉米产业化进程有重要影响。

表 1-5　2000—2013 年中国玉米主产省（自治区）年均总产量变化概况

年份	吉林省（万吨）	山东省（万吨）	黑龙江省（万吨）	河南省（万吨）	河北省（万吨）	内蒙古自治区（万吨）	辽宁省（万吨）	7个主产省（自治区）占全国玉米总产量的比重（%）
2000	993.2	1 467.5	790.8	1 075.0	994.5	629.2	551.1	61.3
2001	1 328.4	1 532.4	819.5	1 151.4	1 059.5	757.0	818.7	65.4
2002	1 540.0	1 316.0	1 070.5	1 189.8	1 035.0	821.5	858.0	64.6
2003	1 615.3	1 411.0	830.9	766.3	1 073.6	888.7	907.2	64.7
2004	1 810.0	1 499.2	939.5	1 050.0	1 157.6	948.0	1 079.7	65.1
2005	1 800.7	1 735.4	1 042.9	1 298.0	1 193.8	1 066.2	1 135.5	66.5
2006	2 037.1	1 749.3	1 517.0	1 541.8	1 348.8	1 130.0	1 211.5	69.5
2007	1 800.0	1 816.5	1 442.0	1 582.5	1 421.8	1 155.3	1 167.8	68.2
2008	2 083.0	1 887.4	1 822.0	1 615.0	1 442.2	1 410.7	1 189.0	69.0
2009	1 810.0	1 921.5	1 920.2	1 634.0	1 465.2	1 341.3	963.1	67.4
2010	2 004.0	1 932.1	2 324.4	1 634.8	1 508.7	1 465.7	1 150.5	67.8
2011	2 339.0	1 978.7	2 675.8	1 696.5	1 639.6	1 632.1	1 360.3	69.1
2012	2 578.8	1 994.5	2 887.9	1 747.8	1 649.5	1 784.4	1 423.5	68.4
2013	2 775.7	1 967.1	3 216.4	1 796.5	1 703.9	2 069.7	1 563.2	69.1
平均	1 893.9	1 729.2	1 664.3	1 412.8	1 335.3	1 221.4	1 098.5	67.3

资料来源：《中国农村统计年鉴》。

二、山东省玉米生产概况

山东省位于我国玉米带的中心位置，处于黄淮海夏玉米区，自然条件适宜玉米生长。山东省生态分布广，属于暖温带季风气候区，气候比较温和，雨量相对集中，四季比较分明。全省年均无霜期一般为 174～260 天，年均降水量在 600～750 毫米，年均日照时数为2 200～2 800小时，光、热、水等农业资源丰富，具备玉米丰产丰收的良好基础。山东省各级政府历来高度重视玉米生产，相继制定并出台了一系列支持政策，有力推动了玉米品种改良和栽培技术的进步以及生产管理水平的提高，玉米单产水平逐年提高，种植面积不断扩大，玉米总产量随之节节攀升。到 2012 年，山东玉米种植面积达到了4 527.10万亩，平均 440.57 千克/亩，总产达到历史最高1 994.51万吨。与 1978 年相比，面积扩大了 41.39%，单产提高了 130.66%，总产提高了 225.90%。同时，玉米产量占粮食作物总产的比重也不断提升，近几年一直维持在 44%左右。山东既是玉米生产大省，又是玉米消费大省，2010/2011 年度的供需缺口已达 900 万吨。可见，在当前举国上下强调粮食安全和农民增收的新形势下，搞好山东玉米生产，事关全省乃至全国粮食安全和经济社会稳定大局。

（一）种植面积

山东省玉米种植面积随着年代变化总体上呈现增长的趋势，但增长幅度具有明显的时代特征（表 1-6）。20 世纪 70 年代（1970—1979 年）农业比较受重视，山东省玉米种植面积年均2 658.8万亩，年均增加 152.0 万亩；80 年（1980—1989 年）经济发展处于发展恢复阶段，全省玉米种植面积年均3321.0万亩，比 70 年代增加了 24.91%，年均增长速度下降至 37.0 万亩；到了 90 年代（1990—1999 年）全省玉米种植面积年均达到3 882.0万亩，比 80 年代增加了 16.89%，年均增加 70.9 万亩；2000—2012 年，受农业结构调整的影响，全省玉米种植面积年均达到4 119.6万亩，比 90 年代增加了 6.12%，年均增长速度提高到 74.7 万亩。

表 1-6　不同年代山东省玉米种植面积变化特征（1970—2012 年）

年份	平均种植面积（万亩）	较上一年代增幅（%）	年均增长速度（万亩/年）
1970—1979 年	2 658.8	—	152.0
1980—1989 年	3 321.0	24.91	37.0
1990—1999 年	3 882.0	16.89	70.9
2000—2012 年	4 119.6	6.12	74.7

资料来源：《中国农村统计年鉴》。

2000 年以来，山东省玉米种植面积呈现出先下降后上升的趋势（表 1-7）。2000—2003 年，玉米种植面积持续下降，2004 年起又逐年增加，2013 年全省玉米种植面积达到4 591.1万亩。2000—2013 年，小麦播种面积总体上呈现减少的趋势。与 2000 年相比，2012 年小麦播种面积减少了 400 多万亩。玉米播种面积占全省粮食作物播种面积比例为 33.7%～41.9%，并且呈逐年增加的趋势，小麦为 48.4%～51.0%，呈现小幅下降。

表 1-7 2000—2013 年山东省主要粮食作物种植面积变化

年份	粮食作物总种植面积（万亩）	玉米（万亩）	小麦（万亩）	两大作物占粮食作物总种植面积比例（%）	
				玉米	小麦
2000	11 658.6	3 923.6	5 940.1	33.65	50.95
2001	10 730.3	3 757.9	5 318.6	35.02	49.57
2002	10 368.9	3 795.1	5 096.2	36.60	49.15
2003	9 623.1	3 608.8	4 657.7	37.50	48.40
2004	9 470.8	3 682.6	4 658.6	38.88	49.19
2005	10 067.6	4 097.2	4 918.0	40.70	48.85
2006	10 498.7	4 266.6	5 334.9	40.64	50.81
2007	10 404.7	4 281.3	5 278.6	41.15	50.73
2008	10 433.4	4 311.3	5 287.8	41.32	50.68
2009	10 545.1	4 376.0	5 317.8	41.50	50.43
2010	10 627.2	4 432.9	5 342.8	41.71	50.27
2011	10 718.7	4 493.8	5 390.3	41.92	50.29
2012	10 803.5	4 527.1	5 438.8	41.90	50.34
2013	10 941.9	4 591.1	5 509.9	41.96	50.36

资料来源：《中国农村统计年鉴》。

（二）产量

随着玉米品种改良、栽培技术的进步和管理水平的提高，山东省玉米单产水平基本上逐年提高，加之玉米种植面积扩大，玉米总产量随之基本呈现增加的趋势。20 世纪 70 年代山东省玉米年均单产 173.9 千克/亩，年均增加 9.0 千克/亩，年均总产量 473.8 万吨，年均增加 50.8 万吨；80 年代山东省玉米年均单产 290.9 千克/亩，比 70 年代增加了 67.2%，年均增加 10.0 千克/亩，年均总产量 968.0 万吨，年均增加 44.3 万吨，比 70 年代增加了 104.3%；90 年代山东省玉米年均单产 360.1 千克/亩，比 80 年代增加了 23.8%，年均增加 1.0 千克/亩，年均总产量1 400.4万吨，年均增加 29.5 万吨，比 80 年代增加了 44.7%；2000—2012 年，山东省玉米年均单产达到 413.7 千克/亩，比 90 年代增加了 14.9%，比中国玉米单产 347.8 千克/亩高 19.0%，年均增加 6.2 千克/亩，年均总产量 1710.9 万吨，年均增加 56.3 万吨，比 90 年代增加了 22.2%（表 1-8）。

表 1-8　不同年代山东省玉米单产和总产量变化特征（1970—2012 年）

年份	单位面积产量			总产量		
	单产（千克/亩）	较上一年代增幅（%）	年均增长速度（千克/亩）	玉米总产量（万吨）	较上一年代增幅（%）	年均增长速度（万吨/年）
1970—1979 年	173.9	—	9.0	473.8	—	50.8
1980—1989 年	290.9	67.2	10.0	968.0	104.3	44.3
1990—1999 年	360.1	23.8	1.0	1 400.4	44.7	29.5
2000—2012 年	413.7	14.9	6.2	1 710.9	22.2	56.3

资料来源：《中国农村统计年鉴》。

山东省玉米总产量在 2000—2005 年波动幅度较大。2002 年总产量大幅下滑，总产仅为1 316.0万吨，较上年降幅 14.1%（表 1-9），主要原因是 2002 年山东省受灾面积情况比较严重，成灾面积达 476.9 万亩，导致玉米产量大幅度降低。2002—2005 年全省玉米总产量稳步上升，2005 年玉米总产量恢复到1 735.4万吨，这主要得益于玉米种植面积大幅度增加。2005 年后，全省玉米总产量进入稳步增长期，2013 年总产量达1 967.14万吨。

总体来看，在 2000—2013 年，山东省玉米总产量增加了 34.05%，占该省粮食作物总产量的比例增加 5.2%，小麦总产量增加了 13.29%，所占比例变化不大。可见，玉米在山东粮食“十二连增”过程中贡献较大，在全省粮食生产和安全供给中起着越来越重要的作用。

表 1-9 2000—2013 年山东省主要粮食作物总产量变化

年份	粮食作物总产量（万吨）	玉米（万吨）	小麦（万吨）	两大作物占粮食作物总产量比例（%）	
				玉米	小麦
2000	3 837.7	1 467.5	1 860	38.24	48.47
2001	3 720.6	1 532.4	1 655	41.19	44.49
2002	3 292.7	1 316.0	1 547	39.97	46.98
2003	3 435.5	1 411.0	1 565	41.07	45.55
2 004	3 516.7	1 499.1	1 585	42.63	45.06
2005	3 917.4	1 735.4	1 801	44.30	45.96
2006	4 048.8	1 749.3	2 013	43.21	49.72
2007	4 148.8	1 816.5	1 996	43.78	48.10
2008	4 260.5	1 887.4	2 034	44.30	47.75
2009	4 316.3	1 921.5	2 047	44.52	47.43
2010	4 335.7	1 932.1	2 059	44.56	47.48
2011	4 426.3	1 978.7	2 104	44.70	47.53
2012	4 511.4	1 994.5	2 180	44.21	48.31
2013	4 528.2	1 967.14	2 218.8	43.44	48.99

资料来源：《中国农村统计年鉴》。

（三）山东省玉米生产成本效益分析

2004 年以来，山东省玉米生产总成本呈现出逐年增加的趋势，而玉米价格不断波动，导致玉米净收益不稳定（表 1-10）。2004—2012 年，单位面积总成本增加了 497.6 元，其中物质与服务费用增加了 204.0 元，人工成本增加了 200.5 元，均占总成本的比例高达 40%左右。其中，山东省玉米实际生产成本对机械作业费最敏感，其后依次为化肥施用量、播种面积及有效灌溉面积。近年来，家庭用工和雇工的劳动力日工价均呈涨幅显著加大的趋势，推动了农产品人工成本的迅速提高。多方面生产成本的持续增加，直接减少玉米生产收益，导致 2012 年单位面积玉米平均生产净收益仅为 126.5 元。因此，必须大力采取措施降低机械作业费、减少化肥施用量，降低化肥价格，推广节水灌溉技术等降低费用，稳定农产品价格来提高玉米种植收益，方能保护农民种植玉米的积极性。

表 1-10　2004—2012 年山东省玉米生产成本及其净收益变化

年份	总成本（元/亩）	物质与服务费用		人工成本		土地成本		每 50 千克的出售价格（元）	净收益（元/亩）
		元/亩	占比（%）	元/亩	占比（%）	元/亩	占比（%）		
2004	326.7	167.9	51.4	121.0	37.0	37.8	11.6	62.0	177.9
2005	361.3	188.6	52.2	138.8	38.4	33.9	9.4	58.3	132.5
2006	374.4	200.8	53.6	138.3	36.9	35.3	9.4	68.4	186.1
2007	411.7	205.3	49.9	153.2	37.2	53.2	12.9	81.1	276.4
2008	485.8	274.2	56.4	150.2	30.9	61.4	12.6	71.4	139.7
2009	486.0	252.8	52.0	159.0	32.7	74.2	15.3	87.5	282.1
2010	541.3	263.5	48.7	187.1	34.6	90.7	16.8	96.4	299.1
2011	691.7	337.5	48.8	241.5	34.9	112.7	16.3	111.2	287.3
2012	824.3	371.9	45.1	321.5	39.0	130.9	15.9	107.9	126.5

资料来源：《全国农产品成本收益资料汇编 2004—2012》。

三、山东省玉米产业发展对策与建议

玉米作为山东省粮食增产的主力军，供需偏紧的局面将长期存在。由于玉米生产成本不断提高，国内外玉米价差波动较大，省内玉米生产面临的增收和竞争压力将日趋紧张。因此，降低玉米生产成本、提高玉米产业竞争力将是促进玉米生产和保障玉米充分供给的根本出路。

（一）政府的支持

完善和强化政府对农业和粮食生产的各项支持保护政策，进一步加大各项支农惠农政策的扶持力度，以多种形式加大对玉米生产的补贴力度，通过政府的政策导向充分调动和保护农民的生产积极性。一是健全和完善省级玉米储备制度和调控机制，建立中长期玉米供求总量平衡机制和市场监测预警机制，加强全省玉米生产宏观调控。二是以市场为导向，各级农业行政部门牵头，通过落实或新制订相应的政策性补贴、利用调整信贷、税收等手段，引导建立上下联动、部门互动的工作机制，推动农科教、产学研联合协作，政府、企业、专家、农民紧密配合，建立政府、企业、农民多元化投入机制，吸引更多资金投入玉米生产发展，形成玉米生产发展的合力。三是扎实推进玉米优势区域布局规划工作落实，尽快研究确定合理的山东省玉米种植区域规划，科学指导玉米品种区域划分和生产。各级农业行政部门要结合本地区玉米生产发展实际，尽快制定本地区玉米发展规划，加强指导和服务。同时，还要充分发挥各级政府、农业生产部门和玉米科技特派员的技术示范、培训和指导功能。实行部、省、县、乡镇各级行政领导的分级责任制，将工作任务细化、量化、责任化，形成一级抓一级、一级带一级的督导机制。玉米科技特派员要通过开展技术咨询、田间指导和现场观摩等形式多样的技术服务，使无形的技术推广变成直观的现场，充分展示先进科技的示范效果，引导农民自觉选用优良品种、应用先进技术，促使先进适用技术向现实生产力快速转化，从而实现先进技术的大面积推广应用。

（二）科技的力量

在山东省粮食总种植面积难以扩增的前提下，依靠科技进步和创新，提高玉米单产水平是全省玉米持续增产的主攻方向。要以产业需求为导向，建立以政府为主导的多元化、多渠道的科研投入体系，加大科研、技术推广和基础设施的投入和制度创新以充分发挥现代技术对玉米生产的支撑作用。一是要培育高产高效的玉米新品种，优化品种结构。加强玉米育种的基础理论研究，加大玉米种质改良与创新力度，培育抗病、抗倒、抗逆和品质优良的新种质，重点针对玉米粗缩病、倒伏、生育期过长、后期脱水慢、资源利用效益低、不利于机械化收获等问题进行重点攻关，选育高产广适综合抗逆性强的玉米新品种，同时加强青贮、高淀粉、鲜食等特用型玉米品种的选育，以适应多元化市场需求。二是要注重良种良法配套，拓展高产高效生产技术推广的广度与深度。重点加强不同耕作制度下的简化高效、土壤培肥、资源高效利用、抗逆防灾稳产等关键技术研发，集成适宜不同生态区域的玉米简化高产高效生产技术体系，积极制定相应的技术规程和技术标准，将科技成果转化为现实的生产力，实现全省玉米大面积均衡增产。

（三）努力的方向

坚持玉米生产的专业化和集约化发展方向，改变传统的玉米生产模式，围绕突破玉米收获机械化，坚持农机与农艺相结合，加强机具选型和农机购置补贴工作，促进玉米收获机械化快速发展。通过玉米生产的全程机械化，促进玉米规模化生产水平的提高。针对不同地区的玉米生产特点，建立适应农业生产规模化、集约化、标准化的区域性玉米生产新模式，努力推进玉米生产的规模化和机械化，并利用信息化技术及相关技术平台逐步实施精准农业。同时，为了适应饲养业规模化经营，满足省内饲用和工业用玉米需求的大幅增加，应积极鼓励种植大户、家庭农场、农民专业合作社等新型农业经营主体开展规模化生产和经营。通过政策支持和引导，鼓励新型经营主体积极选用玉米良种，采用科学种植和高效烘干等先进技术进行规模化生产，并通过各种渠道搜寻玉米市场需求信息，与规模化的饲养户和加工企业长期供应合同，以保证玉米的良好质量、稳定数量和及时供应，拉大玉米产业链条，放大玉米产业效益，促进农民增产增收。应当加大对玉米深加工业发展进行规范与引导的力度，继续深化调整产品结构，提高淀粉糖、多元醇等国内供给不足产品的产能，鼓励引进新技术、新设备继续延伸玉米产业链，提高玉米深加工企业综合利用能力。积极培植和扶持玉米加工龙头企业，大力推行“企业＋合作经济组织＋基地＋农户”的农业产业化经营模式，增强龙头企业对农民增收的带动能力，增加农民产后效益，把千家万户的小生产与大市场连接起来。通过市场信息发布、召开产销对接会等方式，搞好产销衔接，增加企业效益，促进玉米加工产业的大发展。

（四）规范种子市场

目前，市场上的玉米种子品牌多，经营部门多，鱼龙混杂，而且种子质量参差不齐、价格差异大，给农民的选择造成很大的困难。生产上品种选用不对路，假劣种子造成减产在一些地区仍然存在。当务之急，应加大对种业知识产权保护和市场监管的力度，充分保障科技人员、科研单位与企业的合法权益和创新积极性，加强合法经营、科学选种的宣传，逐步构建规范化的种业市场秩序。另外，随着玉米精播面积的不断扩大，对种子质量包括发芽率、纯度和均匀度等要求越来越高，现有种子生产体系亟须改革。在新品种选育的基础上，应立即着手研究玉米杂交种高产高效制种技术、种子质量检测技术和亲本自交系提纯、保纯技术，应立即着手建立健全杂交玉米规模化、标准化、安全、高产制种的技术体系和严格的种子管理制度，探索一套先进的种子精加工技术标准，如穗烘干、粒烘干、抗病虫种衣剂应用等，从根本上提高种子的芽率和活力，提高种子质量。进一步加强各级种子质量检测中心建设，形成省级中心、县级区域监测中心相配套的玉米种子质量检测网络，提高玉米种子质量检测能力及生产用种质量，从而确保全省玉米生产用种的数量安全和质量安全。

（五）夯实基础，防灾减灾

结合国家优质粮食产业工程、农业综合开发土地治理等建设项目的实施，探索多元化投入机制，着力加强农田基础设施建设。应多层次、多渠道、多形式进一步完善农田水利设施，充分挖掘水资源利用潜力，进一步增强玉米生产对旱灾的抵御能力。从可持续发展角度来看，还应尽量减少并避免抽取地下水资源，要大力推广保护性耕作技术以及雨养旱作技术等。同时，也要注重加强病虫害综合防治，建设省级及县级区域玉米重大病虫害监测预报与防控中心，形成覆盖全省的玉米重大病虫害监测预报与防控网络，对优势产区主要玉米品种抗病性和重大病害生理小种变化及主要虫害发生情况进行监测、预报、防控，配备玉米重大病虫害应急防治设备和指挥系统，构建玉米重大病虫害应急防控体系，积极探索社会化专业化服务机制，努力减少病虫害危害和损失，增强玉米生产的抗逆、减灾能力。

第二章 丰产之门的密钥

玉米辉煌的家族史，也是它面积渐渐拓展、产量步步高升的演变史。从最初的亩产几十千克，到现在的吨粮田，玉米的产量仍是老百姓最为关心的话题。玉米丰产之门的密钥到底藏在哪里？种子、土地、水源、气象以及汗滴禾下土的精心管理，都蕴含着找到密钥的神奇源代码。

第一节 高产正解

玉米是世界上产量最高的谷类粮食作物，也是禾谷类作物中增产潜力最大的作物。目前，世界春玉米高产纪录是由美国农民弗朗西斯·恰尔兹于 2002 年创造的，单产高达1 850.2千克/亩，世界夏玉米高产纪录是由著名育种专家李登海先生于 2005 年创造的，单产高达1 402.9千克/亩。这一方面向我们展示了提高玉米产量的潜力，另一方面也向我们提出了这样的问题，即玉米的产量潜力究竟有多大？或者说，玉米的最高产量到底能达到多少？这是广大科技工作者和农民朋友都很关心的问题。

一、玉米籽粒产量是怎样形成的

种下一粒玉米种子，发芽长大，最后能形成 100～400 克籽粒。有人对玉米根、茎、叶、果穗和籽粒进行化验分析发现，主要成分是碳、氢、氧，占到 91%～98%，而农业生产中我们施用化肥的主要成分是氮、磷、钾，那么这些物质是从哪里来的呢？进一步研究发现，它们主要来源于大气和土壤中，是玉米植株吸收土壤中的水分，同时利用太阳能将空气中的二氧化碳固定合成而成的。换句话说，它们都是玉米进行光合作用的产物。二氧化碳和水是光合作用的原料，二氧化碳主要是通过玉米叶片从空气中吸收的，水主要是根部从土壤中吸收的。

叶片是进行光合作用的场所，好比工厂。因此，叶片适当多一些，一亩土地形成的光合产物，也就是籽粒可能就会多一些。太阳光是光合作用的动力，它好比工厂的电，电力充足，机器才能开动起来进行生产。玉米种的过稀，叶片少，光合面积小，产量就不高；或者施肥不够，叶片小，产量也不高。但是，如果种得太密，叶片相互遮光，下面的叶片光照弱，光合作用降低甚至停止，产量也不高；又或者施肥过多，玉米生长过旺，叶片遮阴，光合降低，产量也不会太高。

糖和氧气是光合作用的产品，氧气作为副产品被释放到空气中去。糖在玉米植株体内进一步转化成更复杂的有机物质，如转化成淀粉、纤维素、脂肪等；如和土壤中吸收来的氮、磷、硫等结合，则形成蛋白质、核酸等。在玉米开花前，这些有机物质主要用来形成根、茎、叶、雄穗和雌穗，使玉米植株逐渐长大；开花后，主要用来形成籽粒。可见，一切农业措施如播种、施肥、浇水等，凡是有利于玉米光合作用和光合产物积累的，就能够增产；否则，就不能增产，甚至减产。也就是我们常讲的“向光要粮，向光合要产量”。

二、玉米高产潜力到底有多大

玉米是 C_4 高光效作物，被誉为21世纪的“谷物之王”。世界玉米高产纪录比小麦（1 013千克/亩，1978年，中国青海）和水稻（1 287千克/亩，2006年，中国云南）的高产纪录分别高出837千克/亩和563千克/亩。广义上来说，玉米的高产潜力是指某个地区潜在的玉米光温理论产量。假如所有栽培措施都能完全满足玉米需求，玉米的最高产量主要决定于这个地区玉米生长季节内的太阳辐射到地面光能的多少、温度高低、降雨量多少以及空气中二氧化碳的浓度等。这就是仅与当地产区生态条件相关的玉米最高的光温理论产量。有研究表明，在美国玉米带优越的自然条件下，采用最佳农艺，充分利用光热资源，抓好选用新的高产杂交种、增施肥料、适期播种及防治病虫害等技术，玉米潜在的光温理论产量可以达到5 495.3千克/亩。

玉米光温理论产量水平的区域变化表现出明显的地带性。不同玉米产区的光照、温度、降雨等存在差异，导致不同玉米产区的光温理论产量不尽相同。中国东北玉米产区与黄淮海玉米产区相比，其无霜期较短、气温较低，玉米光温理论产量也就小一些。山东省地处黄淮海地区，是中国玉米的主产省份之一，小麦、玉米轮作是山东省主要的粮食作物种植制度。我们可以依据山东省的光照、积温等生态因素推算一下中国夏玉米的最高理论产量。

表 2-1　山东省夏玉米产量潜力的估算

项目	估算值
1. 玉米生育期内太阳总辐射能（6～9 月份）	216.304 千焦/厘米^2
2. 用于光合作用的可见光部分（400～700 毫微米），为总辐射的 49%	105.989 千焦/厘米^2
3. 可见光部分总的光量子能量（约 4.65 微爱因斯坦/焦耳）	492 848.85 微爱因斯坦/厘米^2
a. 反射率 10%	－49 284.89微爱因斯坦/厘米^2
b. 漏射率 30%	－147 854.66 微爱因斯坦/厘米^2
c. 非光合器官的无效吸收 10%	－49 284.89 微爱因斯坦/厘米^2
4. 用于光合作用的光量子能量	246 424.41 微爱因斯坦/厘米^2
5. 还原 CO_2 量（还原 1 微摩尔 CO_2 需要 10 微摩尔光量子）	24 642.4 微摩尔 CO_2/厘米^2
6. 呼吸损失 CO_2（33%）	－8 132 微摩尔 CO_2/厘米^2
7. 光合产物（CH_2O）净产量	1 6510.4 微摩尔 CH_2/厘米^2
8. 将微摩尔/厘米^2 换算成克/厘米^2	
a. 16510.4 微摩尔/厘米^2＝0.0165104 摩尔/厘米^2	165.1 摩尔/米^2
b. CH_2O＝30 克/摩尔×165.1 摩尔/厘米^2	4 953 克/米^2
9. 假设干物质中 8%来自土壤中的矿质元素，则总干物重	5 383.7 克/米^2＝1 589.1 千克/亩
a. 含水量 13.5%时生物产量	4 149.3千克/亩
b. 扣除 17%的根系	3 443.9千克/亩
10. 籽粒产量潜力（经济系数 0.55）	1 894.1千克/亩

资料来源：《中国玉米栽培学》。

在夏玉米生长期间的6～9月份，山东地区太阳辐射量大约为216.304千焦/厘米^2，根据此值推算，山东省也是中国的夏玉米光温理论产量潜力为1 894.1千克/亩（表2-1），远远高于山东省现在平均单产442千克/亩的水平，比李登海创造的高产纪录还高491.2千克/亩。可见，山东玉米的增产潜力还远远没有得到发挥。这就是希望所在，如何缩小理论产量与农户实际产量之间的差距，就是玉米科研工作者和农民朋友共同努力的方向和目标。

三、玉米高产的实践探索

自20世纪60年代绿色革命以来，围绕提高作物产量，世界许多国家和组织围绕提高玉米产量潜力开展了大量的高产研究与实践，陆续创造出了一批玉米高产纪录。高产纪录是在现有理想的品种特性、地理环境和栽培管理条件下一个区域曾经达到过的玉米最高单产，是已经实现的玉米最高生产力。

玉米育种和高产栽培专家李登海从1972年起开始夏玉米高产攻关试验，探索玉米增产途径和潜力，至今已经持续了40多年，多次创造和刷新世界夏玉米高产纪录，是中国开展玉米高产纪录探索的先驱者和纪录保持者。比较分析中国自1988年以来的夏玉米高产纪录单产与山东省玉米实际单产的变化趋势可以看出，中国玉米高产纪录单产远远高于实际生产中平均单产，这一差距平均高达286.3％（图2-1）。1988—2014年，中国玉米高产纪录单产年均增加15.2千克/亩，而同期山东省玉米平均单产年均仅增加4.3千克/亩。在现有生产管理条件下，山东省玉米生产潜力远远没有得到充分的挖掘，农户实际产量与潜在理论产量之间存在较大的差距，这种情况在国内外也是广泛存在的。一般来说，作物纪录产量与一般大田产量之间的差额就表明了其可以挖掘的生产潜力。可见，山东省甚至全国夏玉米单产水平提高空间还很大。

提高产量潜力、缩小产量差距对于全面提升山东省、中国玉米产量水平和生产效率，确保粮食安全具有重要意义。自2004年开始，国家相关部委陆续启动实施的“国家粮食丰产科技工程”、高

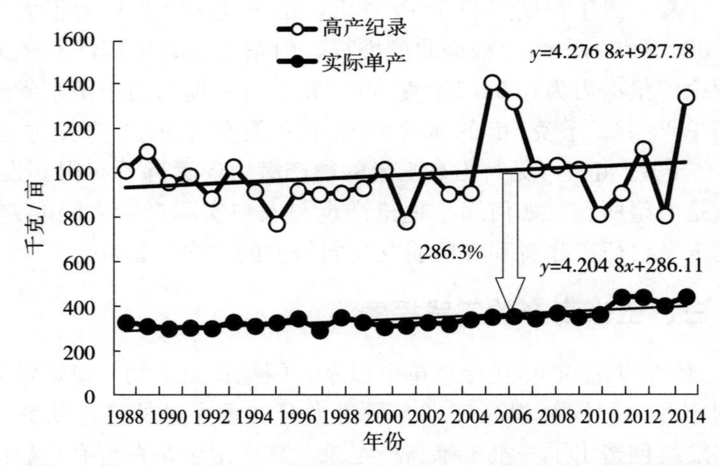

图 2-1 1988—2014 年中国夏玉米高产纪录单产与山东省实际单产的变化趋势

资料来源：《中国农村统计年鉴》与山东登海种业股份有限公司历年高产攻关数据。

产竞赛、超高产研究、高产创建等活动引领了中国玉米高产探索，在挖掘玉米生产潜力中发挥了重要作用，也为全国玉米生产提供了强有力的技术支撑。山东省省委省政府历来高度重视玉米生产，相关部门相继制定出台了《山东省种业振兴规划（2011—2015 年）》与《山东省千亿斤粮食生产能力建设项目管理暂行办法》，并于 2008 年始开展了争创玉米亩产“千斤省”活动，在玉米主产县建立了“省长指挥田”，省市财政统筹安排各项支农资金加大对玉米产业的支持力度，一系列政策和保障措施有力地保障了山东省玉米产业的良好发展势头，近几年山东玉米单产、总产与比重一直保持持续上升的势头，为全省粮食“十二”连增做出了重要贡献。

四、正确理解玉米高产

高产潜力的研究、高产纪录的探索都是为了从理论层面、技术层面探寻玉米潜在生产能力和区域性实际生产能力。实现玉米高产，并不是强行开展高产潜力研究和高产纪录探索。事实上，玉米由低产变中产、中产变高产就是不断实现玉米高产的过程。

与高产玉米品种所具有的遗传产量潜力相比，山东省现在的玉米单产水平还处于较低水平。造成全省玉米单产水平较低的因素，不是化肥、农药、化学除草剂和水分的投入不足，而是因为玉米种子质量不高、种植密度不够、病虫草害防治不力等诸多因素的影响，良种良法不配套导致了玉米单产增长缓慢，投入产出比不高。这些技术因素限制了玉米产量的进一步提高，同时也是提高玉米产量水平的潜力所在。缩小高产纪录与农户大田生产的产量差是实现玉米大面积增产的关键途径。各地高产纪录主要是在自然资源条件和土壤基础较好的地区与地块培创的，存在投入偏高、技术繁琐、重演性差、难以复制等诸多问题。山东省乃至全国范围内，大约 2/3 的玉米地块属于中低产田，刻意地去追求或模仿高产纪录，照搬培创高产地块的栽培技术，是不可取的。单纯地追求高产，已经不适应农业经济发展的需要，与广大农民朋友增产增收的期望也是不相符的。要积极改变思维，转变玉米生产方式，从主要追求产量增加和拼资源的粗放经营，转变到产量、品质和效益并重的健康生产方式上来，注重依靠科技创新和简化高效、机械化、标准化的生产技术，在实现玉米高产的同时，还要保证资源投入的高效、生产收益的增加、生产效率的提高。一些科学家已经意识到这一点，开展了一系列不同生态区域、不同地力水平、不同产量目标的玉米高产潜力突破的试验研究，初步总结出以简化、节本、高产、优质、高效为主攻目标，以耐密、抗逆品种和机械化作业为载体，实行高产、高效栽培为特征的玉米大面积高产技术途径。

因此，必须正确理解玉米高产，方能实现玉米高产高效。具体来说，综合由低产变中产、中产变高产的经验，必须从突破限制玉米单产提高的关键因素入手，抓住以下几个要点：一是选用适宜良种。良种是获得玉米高产的基础，要根据当地的气候条件、土壤情况，因地制宜地选择优良玉米品种。二是合理密植。选用了合适的良种，针对良种的特点和土壤的特性，对品种进行适合密度的种植，才能发挥出品种群体高产的潜力。三是科学施肥。高产田要求土壤肥沃、结构良好，能排能灌；耕作过程中注重秸秆还田，增施有机肥。同时要做到配方施肥，缺什么补什么，切勿过量施肥；鼓励施用玉米专用肥，一次性种肥同播，简化高效。四是要适期收获。任何品种如果收获过早，对产量影响很大；收获较晚，容易倒伏，在玉米籽粒完熟时收获能够获得高产量、高收益。

第二节　良种的作用

良种是作物优质高产的源头。所谓良种，一是指农作物的优良品种，具备丰产、抗逆性强、品质好、适应性广、适时成熟、耐贮藏等优良性状；二是指农作物的优良种子，指作物种子本身具有良好的品质和特性。玉米作为中国目前推广面积最大的杂交作物，良种对其高产的作用尤其明显。玉米良种要具备几个基本条件：纯净度高，籽粒饱满，整齐度高，健康无病虫，生命力强（就是在适宜条件下，发芽势强、发芽率高、苗整齐一致）。优良的玉米品种和优质的种子是玉米丰收的基础。

良种的增产作用是指在实际生产中导致作物产量增加的众多因素中优良品种所起作用的大小，是指在诸多影响产量因素综合作用的情况下，良种对于产量提高的贡献份额和贡献量。良种增产作用具有两层含义，一是对单产的贡献：在相同的气候条件下，通过良种利用，可以在单位耕地面积上生产出更多的粮食；二是对总产的贡献：在特定区域内，通过对良种的利用，使农产品产量大幅度提升。

“好种出好苗，良种产量高”，这是广大农民在长期生产实践中积累的宝贵经验。良种对农作物产量提高、增强抗性、实现稳产、提升农产品品质、促进种植业结构调整和扩大作物栽培区域等有着不可替代的作用。具体来讲，良种的作用主要表现在以下四个方面。

一、提高产量

一般来说，优良的作物品种具有较高的生产能力，生产潜力较大。不同的研究和试验证明，在同样的土壤、肥料、灌溉、管理和人力条件下，采用优良玉米品种一般比原有品种增产。有些地方水、肥、管理等栽培条件提高了，如果还是沿用原来的品种，增产效果往往不明显。只有采用适合新的栽培技术条件的良种，产量才会得到大幅提升。玉米产量的提高，得益于良种的利用、施肥技术、管理技术及其他因素，其中在有些地区良种的作用占到了40%以上。

二、改进品质

优良品种对提高作物品质起了重要作用。优质玉米品种的选育，可以对玉米籽粒蛋白质、淀粉含量、赖氨酸含量等一些特殊成分进行改良和提高，选育出高蛋白、高赖氨酸、高淀粉及高油玉米品种，从而显著提高玉米的饲用价值。针对人们对鲜食玉米口感的需求，目前，各种鲜食（甜、糯、甜糯）玉米优良品种更是层出不穷。一些鲜食玉米良种不仅大大提高玉米的品质，而且增加了玉米的适口性，成为人们餐桌上的上乘佳品。

三、增强抗逆性，保证稳产

新育成的作物品种，经过多年的田间筛选，对环境具有较强的抗逆能力，对病虫害和不良自然条件的抵抗性也比较强。在玉米的整个生长季节中，不可避免地会遭到旱、涝、病、风、虫等自然灾害。除了通过进行农田基本建设、改善土壤排灌条件、加强田间管理、防治病虫害以外，采用具有抵抗这些自然灾害能力的品种，也是减轻或者避免受灾损失的一种有效措施。

四、扩大种植区域

在生产上，选种适应性广的品种，可使作物的栽培区域不断扩大。目前，针对不同的区域或不同的自然环境条件，育种人员选育出了一些抗旱、早熟、耐盐碱的优良玉米品种，并配合相应栽培管理技术和措施，可以在干旱地区、丘陵地带、盐碱地种植，扩大玉米的种植面积，在充分利用土地的同时增收玉米。

第三节 合理密植

合理密植就是因地、因品种、因栽培条件等合理确定每亩地种植玉米的株数，扩大绿色叶面积和根系的吸收面积，有效利用光、热、水、气、肥等要素，生产出更多的干物质。合理密植是玉米增产的重要措施。通过合理高效利用光、热、水、气、肥等等资源，使构成玉米产量的三要素：亩穗数、穗粒数和粒重的乘积达到最大值，以达到提高单位面积产量的目的。从理论上来说，每亩亩穗数和每穗粒数越多，千粒重越大玉米的产量越高。但在生产实践中这三个因素是相互制约的。玉米种植密度过稀，就不能充分利用土地、空间、养分和阳光，虽然单株生长发育好,果穗大、籽粒饱满，但由于减少了单位面积的穗数，从而造成产量不高；种植过密，虽然每亩穗数增加了，但因密度大而造成遮阴，通风透光不良，严重抑制了单株玉米的生长发育，造成空秆、倒伏、穗小、粒轻，也降低了单位面积的产量。只有种植密度合理，穗数、粒数、粒重协调发展，才能保证玉米的高产。

合理密植是实现玉米高产、优质、高效的中心环节。生产上要根据当地气候特点、土壤肥力条件和水分条件、施肥水平及玉米品种特征特性、种植方式、播种早晚、田间管理水平来进行综合考虑，确定每亩种植玉米的株数，也就是确定合理株距、行距。这样既保证玉米单株的正常发育，又促进群体的充分发展，从而妥善地解决穗多、穗大、穗重的矛盾，在单位面积上获得较高的产量。

一、合理密植的原则

（一）沙土宜密，黏土宜稀

土壤的通透性对玉米根系生长影响较大。沙壤土的通透性要好于黏土，在沙壤土中的玉米根系明显比黏土中长得好、长得多。因此同一品种在沙壤土上种植密度比在黏土上种植密度要大一些，更能发挥其产量优势。

（二）肥地宜密，瘦地宜稀

同一个品种在不同的土壤肥力条件下，适宜种植的密度也不相同。一般情况是土壤肥力差的地块宜稀植，肥力好的地块宜密植。同一个品种在瘠薄地上每亩密度为4 000～4 500株，在地力肥的土壤每亩密度为5 000～5 500株。土地肥沃，施肥量高的土壤，每亩可增加 500 株；在亩产吨粮的高产攻关田里，每亩密度可达6 000株。

（三）紧凑型品种宜密，平展型品种宜稀

一般紧凑型玉米品种茎秆和叶片的夹角小，上部叶片上冲，通风性、透光性好，适宜密植。茎秆和叶片夹角越小，株型越紧凑，适宜密植的程度越高；平展型玉米茎秆和叶片夹角相对大，株型平展，通风、透光差，适合种植的密度低，一般紧凑型品种比平展型品种每亩多种1 000～1 500株。

（四）早播宜密，迟播宜稀

早播的玉米品种，幼苗生长阶段处于较干旱的气候条件下，水肥供应受到一定的抑制，有利于“蹲苗”，一般生长较慢，植株节间相对较短，到中后期表现出植株不高、秆粗、空秆少，适宜密植；晚播的玉米，苗期高温多湿，茎叶生长较快，没有“蹲苗”时间，若种植密度过大，植株就会增高，节间相对加长，空秆增多，还易倒伏，应适当降低种植密度。

（五）精细管理的宜密，粗放管理的宜稀

在精播细管条件下种植宜密，因为精细栽培可以提高玉米群体的整齐度，减少以强欺弱、以大压小的情况发生；在粗放栽培的情况下，种植密度偏稀些为宜。

（六）根据日照、温度等生态条件定密度

短日照、气温高，可促进发育，从出苗到抽穗所需天数就会缩短；反之，生育期就延长。因此，同一类型品种，南方的适宜

密度高于北方，夏播可密些，春播可稀些。此外，由于品种间的生育期不同，叶面积和株型相差较大，种植密度也不一样。晚熟品种植株高大，生育期长，种植密度要比中熟种和早熟种稀一些。

二、合理密植的优点

（一）有利于充分利用光能

合理密植可提高群体光能的有效利用率，可以保证群体最大程度上充分有效的利用光能，保证个体植株良好的通风透光条件，确保作物获得良好的产量和效益。如果种植密度过大反而遮阴，通风透光不良，严重抑制了单棵玉米的生长发育，造成空秆、倒伏、穗小、粒轻，也降低单位面积产量。只有种植密度合理，穗数、粒数、粒重协调发展，才能保证玉米的增产。

（二）使玉米叶面积指数大小和生长发育关系更合理

玉米种植密度合理，叶面积指数前期发展快，散粉期叶面积指数即可达到最大值。玉米叶面积指数达最大值后，稳定时间长，下降速度慢，到成熟期时仍可保持较高的叶面积指数。实践表明，此密度下玉米群体光合作用能力强，生产积累的有机物质多，品质好，利于玉米植株生产出最高的产量。

（三）有利于玉米发挥出最高的产量

亩穗数、穗粒数和粒重是构成玉米产量的三大要素。合理密植可以充分有效地协调三者的关系。玉米的亩产量通常可以用下式表示：

亩产量＝亩穗数×穗粒数×粒重

在条件允许的范围内，亩穗数、穗粒数和粒重三大要素中，增加或提高其中任何一项，其产量都会提高。但是，构成玉米的总产量主要是群体产量。当种植较稀时，穗粒数和粒重提高，但收获穗数减少，当穗粒数和粒重的增加不能弥补收获穗数减少而引起的减产时，亩产量就会降低；如果种植密度过高，由于水分、养分、光照、通风透光等条件的限制，玉米个体生长发育就会不良，穗小、粒少、粒小，而且空秆率也会明显增加，同样也会造成玉米减产。

三、合理密植的方法

（一）种植方式

调整种植方式和种植密度是改善群体结构的途径之一，而种植方式决定着品种适宜的种植密度。在确定合理密度的同时，应当考虑采用适宜的种植方式，更好地发挥密植增产的作用。目前玉米种植方式主要有两种，一是等行距种植，二是宽窄行种植。

1. 等行距种植　目前生产上大多数是采取等行距种植，也是实现玉米全程机械化作业的一种主要种植方式。在玉米田内按一定的距离播种，在行内条播或点播玉米，使行距一致，一般60～70厘米，株距随密度而定，行距大于株距。等行距种植的特点是植株抽穗前，叶片、根系分布均匀，能充分利用养分和阳光；生育后期植株各器官在空间的分布合理，能充分利用光能，制造更多的光合产物；播种、定苗、中耕、锄草和施肥等都便于操作。但在肥水足密度大时，容易导致后期群体个体矛盾尖锐，影响产量提高。

2. 宽窄行种植　也称大小行种植，行距一宽一窄，宽行80～110厘米，窄行30～50厘米，株距根据密度确定，主要适用于间作、套种或一些高产攻关试验。这种种植方式特点是植株在田间分布不均，生育前期对光能和地力利用较差，但后期能调节玉米个体与群体间的矛盾，在高密度高水肥条件下，由于大行加宽，有利于中后期通风透光。

（二）种植密度

根据现有品种类型和栽培条件，玉米适宜种植密度为：平展型中晚熟杂交种，3 000～3 500株/亩；紧凑型中晚熟和平展型中早熟杂交种，4 000～4 500株/亩；紧凑型中早熟杂交种，4 500～5 000株/亩。

四、合理密植的注意事项

（一）选用适合良种

并不是所有的玉米品种都适合密植，要因地制宜选用良种，注重推广应用耐密型品种。农民朋友可以根据自己的土壤地力情况、当地的气候特点和积温情况以及自身生产管理条件，到正规的种子经营部门，选购品牌公司生产的、已经审定的精品种子，防止买到假种子。高产田以耐密植、生育期较长、高产潜力大的品种为主，可选择密度适应范围大、施肥响应能力强、抗倒伏、空秆少、果穗匀、耐阴性好、灌浆结实好、生育期较长的品种。一般大田大面积种植以耐密植、适应性强、熟期适中的高产稳产品种为主。

（二）切勿随意调整种植密度

每个玉米品种都有适宜的种植密度范围，这个种植密度是经过试验最适合这个品种的密度。建议农民朋友们要按照玉米品种包装袋上建议的种植密度进行播种，合理确定行距、株距。调整种植密度一定要遵循上面提到的几个原则，擅自将种植密度提高或减小，都会不同程度地影响玉米产量。

（三）加强肥水管理

种植耐密型品种，种植密度增加意味着群体增大，就需要相应的增施肥料和平衡配方施肥，促进农民施肥投入的增加。如果没有肥水的供给保障，很难发挥耐密型品种的增产潜力。同时特别强调通过施肥机械的改进研制和推广，实现化肥深施和长效缓释肥专用肥的应用，提高肥料利用率。

第四节　科学施肥

一、玉米需肥规律

（一）玉米的营养吸收

玉米在生长发育过程中，需要的营养元素很多，如氮、磷、钾、硫、钙、镁、铁、铜、锌、硼、钼等矿质元素和碳、氢、氧

3种非矿质元素等。其中，玉米的产量与氮、磷、钾三大元素吸收与利用关系最密切。一般来讲，随着产量的提高，玉米对氮、磷、钾的吸收量也相应地增加，吸收总量随着土壤肥力、品种特性、播种季节等的不同而有差异。在大多数情况下，玉米整个生长期吸收的养分，以氮最多，钾次之，磷较少。一般来讲，每生产100千克玉米籽粒，需吸收氮素2.55千克，五氧化二磷0.98千克，氧化钾2.49千克，氮磷钾的比例为2.6∶1∶2.5。生产100千克玉米需要氮磷钾的数量和比例，可作为计划产量推算需肥量的依据，并按当地生产条件和产量水平适当调整，来制订合理的施肥方案。

对玉米单株来讲，从播种出苗直至最后成熟，在各个生长阶段吸收养分的数量和强度是不一样的。种子出苗到籽粒蜡熟期，随着生育期的推迟和植株干重的增加，需要吸收氮、磷、钾均是逐渐增加的。氮、磷、钾在小喇叭口期以前增长速度均较慢，随后均加快。氮肥吸收贯穿整个玉米生育期，玉米对氮吸收是比较平稳的，呈直线上升，到抽雄吐丝达到高峰，灌浆成熟阶段吸收速度减慢；在整个生育期内玉米吸收磷肥的速度比较平稳，在生长发育最旺盛的抽雄吐丝期达到高峰，后期吸磷速度下降；玉米对钾的吸收，以拔节至孕穗期最多，开花期达到最高峰，抽雄期到籽粒形成期增长速度缓慢，籽粒形成至蜡熟期又迅速增加而达顶点，蜡熟至完熟期又缓慢下降。

（二）氮、磷、钾的生理作用

在玉米生长期内，氮、磷、钾因需要量大，但土壤中的自然供给量往往不能满足玉米生长的需要，所以必须通过施肥来弥补。一旦缺少其中任何一种，都会对玉米生长发育起到抑制作用，表现出各种特殊反应。因此，了解氮、磷、钾对玉米生长机能所起的作用，可以科学指导施肥。

氮是玉米进行生命活动所必需的重要元素，对玉米的生长发育影响最大。没有氮，玉米就不能进行正常的生命活动：氮是组成蛋白质、酶、叶绿素及维生素的重要成分，玉米植株营养器官的建成和生殖器官的发育是蛋白质代谢的结果，氮又是构成酶的重要成分，酶参加许多生理生化反应；氮还是形成叶绿素的必要成分之一。所以氮的生理功能是多方面的，是玉米生长发育过程不可缺少的，在生长期内玉米对氮的需要量比其他任何元素都多。

玉米对磷的需要量较氮、钾要少，但磷对玉米的生长发育非常重要。磷是细胞的重要成分之一，有助于苗期根系的生长，还可以提高细胞原生质的黏滞性、耐热性和保水能力，降低玉米在高温下的蒸腾强度，从而增加玉米的抗旱能力。磷直接参与糖、蛋白质和脂肪的代谢，对玉米生长发育和各种生理过程均有促进作用。因此，磷的充足不仅能促进幼苗生长，并能增加后期的籽粒数量，在玉米生长的中、后期，磷还能促进茎、叶中糖和淀粉的合成及糖向籽粒中的转移，使雌穗受精良好，结实饱满，从而增加千粒重，提高产量，提早成熟，改善品质。

玉米对钾的需要量仅次于氮。钾在玉米植株中完全呈离子状态，虽然不是植物体的主要组成元素，不参与任何有机化合物的组成，但它几乎在玉米的每一个重要生理过程中起作用。钾主要集中在玉米植株最活跃的部位，能促进呼吸作用，促进植株碳水化合物的合成和转化，增强植株的抗倒伏能力，促进核酸和蛋白质的合成，保证新陈代谢和其他生理生化活动的顺利进行，可以调节气孔的开闭，减少水分散失，从而提高水分利用率，增强玉米的抗旱能力，对玉米果穗发育有促进作用，可增加单株的果穗数。

（三）玉米缺素症状的诊断与矫正措施

由于偏施化肥、有机肥施用少或土壤缺素等的影响，常常导致玉米缺乏一种或多种营养元素，致使植株营养不良。玉米缺素不但会影响植株体内各种生理活动，而且也会从外观上表现出一系列症状（表 2-2）。及时了解和识别玉米植株的缺素症状，就可以及时采取措施进行人为调控，“对症”施肥，保证玉米正常生长发育。表 2-2 简略地介绍了玉米氮、磷、钾、钙、镁、硫、锌、钼、锰、铁、铜、硼 12 种元素的缺乏症状及其矫正措施，便于实地查看和对比诊断，为玉米科学施肥提供指导。

表 2-2　玉米主要营养元素缺乏症状及其矫正措施

缺乏元素	主要症状	敏感部位	易发条件	矫正措施
氮	幼苗生长缓慢，植株矮小细弱，玉米缺氮，植株秆细，叶片黄绿色。首先是下部老叶从叶尖开始变黄，然后沿中间叶脉伸展，叶边缘仍为绿色，最后整个叶片变黄干枯。这是因为缺氮时，氮素从下部老叶转送到上部正在生长的幼叶和其他器官中；缺氮还会引起雌穗形成延迟，雌穗不能发育或穗小、粒少、产量降低	老叶	前茬未施有机肥或耗肥较大；一次性施肥，降雨多，氮被淋失	施足底肥，有机肥质量要高，夏玉米来不及施底肥的，要分次追施苗肥、拔节肥和攻穗肥；后期发生缺氮症状时，可叶面喷施1%～2%的尿素溶液2次，每次间隔5～7天，每亩喷40～50千克
磷	幼苗根系发育不良，生长缓慢，叶色暗绿，有的呈紫红色；严重缺磷时，叶尖及叶缘变褐色并枯死；如开花期缺磷，花丝抽出晚，雌穗受精不良，花粒；后期缺磷，粒重降低，果穗成熟晚	新叶	春玉米播种过早，若遇低温诱发缺磷；石灰性土壤有效磷含量低，且磷肥易被固定	基施有机肥和磷肥，混施效果更好，也可施在前茬作物上；若发现缺磷，早期还可开沟追施过磷酸钙20千克/亩，后期缺磷症状时，及时追施水溶性磷肥，或用1%过磷酸钙溶液或0.2%～0.5%的磷酸二氢钾（每亩用量0.1～0.2千克）溶液进行叶面喷施2～3次，每次间隔一周

（续）

缺乏元素	主要症状	敏感部位	易发条件	矫正措施
钾	幼苗发育缓慢，叶色淡绿且带黄色条纹，植株下部的叶缘及叶尖干枯呈灼烧状。严重缺钾时，生长停滞，节间缩短，植株矮小，果穗发育不良或出现秃顶，籽粒淀粉含量降低，千粒重减轻，易倒伏	老叶	高产田中，高氮低钾；土壤雨水多，有效钾低；施用有机肥少，秸秆不还田等；水渍过湿诱发缺钾	施足有机肥，高产地块，加施钾肥；出现缺钾症状时，每亩追施氯化钾或硫酸钾8～10千克，生长后期可用0.2%～0.3%的磷酸二氢钾或硫酸钾进行叶面喷施，连喷2～3次，每次间隔一周。雨后及时排水，干旱年份多施钾肥
钙	生长点发黑并呈黏质化，叶片不能展开，上部叶片扭曲在一起，茎基部膨大并有产生侧枝的趋势，植株严重矮化，轻微发黄	生长点及新生叶	土壤酸度过低或矿质土壤，pH5.5以下，土壤有机质在48毫克/千克以下或钾、镁含量过高易发生缺钙	北方旱地土壤一般不会缺钙，如发生缺钙现象，每亩追施75千克石灰或4～5千克石膏粉，以补充钙素营养，或喷施0.5%的氯化钙水溶液
镁	苗期表现上部叶片发黄，后来叶脉间出现由黄到白的条纹。叶片从叶尖沿着叶缘由红变紫。严重缺乏时，叶尖和叶缘死亡，整个植株都可能出现脉间条纹，条纹可能带有白色坏死斑点，呈现鳞状条纹	新、嫩叶	酸性沙土降雨量大的地方，含钾高和施石灰，也能引起缺镁，氧化钾与氧化镁比（氧化钾/氧化镁）大于2时即土壤中的钾浓度显著高于镁时，引起缺镁	酸性缺镁土壤，施用生石灰或硫酸镁等化学肥料；配施有机肥料，磷肥和硝态氮肥如硝铵，有利于发挥镁肥的效果。当出现缺镁症状时，叶面喷施0.1%～0.2%硫酸镁溶液，连喷2～3次，每次间隔一周，每亩用量以镁计为1～1.5千克

（续）

缺乏元素	主要症状	敏感部位	易发条件	矫正措施
硫	缺乏症状与缺氮相似，叶子发黄，并且颜色更深，上部嫩叶叶脉比叶子其余部分淡，下部叶片和茎秆常带红色	老叶	有机质少、质地粗、肥力差的土壤；暖湿地区、山区冷浸田；施肥单一，如长期不施或少施含硫肥料，如过磷酸钙、硫酸铵、硫酸钾、石膏	在缺硫土壤上种植玉米时，尽量多选用如过磷酸钙、硫酸钾、硫酸锌、低浓度的复合肥等含硫肥料。出现缺硫症状，可用0.5%的硫酸盐水溶液进行叶面喷施，或土壤追施水溶性含硫肥料
锌	出苗后2～3周下部叶片中脉两侧出现淡黄绿条纹,从叶片基部伸展到叶片中部和叶尖,而叶片中脉和叶缘仍保持绿色。如果继续缺乏，有条纹的部分可能坏死，变成宽的退色带，叶中脉和叶缘一般还是绿的。严重缺乏时，整个植株变成淡绿色，生长缓慢甚至死亡	老叶	土壤有效锌含量低，石灰性土壤pH大于7，早春低温，磷肥施用量过高，导致诱发缺锌	在缺锌土壤可用七水硫酸锌1～2千克/亩作基肥，或1千克玉米种用4～6克硫酸锌拌种，或用0.1%～0.3%硫酸锌水溶液浸种。出现缺锌症状时，每亩追施0.75千克硫酸锌，或用0.2～0.3%的硫酸锌溶液进行叶面喷施，连喷2～3次，每次间隔5～7天
钼	从严重缺乏钼的土地上收获的种子再播种在缺钼的土地上，就可能出现缺钼。主要表现为种子萌发慢，有的幼苗扭曲，在生长早期就可能死亡。能够长大的植株，幼叶先萎蔫，然后边缘枯死，老叶叶尖和叶缘先枯死	新叶	大量施用磷肥、含硫肥料，以及施用锰肥过量	出现缺钼症状时，叶面喷施0.1%～0.2%的钼酸铵或钼酸钠溶液，连喷1～2次，每次间隔5～7天，每亩喷施40～50千克

（续）

缺乏元素	主要症状	敏感部位	易发条件	矫正措施
锰	中度缺锰，叶子大都表现不明显的条纹，叶色较淡。严重缺乏时，叶片可能出现长的白色条纹，其中央变成棕色，进而枯死	新叶	石灰性土壤，pH大于7；多雨地区，紧靠河岸的田块，锰易被淋失；施用过量的石灰可以导致缺锰	土壤缺锰时，可用硫酸锰浸种，用0.1%～0.3%水溶液或1千克玉米种用10克硫酸锰拌种。出现缺锰时，叶面喷施锰肥，硝酸锰、硫酸锰、氧化锰和碳酸锰等，喷施浓度一般为0.2%～0.5%，间隔10天连喷2～3次，每亩喷40～50千克
铁	中部叶片叶脉之间的组织失绿变白，形成特殊的条纹，植株严重矮化	新叶	石灰性土壤通气良好条件下易缺；土壤中磷、锌、锰、铜含量过高，施用硝态氮肥也会加重铁的缺乏	土壤缺铁时，可用硫酸亚铁做基肥，用量为1.5～3千克/亩，建议与生理酸性肥料或有机肥混合施用。出现缺铁症状，叶面喷洒0.3%～0.5%的硫酸亚铁或0.5%氨基酸铁，连喷2～3次，每次间隔5～7天，每亩喷40～50千克
铜	叶片刚伸出就黄化，严重缺乏时，植株矮小，嫩叶缺绿，老叶像缺钾一样出现边缘坏死	新叶	有机质含量低、土壤碱性，铜的有效性降低；氮肥、磷肥施用的过多。	对缺铜土壤，可亩施硫酸铜1～2千克做基肥。出现缺铜症状，可叶面喷施0.1%～0.2%的硫酸铜溶液，连喷1～2次，每次间隔7～10天，每亩喷施40～50千克

（续）

缺乏元素	主要症状	敏感部位	易发条件	矫正措施
硼	叶脉间出现不规则的白色斑点，这些斑点可能联结而形成白色条纹，节间不伸长，植株矮小，根部变粗，果穗发育不良，甚至不能抽雄吐丝	新叶	一般碱性土壤或施用石灰过多的酸性土壤，易出现缺硼症状	严重缺硼地块，每亩用硼砂0.5千克作底肥，与有机肥混施效果更好；出现缺素症状时，用0.1%～0.15%硼砂溶液或0.1%硼酸溶液叶面喷施，喷施3次，每次间隔5～7天，每亩喷施40～50千克；灌水抗旱，防止土壤干燥

二、玉米施肥技术

（一）玉米合理施肥的原则

合理施肥应做到既要满足玉米高产对养分的需求，减少肥料损失，又要提高肥料利用率；既要充分利用和挖掘土壤供肥潜力，又要保持土壤内部养分平衡，实现农业的可持续发展；能使玉米连续不断地得到所需要的营养，获得最佳经济效果或最高产量。这就要求既要按照"平衡施肥"原则，又要根据土壤中不同养分的供应能力和土壤养分平衡情况，以及气候、灌溉条件等因素给以适当修正。生产中应该贯彻以下原则：

1. 有机肥和无机肥并重　增施有机肥料，大力推广秸秆还田，提高土壤肥力。秸秆还田除了具有改善土壤结构，提高土壤蓄水保墒能力外，还能增加土壤有机质。但秸秆还田后，由于其分解需要吸收一定的氮，如果不增加氮肥的使用数量，可能会出现与玉米幼苗争肥的现象，影响玉米生长，因此应根据地力和秸秆量的多少适量增加氮肥的用量。有机肥的施用，能改善玉米的根系营养，但有机肥料中的养分释放缓慢，当季利用率低，不能充分满足玉米对肥料的需要量，因此应配施速效性化肥。

2. 氮、磷、钾肥及微肥配合施用 氮、磷、钾比例不合理，容易造成土壤养分失衡，地力下降，肥料利用率不高，投入增加，效益降低。稳定氮肥用量，合理调整施肥时期和方法，提高氮肥利用效率。在氮肥追肥时期及比例上，采用化肥深施技术。干旱及浇灌条件差的地区，还要根据土壤墒情确定追肥时期。调控磷肥用量，确定合理氮磷比例，磷肥施用应强调深施、早施，适量。玉米种植区土壤缺钾面积不断扩大，仅施用有机肥和秸秆还田，不能满足玉米生长对钾的需要，要全面增施钾肥。由于玉米品种的改进，耕作制度的改革和施肥结构及施肥数量的变化，土壤养分状况也发生了较大变化，中微量元素的缺乏症状越来越明显，施肥时要补施中微量元素肥料。因此要重视中微量元素特别是锌肥的施用，在玉米浸种、包衣及追肥或叶面喷施时配施微肥。

3. 根据玉米的需肥特性和肥料特点施肥 要根据玉米需要的元素种类、需要时期、需要强度进行施肥。玉米苗期对缺磷特别敏感，磷在土壤中的移动速度较慢，因此磷肥要做基肥或种肥施用，分层施用增产效果更大。玉米各生育时期都需氮肥，大喇叭口至抽雄和授粉至乳熟期为需要高峰期，并且氮肥易流失，因此氮肥要多次分期施用，追肥的重点是大喇叭口期。

4. 根据玉米计划产量及土壤养分丰缺施用肥料 测土配方施肥是根据玉米需肥规律和土壤供肥情况以及肥料效应，科学确定各种营养元素的配比，定时、定量合理施肥，根据玉米产量和培肥地力的需要，缺什么施什么，缺多少施多少。在保证玉米高产的同时，提高肥料利用率，降低生产成本，提高生产效益和经济效益。

（二）玉米施肥时期与方法

玉米施肥时，要考虑玉米需肥特性、土质、气候、土壤肥力、肥料种类及耕作制度等因素。玉米在生长过程中，吸收氮磷钾的比例是比较固定的，吸收比例大约为3∶1∶2.8，前期吸钾、磷较多，后期吸收氮素较多。磷钾宜作底肥和种肥，氮肥的2/3宜作追肥。因此，玉米的施肥基本上采用底肥、种肥、追肥相结合的方法。

1. 底肥 在播种前施入土壤耕层中的肥料，也称基肥。肥料组成应包括农家肥与氮磷钾锌肥配合，其中氮肥施用占总用量的1/4～1/3。磷肥的全部或2/3做底肥，钾肥可将绝大部分或全部做底肥施入。在不耕翻土壤的前提下，底肥尽量进行沟播，开沟条施可以提高根系土壤的养分浓度。当施用基肥数量较多时，在耕前将肥料均匀地撒在地面上，耕翻入土。

2. 种肥 种肥是指与播种同时施下或与种子拌混的肥料，也称口肥。种肥对作物种子的影响是很大的，如选用恰当可以保证作物种子顺利萌发及幼苗茁壮成长，但有些肥料是不宜作种肥的，种肥应以幼苗容易吸收的速效性肥料为主。比如含有缩二脲成分的有毒害的肥料，含有氯离子的氯化钾、氯化铵等化肥，窑灰钾肥、钢渣磷肥等强碱性肥料，碳酸氢铵、氨水等具有腐蚀性的肥料，都不宜作种肥。施肥时应注意肥料不要与种子接触，否则会影响出苗。对于土壤养分含量贫乏，基肥用量少或不施基肥的夏玉米、套种玉米和秋播玉米，更需要施用种肥。种肥宜穴施或条施，施用化肥应使其与种子隔离或与土壤混合，预防烧伤种子，一般机械播种，种肥在种子的侧下方。

3. 追肥 追肥要在玉米种植行间进行开沟施肥，埋施深度为8～15厘米，不宜离玉米根太近，以防烧苗，然后覆土防止挥发，一般浇水后或雨后结合着施肥进行。追肥时期与次数应与玉米需肥较多的时期一致，还要考虑土壤肥力、底、种肥的数量及品种特性。玉米一生中有3个施肥高效期，即拔节期、大喇叭口期和吐丝期。追肥时期与方法还可以根据玉米生长发育的主攻方向制定，其依据是玉米于不同生长发育时期的生长与生理特点不同。追肥要禁止表面撒施，施后最好适当浇水。

（三）影响施肥效果的因素

影响肥效的因素包括玉米对肥料的吸收利用情况和外界条件对肥效发挥的影响两大方面。具体要考虑玉米品种的营养特性、土壤条件、气候条件、肥料性质、元素互作和玉米栽培技术等。

1. 玉米品种营养特性与施肥的关系 施肥的主要目的是玉米能够生长良好，取得最高的产量。不同玉米品种对氮、磷和钾的累积吸收量、阶段吸收量和吸收强度差异较大，应根据不同品种的具体需肥特性而合理施肥。不同玉米品种有不同的追肥时期、追肥量和不同的追肥次数。如果不按照品种的需肥规律而盲目追肥，将会导致玉米的生长异常和化肥利用率的下降。

2. 土壤条件与玉米施肥的关系 土壤条件包括土壤结构、养分、质地、酸碱反应、通气状况、水分状况等。土壤养分状况是合理施肥的基础。目前全国多数土壤普遍缺氮，严重缺磷，有些地方缺钾越来越突出，锌、硼、锰等微量元素缺乏也越来越普遍。因此施肥要考虑不同地力水平，土壤质地不同，各种养分的形态、转化及其有效性也不同。土壤酸碱、水分状况显著地影响肥料效用的发挥。土壤水分是营养元素溶解、扩散的介质。适当的土壤水分含量能够增加营养元素的溶解和移动，提高肥料利用率。而土壤过多的含水量除了造成肥料损失外，还抑制了玉米根系的生理活性，减少了对营养的吸收能力，因而降低了肥料效果。

3. 肥料性质与施肥的关系 肥料性质包括养分含量、溶解度、酸碱度、稳定性、在土壤中的移动性、肥效快慢、后效大小等，均对玉米的营养吸收产生影响。有机肥料养分全，肥效迟，后效长，有改良土壤作用。化肥养分浓，成分单一，肥效快而短，便于调节玉米不同营养阶段的养分需求。硝态氮肥和尿素在土壤中移动性大，施后不可大水漫灌，不可作基肥施用；而磷肥的移动性小，用作基肥时应注意施用深度，施在根系密集层。此外肥料形态也影响施肥效果。

4. 气候条件与施肥的关系 气候条件会影响土壤养分状况的变化和玉米吸收养分的能力，从而影响施肥效果。影响肥效的气候条件主要是降雨和温度。高温多雨的地区或季节，有机肥料分解快，可施半腐熟的有机肥料，化肥追施一次施量不宜过大，玉米更不能一次施足易流失的氮肥等。温度较低，雨量较少的地区或季节，有机质分解较缓慢，肥效迟，应施腐熟程度高的有机肥料和速效性的化肥，而且还应适当早施。

5. 玉米栽培管理技术与施肥的关系　合理施肥必须同其他农业技术措施相结合。如深翻结合分层施肥，可使土肥相融，加深和熟化耕层，促进玉米根系发育，提高玉米吸收能力，有利于肥效发挥。施肥结合灌水是提高施肥效果行之有效的办法。另外，病虫害防治和中耕除草都可提高肥效。密度与肥力要调控得当，才能提高施肥效应；玉米中耕松土，增加了土壤的透气性，加强了根系的呼吸作用，有利于土壤中有益微生物活动，促进肥料的分解和转化，能提高施肥效果。

6. 营养元素间的互作与肥效　合理施肥必须考虑配方施肥和平衡施肥技术。玉米所需的每一种营养元素都是同等重要和不可代替的，缺乏任一种元素玉米都不可能正常生长。最小养分律则表明玉米的生长受到最小养分的限制，即使继续增加其他成分也难以提高产量。同时，营养元素之间的互相促进与抑制作用也普遍存在并影响各自效应的发挥。无论是土壤中各营养元素的相互影响，还是发生在玉米体内的影响，均存在着相互促进或抑制作用。玉米施肥效果与元素之间的互作有密切关系。

7. 玉米施肥时期、施肥方法与肥效　在所有影响施肥效果的因素中，施肥时期与施肥方法是最直接最有影响的因素，施肥时间和方法不当容易造成肥效降低。玉米有自己的需肥规律，同一品种在不同生育时期对不同营养元素的吸收利用时期、数量、强度等均有不同，同时肥料在土壤中也有特殊的元素释放、迁移、转化规律。

（四）复合肥的选择

玉米生产中常用的肥料是有机肥和化肥。有机肥的有效成分有氮、磷、钾、微量元素和固氮菌等，优点是养地，久用能改良土壤，肥效长，在玉米的整个生育期都会发挥作用，提高其他肥料的利用率，还具有一定的促早熟的功能。由于耕作方式和施肥方式的改变，玉米生产中有机肥的施用较少，化肥较多。化肥有单质化肥和复混肥。单质化肥有尿素、硝酸铵、硫酸铵、钾肥等，复混肥有氮、磷复合肥如磷酸二铵等，氮、磷、钾复混肥，还有含微肥的氮、磷、钾复合肥等。复合肥比单质化肥增产增收，这早已为广大农民朋友所认识。但如何选购优质的复合肥，以达到节资增产的目的，目前尚未被广大农民所掌握。因此，需要简单介绍如何根据土壤特性、肥料特性、农业生产现状等来选购优质复合肥。

1. 按肥料性质科学选用复合肥 目前市场上销售复合肥料有相当部分不符合国家GB 15063—94标准。国家标准规定，复混肥（复合肥）有效养分含量，高浓度氮磷钾总量≥40%，低浓度氮磷钾含量≥25%，不包括微量元素和中量元素；水溶性磷含量≥40%，水分子含量低于5%；粒径为1～4.75毫米等。所以选购复合肥时除了看商标和养分含量外，还需注意厂家和产地。此外，复合肥中的钾有两种，一种为氯化钾，另一种为硫酸钾。凡复合肥料袋上没有标S符号者其钾皆为氯化钾，不能做玉米种肥。推荐选用肥料袋上标有S符号的复合肥，即由硫酸钾组成的复合肥。

2. 按土壤性状科学选用复合肥 对微碱性、有机质含量偏低（土壤pH一般为8.0）、有效氮和磷缺乏的土壤，一般应选用酸性复合肥，如磷酸一铵或腐殖酸类氮磷钾复合肥、氮磷复合肥为宜。但对少数红黏土或酸性棕壤土应选用碱性复合肥，如磷酸二铵等。

3. 按施肥方法科学选用复合肥 为提高复合肥的肥效，不同施用方法应选不同剂型复合肥。作种肥施用时必须选用颗粒状复合肥，而且颗粒的硬度愈高愈好，如磷酸二铵硬度最大，肥效最长。而且选用复合肥中氮素由铵态氮配成的复合肥，有利提高氮素的利用率。如作追肥施用则应选用粉状复合肥，而且要注意复合肥磷素中的水溶性磷含量应大于40%，氮素则同NH_4—N和NO_3—N两种类型氮组成的复合肥为宜。一般基施腐殖酸类复合肥的效果优于追施效果。

第五节　适期收获

适期收获玉米，是确保玉米优质高产的一项重要措施。那么，什么时候应该收获玉米？其实，玉米的成熟需要经历乳熟期、蜡熟期、完熟期 3 个阶段。与其他作物不同，玉米籽粒着生在果穗上，成熟后不易脱落，可以在植株上完成后熟作用。一般农户习惯在玉米苞叶发黄时就开始收获，其实是不科学的。玉米苞叶发黄只是玉米成熟的开始，此时收获，玉米千粒重只有适期收获的 80%～90%。许多农户为了早腾茬播种小麦，有的在玉米乳熟后期就采收，而乳熟期到完熟期一般还有 10～15 天的时间，这时植株中的大量营养物质还正向籽粒中输送并积累，籽粒中尚含有很多的水分，此时收获的玉米晾晒会费工费时，晒干后千粒重会大大降低，品质也明显下降，一般减产 2～3 成。当然，若收获过迟，容易导致茎秆折断、果穗触地、易发霉、发芽、虫鸟危害，从而影响产量，还影响到下茬作物的播种。因此，适期收获是保证玉米丰产丰收的重要环节。

一、适期收获的意义

（一）延长籽粒灌浆时间，提高玉米产量

玉米收获过早会导致生育期不足而减产，减产的首要因素是缩短了灌浆时间，降低了粒重。晚播或早收对玉米散粉以前的生长时间影响很小，主要是减少了后期籽粒灌浆期的时间，而玉米绝大部分的籽粒产量又是在灌浆期间形成的。玉米开花前以营养生长为主，叶片的光合产物主要用于器官的形成，占的时间虽然很长，但产生的干物质通常不到最后总干重的一半。开花前叶片的光合产物只是为后期的籽粒生产奠定基础，很少能够直接用于籽粒生产。从开花到成熟的时间虽然短，但对产量来说十分重要。因为到开花期营养器官的生长已经停止，玉米转入生殖生长阶段，叶片光合产物大部分输送到籽粒中去形成产量，灌浆期间干物质生产的数量大，

主要用于籽粒形成，直接关系到经济系数的高低。玉米80%～90%的籽粒产量来自灌浆期间的光合产物，只有10%～20%是开花前贮藏在茎、叶鞘等器官内，到灌浆期再转运到籽粒中来的。因此，灌浆期越长，灌浆强度越大，玉米产量就越高。

玉米只有在完全成熟的情况下，粒重最大，产量最高。收获偏早，成熟度差，粒重低，产量下降。有些地方有早收的习惯，常在果穗苞叶刚变白时收获，此时千粒重仅为完熟期的90%左右，一般减产10%左右，应予以纠正。

当前有些生产上应用的玉米品种有"假熟"现象，即玉米苞叶提早变白而籽粒尚未停止灌浆，后期脱水慢，这些品种往往被提前收获，从而造成减产幅度很大。

（二）增加蛋白质、氨基酸含量，提高商品质量

玉米适当晚收不仅能增加籽粒中淀粉产量，其他营养物质也随之增加。适时收获，不仅能提高产量，而且可以改进品质。玉米籽粒营养品质主要取决于蛋白质及氨基酸的含量。籽粒营养物质的积累是一个连续过程，随着籽粒的充实增重，蛋白质及氨基酸等营养物质也逐渐积累，至完熟期达最大值。玉米籽粒中蛋白质及氨基酸的相对含量随淀粉量的快速增加呈下降趋势，但绝对含量却随粒重增加呈上升趋势，在完熟期达到最高，表明延期收获也能增加蛋白质和氨基酸数量。

此外，适期收获的玉米籽粒饱满充实，籽粒比较均匀，小粒、秕粒明显减少，籽粒含水量比较低，便于脱粒和储放，商品质量会有明显提高。

二、收获适期的确定

每一个玉米品种在同一地区都有相对固定的生育期，只有满足其生育期要求，使玉米正常成熟，才能实现高产优质。判断玉米是否正常成熟不能仅看外表，而是要着重考察籽粒灌浆是否停止，以生理成熟作为收获标准。

玉米籽粒生理成熟的主要标志有两个，一是籽粒基部黑色层形

成，二是籽粒乳线消失。玉米成熟时是否形成黑色层，不同品种之间差别很大。有的品种成熟以后再过一定时间才能看到明显的黑色层。玉米籽粒黑色层形成受水分影响极大，不管是否正常成熟，籽粒水分降低到32%左右时就能形成黑色层，所以黑色层形成并不完全是玉米正常成熟的可靠标志。生育期100天左右的品种授粉26天前后，籽粒顶部淀粉沉积、失水，成为固体，形成了籽粒顶部为固体、中下部为乳液的固液界面，这个界面就是乳线，此时称为乳线形成期。有时从籽粒外表看乳线不太明显，过1～2天后才明显。乳线形成期间籽粒含水量很高，为51%～55%，粒重为最大值的65%左右。随着淀粉沉量的增加，乳线向下推移，至授粉后40天左右下移至籽粒中部，称为乳线中期。当籽粒含水量下降到40%左右时，粒重达最大值的90%左右，乳线上方坚硬，下方较硬，有弹性，此时为蜡熟期。授粉后45～50天乳线消失，籽粒含水量30%左右，此时干重最大，有的品种出现明显黑色层，苞叶变白而松散，也就是说玉米果穗下部籽粒乳线消失，果穗苞叶变白而松散时收获粒重最高，玉米的产量最高，可以作为玉米适期收获的主要标志。

玉米籽粒乳线的形成、下移、消失是一个连续的过程。玉米是否成熟以乳线消失为关键指标。乳线是玉米籽粒在灌浆成熟过程中出现的由顶端逐渐向尖端下移的一条白线，用指甲掐上去乳线上端已经变硬而下端则仍呈乳状。当乳线下移到尖端而消失、整个籽粒脱水变硬时表示玉米真正成熟。

近几年由于夏季多雨寡照，积温较低，致使黄淮地区玉米普遍晚熟，而大部分农民朋友存在“节气到了就该收”的观点，所以“玉米未熟先收”造成减产的现象比较常见。现在老百姓在理论上已经知道玉米适当晚收即可增产的道理，但是在夏玉米生产实践中却没有完全做到，主要是担心延误小麦播种，造成小麦减产。应当说现在的生产条件比以前改善了，机械化程度提高了，从玉米收获完到小麦播种的时间已大大缩短，在正常年份适当推迟玉米收获期并不影响小麦播种。9月20日前收获玉米的地块向后推迟10天，改为9月30日前收获，在10月5日前后播种小麦仍是播种适期，一般比10月1日前播种的小麦病虫害略轻，群体发育更容易协调，旺长和倒伏的危险降低，造成减产的可能性很小，而且多数还有增产。在温度和光照条件许可的前提下，无论如何推迟玉米收获期，也比棉花、水稻等作物腾茬要早很多天。播期略晚的小麦还可以通过加大播量和增施肥料来补救，个别地块即便小麦略有减产，但全年统算还是增产的。

三、收获与脱粒

（一）收获时间

玉米收获适期因品种、播期及生产目的而异。黄淮海及其以南地区的春玉米一般在8月下旬到9月上旬收获，东北春玉米一般在9月底至10月上旬收获，夏玉米大致在9月下旬收获。

以籽粒为收获目标的玉米，应按是否成熟确定收获适期。春玉米灌浆成熟的时间比较充分，应该在玉米完熟期收获。夏玉米适宜收获期往往与小麦播种适期发生矛盾，有的被迫提早收获，影响了玉米产量和品质。因此，小麦要适当推迟播种时间，尽量使夏玉米完全成熟，充分发挥出玉米的高产潜力，实现全年增产增收。

对于青饲和青贮专用玉米而言，玉米的茎、叶和果穗都是饲喂家畜的优良饲料。特别是经过青贮之后，植株茎叶仍然保持青绿，酸香适口，家畜喜食，在冬春缺草季节是最经济、最有营养价值的多汁饲料。玉米的茎、叶和果穗等作青贮饲料时，较适含水量是61%～68%。因此，在乳线下移到玉米籽粒1/2处至3/4处时收获的玉米适于青饲和青贮。

甜玉米、糯玉米等特殊用途的玉米，应根据需要确定最佳收获时间，鲜食采摘一般在玉米授粉25天左右。

（二）收获方法、脱粒和晾晒

当前，相对于水稻和小麦而言，玉米的最大短板就是机械化收获。玉米的收获从人工收获到现在的机械化收获经历了几个过程：

最早是老百姓人工收获果穗，晾晒干燥后人工脱粒，秸秆也通过人工收获，用做饲料或者做柴火。

接着，人工收获果穗和秸秆，果穗晾干，从手工脱粒到手摇机械脱粒到电动脱粒机或拖拉机带动脱粒机脱粒。

然后，田间机械收获果穗（带苞叶），秸秆通过机械切割还田，玉米果穗收获后人工剥皮，然后机械脱粒，籽粒晒干。

前几年，田间机械收果穗（不带苞叶），秸秆通过机械切割，秸秆还田，然后晾晒果穗，拖拉机带传送带装置进行机械脱粒，籽粒晒干。

近两年，是在田间通过机械收获机收获果穗，机械脱粒，秸秆还田，晒场晾晒籽粒或通过烘干设备来处理籽粒。

从上面的过程可以看出，随着时间的发展，玉米收获的机械化程度越来越高。

以往到了秋天，在玉米收获、小麦播种时节，农民异常忙碌。农民有句俗话叫“三春不如一秋忙”，就是考虑到秋季的玉米收获、脱粒、晾晒和小麦的播种都集中在半个月之内完成，工作量很大。小麦收获和播种实现了全程机械化，减少了工作量；玉米的机械收获还有很大的提升空间，即使有了玉米收割机收玉米、机械剥皮，但后期的果穗晾晒、脱粒，籽粒晾晒等工作量都很大。劳动力成本的增加，使发展玉米生产机械化成为农业生产的必然，解决玉米生产的机械化也是广大农民的迫切要求。玉米的播种多年前已经实现了机播甚至单粒机播，收获的机械化程度近几年也有了大幅度的提高。在穗收的基础上，直接实现田间收获玉米籽粒，既减少了晾晒时间和空间，也相应地减少了工作量。

总之，要取得玉米丰产丰收，适时收获是一项无须任何投资，却能大大提高生产效益的重要措施。为此，要掌握玉米完熟期的主要特征，抓住不同品种的最佳收获期，做到科学安排，先后有序及时收获，以保证增加产量，减少不必要的损失；同时在农村土地流转较多，大面积规模化种植的情况下，推广机械化粒收，可以减少劳动力，节约成本，提高机械的利用率，增加经济效益。

第三章 美名远播的品种

“土是根，肥是劲，水是命，种是本”，“国以农为本，农以种为先”。良种对玉米丰产的功劳近于成就半壁江山，是决定产量和质量的内因。“龙生龙，凤生凤，好种才能多打粮”，然而，面对市场中数量繁多、良莠不齐的玉米品种，应该如何正确地挑选？挑选之前，一定要了解一些品种挑选的诀窍及当前主推的品种。

第一节　选择品种的方法

要想获得玉米高产稳产，选择适合的玉米良种是第一步。农民在选购良种时，最看重的是品种产量，往往首先要考虑的就是“什么品种最好？产量最高?”某些经销商和种子企业也不顾客观条件，往往以产量高来忽悠农民。任何高产品种，如果离开了该品种所需要的土壤、水肥、气候、环境等条件往往都会适得其反，不仅不能增产甚至还会减产。很多品种的高产纪录都是在试验田创造出来的，按照较高的管理水平才能达到的产量，在大田中往往难以复制。农民在实际的大田操作中由于受播种时间、基础设施（包括土壤和水肥等）、投资条件等因素限制难以达到试验田的管理水平，从而导致产量大大缩水。不同的玉米品种在产量水平、生育期、抗病性、耐旱性、抗倒性以及适应区域上都存在较大的区别。在某一个地区表现优良的品种，在其他地区可能表现一般或很差，生产上因品种选择不当或购买到劣质种子导致减产甚至绝产的事情时有发生。

无论经销商向农民推荐良种，还是农民自己选购良种，一定要根据自己的实际情况，如水肥条件、地力结构、管理措施等，选择真正适合自己地区的品种，不要盲目跟风。一般适应性广的稳产品种，才是农民取得理想丰收的保证。

一、品种选择的原则

如何选好玉米良种，是关系到玉米增产增收的关键问题。在选择玉米良种时应遵循以下几个原则。

1. 根据当地的积温情况选择良种 热量资源与玉米品种的生育期有关。一般情况下，生育期长的玉米品种丰产性能好、增产潜力较高。

如果当地积温高，热量充足，在时间允许并能保证前后茬作物适时收获或播种的情况下，就尽量选择生长期较长的品种，使优良品种的生产潜力得到有效发挥。但是，过于追求高产而采用生长期过长的玉米品种，则会导致玉米不能成熟，籽粒不够饱满，影响玉米的营养和品质。所以，选择玉米品种，既要保证玉米正常成熟，又不能影响下茬作物适时播种。

2. 根据当地生产管理条件选择良种 玉米品种的丰产潜力与生产管理条件有关。丰产潜力高的品种需要好的生产管理条件，丰产潜力较低的品种，需要的生产管理条件也相对较低。因此，在生产管理水平较高，且土壤肥沃、水源充足的地区，可选择产量潜力高、增产潜力大的玉米品种。反之，应选择生产潜力稍低，但稳定性能较好的品种。农民朋友要根据自己地块的地力、地势等情况进行选择，地力高的地块可选高产喜肥品种，地力低的地块可选用稳产耐瘠薄的品种。

3. 根据前茬作物选择良种 玉米品种的增产增收与前茬种植的作物有直接关系。如果前茬种植的是豆科作物，则土壤肥力较好，应该选择高产品种；若前茬种植的也是玉米，且生长良好、丰产，也可继续选种这一品种，但要注意病害的发生情况，若前茬玉米感染某种病害，选择品种时应避开易感此病的品种。同一块地不同年际间应实行轮作，以防止相同致病病原数量积累，另外，同一个品种最好不要在同一地块连续种植三四年，否则会出现土地贫瘠、品种退化的现象。

4. 根据当地的病害发生情况选择良种 病害的发生是玉米丰产的克星。如当地经常发生某病害，应选择抗此种病害的品种。例如，茎腐病等是土传病害，如果某年份茎腐病大发生，第二年在该地块一定要播种抗茎腐病的玉米品种。

二、品种选择的注意事项

1. 注意玉米的种植制度和种植习惯 要严格区分春玉米品种还是夏玉米品种，二者不可混淆，也不宜混用。

常年种植密度为3 000～4 000株的地区，适宜选择稀植大穗型品种；常年种植密度为4 000株以上的地区适宜选择株型紧凑、植株清秀、茎秆坚韧、根系发达、果穗匀称、抗倒好的密植型品种。

2. 注意当地常年发生的自然灾害情况 一是玉米生育期内易发生大风、暴雨等多种自然灾害的地方，应选择抗倒伏、耐涝的品种。二是各地应根据当地玉米常发、重发的病害选择相应抗性品种。

3. 注意品种的合理搭配 在购买种子时，应以试验种植 3 年以上表现较好的品种为主，进行品种的合理搭配。新品种主要指国家或省新近审定品种，选择时应了解该品种在本地区内试验、示范、试种情况，表现优良的才可种植。对于新品种，应先进行小面积试种，同时要注意多品种搭配，合理布局以防止因某一品种对特殊气候、条件不适而带来绝产。

4. 注意种子的质量 种子要有较高的纯度和净度，选用高质量种子是实现玉米高产的有利保证。优良品种的增产潜力只有通过优良的种子才能在生产上表现出来，玉米品种纯度高低和质量好坏直接影响到玉米产量的高低，玉米种子的纯度每下降 1%，其产量就会下降 0.61%，因此选择品种的同时还要选择优良的种子。种子纯度应不低于 96%，净度不低于 98%，发芽率不低于 85%，水分含量不高于 13%，种子的形状、大小和色泽整齐一致。这些指标很难用肉眼看出来，只有借助仪器才能检验出来，因此，购种应选择生产经营正规的、信誉度比较好的单位，以保证种子的质量。

5. 注意维护自身的合法权益　在选择购买种子时一定要选择大的商家生产的玉米种子，种子应有较好的包装，包装袋内应该有标签，标签详细标明：生产厂家、质量标准、生产日期、产地、经营许可证号等，同时种子袋内应有本品种的简要介绍及信誉卡。

购货发票是双方买卖关系存在的证据。因此在购买玉米种子时，一定要注意索要正规发票，认真核对和保留，还要保存好种子包装袋和种子使用说明书，以便在日后出现问题时作为索赔的依据。这样，农民既维护了自己的权利，又约束了售种单位的行为。

第二节　普通夏玉米主推品种

1. 郑单 958　河南省农业科学院粮食作物研究所选育，2000 年国家、河北省、山东省、河南省审定。品种来源为郑 58×昌 7-2。

株型紧凑，株高 246 厘米左右，穗位高 110 厘米左右。果穗筒形，穗长 16.9 厘米，穗行数 14～16 行，穗轴白色。籽粒黄色，半马齿型，千粒重 307 克，出籽率高。夏播生育期 96 天左右。高抗矮花叶病，抗大斑病、小斑病、黑粉病，感茎腐病，抗倒伏，较耐旱。籽粒含粗蛋白 9.33%，粗脂肪 3.98%，粗淀粉 73.02%，赖氨酸 0.25%。

在 1998—1999 年国家黄淮海夏玉米组区试中两年平均产量 580.6 千克/亩，比对照掖单 19 号增产 21.75%，居第一位。在 1999 年同组生产试验中平均产量 587.1 千克/亩，居第一位。在河北省、山东省和河南省参试中均比当地对照增产 7%以上。

适宜黄淮海夏玉米区套种或直播。适宜密度4 000～4 500株/亩，苗期发育较慢，注意增施磷钾肥提苗，重施拔节肥，大喇叭口期防治玉米螟。

2. 鲁单 981　山东省农业科学院玉米研究所选育，2002 年山东省、河北省审定，2003 年国家、河南省审定。母本齐 319 选自美国玉米杂交种78599，父本lx9801为以502×H21为选系基础材料，经连续自交选择而成。

夏播生育期94天左右。株型半紧凑，株高280厘米左右，穗位高110厘米左右。果穗筒形，穗长22厘米，穗行数14～16行，穗轴红色。结实性好，秃顶轻。籽粒黄色、黄白顶，半马齿型，千粒重366克。活秆成熟，高抗大斑病、小斑病、锈病、弯孢菌叶斑病、粗缩病毒病、黑粉病、青枯病。籽粒含粗蛋白10.74%，粗脂肪4.48%，赖氨酸0.28%，粗淀粉70.26%。

在国家黄淮海夏玉米区试中，2000年平均产量547.9千克/亩，比对照掖单19号增产19.15%；2001年平均产量600.6千克/亩，比对照农大108增产5.85%。在2001年同组生产试验中，平均产量568.4千克/亩，比当地对照平均增产7.0%。

适宜在山东、河南、河北、陕西、安徽北部、江苏北部，山西运城夏播区种植。适宜密度3000～3300株/亩。前期注意控制肥水，以防止中期生长过快时遇到不良气候易发生倒折。

3. 浚单20 河南省浚县农业科学研究所选育，2003年国家、河南省、河北省审定。母本9058，来源为在国外材料6JK导入8085泰（含热带种质），父本浚92-8，来源为昌7-2×5237。

株型紧凑，株高242厘米，穗位高106厘米。果穗筒形，穗长16.8厘米，穗行数16行，穗轴白色。籽粒黄色，半马齿型，千粒重320克。夏播生育期97天。高抗矮花叶病，抗小斑病，中抗茎腐病、弯孢菌叶斑病，感大斑病、黑粉病，抗玉米螟。籽粒含粗蛋白10.2%，粗脂肪4.69%，粗淀粉70.33%，赖氨酸0.33%。

在2001—2002年国家黄淮海夏玉米组区域试验中，两年平均产量612.7千克/亩，比农大108增产9.19%。在2002年同组生产试验中，平均产量588.9千克/亩，比当地对照增产10.73%。

适宜在河南省、河北省中南部、山东省、陕西省、江苏省、安徽省、山西省运城夏玉米区种植。适宜密度4 000～4 500株/亩。

4. 金海5号 山东省莱州市金海作物研究所有限公司选育，2003年北京市、山东省审定，2004年国家审定。母本JH78-2选自 78599，父本 JH3372 是以沈 5003×自 330 为基础材料，连续 8 代自交选育。夏播生育期 102 天左右。

株型半紧凑，株高 240 厘米，穗位高 90 厘米。果穗筒形，穗长 19.5 厘米，穗行数 15.3 行，穗轴红色。籽粒黄色，半马齿型，千粒重 316 克。高抗矮花叶病，抗弯孢菌叶斑病、茎腐病，感大斑病、小斑病、黑粉病，抗玉米螟。籽粒含粗蛋白 9.18%，粗脂肪 4.63%，粗淀粉 72.27%，赖氨酸 0.27%。

在 2002—2003 年国家黄淮海夏玉米区域试验中，两年平均产量 558.3 千克/亩，比对照农大 108 增产 7.2%。在 2003 年同组生产试验中，平均产量 515.7 千克/亩，比当地对照增产 7.4%。

适宜在河南、河北、山东、陕西、江苏、安徽、山西运城夏播种植。适宜密度3 200～3 500株/亩，叶部病害和黑粉病高发区慎用。足墒播种，一播全苗，施好基肥，重施攻穗肥，酌施攻粒肥，浇好大喇叭口期至灌浆期丰产水。

5. 中科 11 号　北京中科华泰科技有限公司、河南科泰种业有限公司选育，2006 年国家审定。母本 CT03，来源于（郑 58×CT01）×郑 58；父本 CT201，来源于黄早 4×黄 168。

在黄淮海地区出苗至成熟 98.6 天，比对照郑单 958 晚熟 0.6 天，比农大 108 早熟 4 天，需有效积温2 650℃左右。幼苗叶鞘紫色，叶片绿色，叶缘紫红色，雄穗分枝密，花药浅紫色，颖壳绿色。株型紧凑，叶片宽大上冲，株高 250 厘米，穗位高 110 厘米，成株叶片数 19～21 片。花丝浅红色，果穗筒形，穗长 16.8 厘米，穗行数 14～16 行，穗轴白色，籽粒黄色，半马齿型，千粒重 316 克。抗茎腐病，中抗大斑病、小斑病、瘤黑粉病和玉米螟，感弯孢菌叶斑病。籽粒容重 736 克/升，粗蛋白含量 8.24%，粗脂肪含量 4.17%，粗淀粉含量 75.86%，赖氨酸含量 0.32%。

2004—2005 年黄淮海夏玉米品种区域试验中，两年区域试验平均产量 608.4 千克/亩，比对照增产 10.0%。2005 年生产试验，平均产量 564.3 千克/亩，比当地对照增产 10.1%。

适宜在河北、河南、山东、陕西、安徽北部、江苏北部、山西运城夏玉米区种植。适宜密度3 800～4 200株/亩，注意防治弯孢菌叶斑病。

6. 中单909 中国农业科学院作物科学研究所选育，2011年通过国家审定。郑58为母本，父本为HD586。

在黄淮海地区出苗至成熟101天，比郑单958晚1天。幼苗叶鞘紫色，叶片绿色，叶缘绿色，花药浅紫色，颖壳浅紫色。株型紧凑，株高260厘米，穗位高108厘米，成株叶片数21片。花丝浅紫色，果穗筒形，穗长17.9厘米，穗行数14～16行，穗轴白色，籽粒黄色，半马齿型，千粒重339克。中抗弯孢菌叶斑病，感大斑病、小斑病、茎腐病和玉米螟，高感瘤黑粉病。籽粒容重794克/升，粗蛋白含量10.32%，粗脂肪含量3.46%，粗淀粉含量74.02%，赖氨酸含量0.29%。

2009—2010年参加黄淮海夏玉米品种区域试验，两年平均亩产630.5千克，比对照增产5.1%。2010年生产试验，平均亩产581.9千克，比对照郑单958增产4.7%。

适宜在河南、河北保定及以南地区、山东（滨州除外）、陕西关中灌区、山西运城、江苏北部、安徽北部（淮北市除外）夏播种植。瘤黑粉病高发区慎用。适宜播种期6月上中旬，适宜密度4 500～5 000株/亩。

7. 登海605 山东登海种业股份有限公司选育，2010年国家审定。品种来源：DH351×DH382。

在黄淮海地区出苗至成熟101天，比郑单958晚1天，需有效积温2 550℃左右。幼苗叶鞘紫色，叶片绿色，叶缘绿带紫色，花药黄绿色，颖壳浅紫色。株型紧凑，株高259厘米，穗位高99厘米，成株叶片数19～20片。花丝浅紫色，果穗长筒形，穗长18厘米，穗行数16～18行，穗轴红色，籽粒黄色，马齿型，百粒重34.4克。高抗茎腐病，中抗玉米螟，感大斑病、小斑病、矮花叶病和弯孢菌叶斑病，高感瘤黑粉病、褐斑病和南方锈病。籽粒容重766克/升，粗蛋白含量9.35%，粗脂肪含量3.76%，粗淀粉含量73.40%，赖氨酸含量0.31%。

2008—2009 年参加黄淮海夏玉米品种区域试验，两年平均亩产 659.0 千克，比对照郑单 958 增产 5.3%。2009 年生产试验，平均亩产 614.9 千克，比对照郑单 958 增产 5.5%。

适宜在山东、河南、河北中南部、安徽北部、山西运城地区夏播种植，注意防治瘤黑粉病，褐斑病、南方锈病重发区慎用。在中等肥力以上地块栽培，每亩适宜密度4 000～4 500株。

8. 伟科 702　郑州伟科作物育种科技有限公司、河南金苑种业有限公司选育。2012 年国家审定，2010 年内蒙古自治区、2011 年河南省、2012 年河北省审定。品种来源：WK858×WK798-2。

东华北春玉米区出苗至成熟 128 天，西北春玉米区出苗至成熟生育期 131 天，黄淮海夏播区出苗至成熟 100 天，均比对照郑单 958 晚熟 1 天。幼苗叶鞘紫色，叶片绿色，叶缘紫色，花药黄色，颖壳绿色。株型紧凑，保绿性好，株高 252～272 厘米，穗位107～125 厘米，成株叶片数 20 片。花丝浅紫色，果穗筒形，穗长 17.8～19.5 厘米，穗行数 14～18 行，穗轴白色，籽粒黄色，半马齿型，百粒重 33.4～39.8 克。东华北春玉米区接种鉴定，抗玉米螟，中抗大斑病、弯孢叶斑病、茎腐病和丝黑穗病；西北春玉米区接种鉴定，抗大斑病，中抗小斑病和茎腐病，感丝黑穗病和玉米螟，高感矮花叶病；黄淮海夏玉米区接种鉴定，中抗大斑病、南方锈病，感小斑病和茎腐病，高感弯孢叶斑病和玉米螟。籽粒容重 733～770 克/升，粗蛋白含量 9.14%～9.64%，粗脂肪含量 3.38%～4.71%，粗淀粉含量 72.01%～74.43%，赖氨酸含量 0.28%～0.30%。

2010—2011 年参加东华北春玉米品种区域试验，两年平均亩产 770.1 千克，比对照品种增产 7.2%；2011 年生产试验，平均亩产 790.3 千克，比对照郑单 958 增产 10.3%。2010—2011 年参加黄淮海夏玉米品种区域试验，两年平均亩产 617.9 千克，比对照品种增产 6.4%；2011 年生产试验，平均亩产 604.8 千克，比对照郑单 958 增产 8.1%。2010—2011 年参加西北春玉米品种区域试验，两年平均亩产1 006千克，比对照品种增产 12.0%；2011 年生产试验，平均亩产1 001千克，比对照郑单 958 增产 8.8%。

适宜在吉林晚熟区、山西中晚熟区、内蒙古通辽和赤峰地区、陕西延安地区、天津市春播种植；河南、河北保定及以南地区、山东、陕西关中灌区、江苏北部、安徽北部夏播种植；甘肃、宁夏、新疆、陕西榆林、内蒙古西部春播种植。中等肥力以上地块栽培，亩密度 4000 株左右，一般不超过 4500 株。黄淮海夏玉米区注意防治小斑病、茎腐病和弯孢叶斑病。

9. 美豫 5 号 河南省豫玉种业有限公司选育，2012 年国家审定。品种来源：758×HC7。

东华北春玉米区出苗至成熟 127 天，黄淮海夏玉米区出苗至成熟 99 天，均比对照郑单 958 早 1 天。幼苗叶鞘浅紫色，叶片绿色，叶缘浅紫色，花药浅紫色，颖壳绿色。株型紧凑，株高 255～278 厘米，穗位 107～122 厘米，成株叶片数 20 片。花丝浅紫色，果穗筒形，穗长 16.1～18.6 厘米，穗行数 16～18 行，穗轴白色，籽粒黄色，马齿型，百粒重 29.6～35.6 克。黄淮海夏玉米区平均倒伏倒折 6.0%。东华北春玉米区接种鉴定，抗大斑病、丝黑穗病，中抗弯孢叶斑病和茎腐病；黄淮海夏玉米区接种鉴定，中抗小斑病，感大斑病、茎腐病和弯孢叶斑病，感玉米螟。籽粒容重 726～746 克/升，粗蛋白含量 8.81%～8.92%，粗脂肪含量 3.71%～4.78%，粗淀粉含量 73.90%～74.08%，赖氨酸含量 0.26%～0.3%。

2010—2011 年参加东华北春玉米品种区域试验，两年平均亩产 757.8 千克，比对照品种增产 4.5%；2011 年生产试验，平均亩产 772.3 千克，比对照郑单 958 增产 7.5%。2010—2011 年参加黄淮海夏玉米品种区域试验，两年平均亩产 606.1 千克，比对照品种增产 4.7%；2011 年生产试验，平均亩产 590.3 千克，比对照郑单 958 增产 5.4%。

适宜在吉林中晚熟区、山西中晚熟区、内蒙古通辽和赤峰地区、陕西延安地区春播种植；河南、河北保定及以南地区、山东、陕西关中灌区、山西运城、江苏北部、安徽北部地区夏播种植。中等肥力以上地块栽培，东华北春玉米区 4 月下旬播种，亩密度 4 000株左右，黄淮海夏玉米区 5 月 25 日至 6 月 15 日播种，亩密度4 000～4 500株，可宽窄行种植。夏播区注意防倒伏。注意防治茎腐病和弯孢叶斑病。

10. 黎乐 66 浚县丰黎种业有限公司选育，2013 年国家审定。品种来源：C28×CH05。

黄淮海夏玉米区出苗至成熟 102 天，与对照郑单 958 相同。幼苗叶鞘浅紫色，叶片深绿色，叶缘绿色，花药紫色，颖壳绿色。株型紧凑，株高 270 厘米，穗位高 108 厘米，成株叶片数 20 片。花丝浅紫色，果穗筒形，穗长 18 厘米，穗行数 14 行，穗轴白色，籽粒黄色，半马齿型，百粒重 34.8 克。接种鉴定，中抗小斑病，感茎腐病和大斑病，高感弯孢叶斑病、南方锈病、瘤黑粉病、粗缩病和玉米螟。籽粒容重 780 克/升，粗蛋白含量 9.22%，粗脂肪含量 3.52%，粗淀粉含量 74.91%，赖氨酸含量 0.25%。

2011—2012 年参加黄淮海夏玉米品种区域试验，两年平均亩产 663.5 千克，比对照增产 6.1%。2012 年生产试验，平均亩产 685.4 千克，比对照郑单 958 增产 6.3%。

适宜在河南、山东、陕西关中灌区、江苏北部及山西南部夏播种植。粗缩病、瘤黑粉病高发区慎用。中等肥力以上地块栽培，播种期 5 月 25 日至 6 月 15 日，亩种植密度4 000～4 500株。注意防治茎腐病、大斑病、弯孢叶斑病及玉米螟，防倒伏。

11. 蠡玉 86 石家庄蠡玉科技开发有限公司选育，2013 年国家审定。品种来源：L5895×L5012。

黄淮海夏玉米区出苗至成熟 102 天，与对照郑单 958 相同。幼苗叶鞘浅紫色，叶缘绿色，花药浅紫色，花丝浅紫色。株型半紧凑，株高 267 厘米，穗位高 114 厘米，全株叶片数 19 片。果穗长筒形，穗长 18 厘米，穗行数 16 行，穗轴红色，籽粒黄色，半马齿型，百粒重 34.1 克。接种鉴定，中抗大斑病、茎腐病，感小斑病，高感弯孢叶斑病、南方锈病、瘤黑粉病、粗缩病和玉米螟。籽粒容重 783 克/升，粗蛋白含量 9.11%，粗脂肪含量 3.31%，粗淀粉含量74.94%，赖氨酸含量0.25%。

2011—2012年参加黄淮海夏玉米品种区域试验，两年平均亩产674.9千克，比对照增产5.8%。2012年生产试验，平均亩产788.6千克，比对照郑单958增产6.9%。

适宜在河南、山东、河北保定及以南地区、陕西关中灌区、江苏北部、安徽北部及山西南部夏播种植。粗缩病、瘤黑粉病高发区慎用。在吉林中晚熟区，天津，河北北部（唐山除外），内蒙古赤峰和通辽，山西中晚熟区（晋东南除外），陕西延安地区春播种植。中等肥力以上地块栽培，6月中旬播种，亩种植密度4 000～4 500株。注意防治小斑病、弯孢叶斑病和玉米螟，防倒伏。

12. 圣瑞999 郑州圣瑞元农业科技开发有限公司选育，2013年国家审定。品种来源：圣68×圣62。

黄淮海夏玉米区出苗至成熟102天，与对照郑单958相同。幼苗叶鞘浅紫色，叶片绿色，叶缘紫色，花药浅紫色，颖壳浅紫色。株型半紧凑，株高245厘米，穗位高104厘米，成株叶片数19片。花丝浅紫色，果穗筒形，穗长17厘米，穗行数14行，穗轴白色，籽粒黄色，半马齿型，百粒重34.4克。接种鉴定，中抗小斑病和大斑病，感茎腐病，高感弯孢叶斑病、南方锈病、瘤黑粉病、粗缩病和玉米螟。籽粒容重778克/升，粗蛋白含量10.35%，粗脂肪含量4.44%，粗淀粉含量72.93%，赖氨酸含量0.27%。

2011—2012年参加黄淮海夏玉米品种区域试验，两年平均亩产669.1千克，比对照增产5.0%。2012年生产试验，平均亩产689.1千克，比对照郑单958增产7.1%。

适宜在河北保定及以南地区、河南、山东、陕西关中灌区、江苏北部、安徽北部及山西南部夏播种植。粗缩病、瘤黑粉病高发区慎用。中等肥力以上地块栽培，播种期5月下旬至6月上中旬，亩种植密度4 500株左右。注意防治茎腐病、弯孢叶斑病和玉米螟。

13. 鲁单818 山东省农业科学院玉米研究所选育，2010年山东省审定。母本Qx508是（295M×郑58）×郑58为基础材料采用药物诱导孤雌生殖方法选育，父本Qxh0121是以lx9801为核心与K12、吉853和武314组配成小群体后选育。

株型紧凑，全株叶片数20～21片，幼苗叶鞘紫色，花丝红色，花药青色。夏播生育期104天，株高274厘米，穗位109厘米，果穗筒形，穗轴红色，穗长18.2厘米，穗粗4.9厘米，秃顶0.8厘米，穗行数平均14.6行，穗粒数494，籽粒黄色，半马齿型，出籽率87.3%，千粒重356克，容重716克/升。中抗小斑病，感大斑病和弯孢菌叶斑病，高抗茎腐病，抗瘤黑粉病，高抗矮花叶病。粗蛋白含量11.8%，粗脂肪4.2%，赖氨酸0.36%，粗淀粉71.2%。

2007—2009年山东省夏玉米品种区域试验中，平均亩产662.9千克，比对照郑单958增产4.2%；2009年生产试验平均亩产618.4千克，比对照郑单958增产5.9%。

适宜在黄淮海地区作为夏玉米品种种植。耐密植，适宜密度为5 000株/亩左右。

14. 鲁单9066　山东省农业科学院玉米研究所选育，2011年山东审定。组合为lx05-4×lx03-2。母本lx05-4是国外杂交种选系，父本lx03-2是lx9801×昌7-2为基础材料自交选育。

株型半紧凑，全株叶片数19～20片，幼苗叶鞘紫色，花丝粉红色，花药紫色。区域试验结果：夏播生育期98天，株高269厘米，穗位98厘米，倒伏率0.9%、倒折率0.5%。果穗筒形，穗长18.6厘米，穗粗4.9厘米，秃顶0.4厘米，穗行数14.9，穗粒数514粒，白轴，黄粒，半马齿型，出籽率90.1%，千粒重342克，容重753克/升。接种鉴定：中抗小斑病，高感大斑病，感弯孢霉叶斑病，中抗茎腐病，高感瘤黑粉病，高抗矮花叶病。粗蛋白含量12.5%，粗脂肪3.5%，赖氨酸0.33%，粗淀粉68.8%。

在2008—2009年山东省夏玉米品种区域试验中，两年平均亩产662.1千克，比对照郑单958增产3.7%，23处试点16点增产7点减产；2010年生产试验平均亩产759.6千克，比对照郑单958增产9.1%。

适宜在山东省地区作为夏玉米品种种植利用。适宜密度为每亩4 500株，在大斑病和瘤黑粉病高发区慎用。

15. 聊玉 22 号 聊城市农业科学研究院选育 2008 年山东审定。品种来源：组合为 20-89-2×昌 7-2。母本 20-89-2 为 135 系-3-3 与 90-37-3-1 杂交后自交选育，父本昌 7-2 为外引系。

株型紧凑，全株叶片数 20 片，幼苗叶鞘红色，花丝黄色，花药黄带红。区域试验结果：夏播生育期 103 天，株高 242 厘米，穗位 106 厘米，倒伏率 11.1%、倒折率 2.8%，抗倒（折）性一般，大斑病、小斑病和锈病最重发病试点发病均为 5 级。果穗筒形，穗长 15.0 厘米，穗粗 4.9 厘米，秃顶 0.2 厘米，穗行数平均 15.0 行，穗粒数 512，白轴，黄粒，半马齿型，出籽率 87.3%，千粒重 309.2 克，容重 733.4 克/升。接种鉴定：抗小斑病，感大斑病，中抗弯孢菌叶斑病，感茎腐病，高抗瘤黑粉病，抗矮花叶病。粗蛋白含量 10.4%，粗脂肪 4.6%，赖氨酸 0.20%，粗淀粉 69.32%。

在 2005—2006 年山东省夏玉米新品种区域试验中，两年平均亩产 568.7 千克，比对照郑单 958 增产 4.3%，17 处试点 16 点增产 1 点减产；2006 年生产试验平均亩产 611.2 千克，比对照郑单 958 增产 2.4%。

适宜在山东省适宜地区作为夏玉米品种推广利用。适宜密度为每亩 4500 株，注意防倒伏（折），其他管理措施同一般大田。

16. 德利农 988 德州市德农种子有限公司选育，2009 年山东审定。组合为万 73-1×明 518。母本万 73-1 是以郑 58/掖 478 为基础材料自交选育，父本明 518 是以 lx9801×昌 7-2 变异株为基础材料自交选育。

株型紧凑，全株叶片数 22 片，幼苗叶鞘绿色，花丝浅红色，花药黄色。区域试验结果：夏播生育期 105 天，株高 260 厘米，穗位 107 厘米，倒伏率 0.5%，倒折率 0.6%，锈病最重发病试点发病病级为 7 级。果穗筒形，穗长 16.3 厘米，穗粗 5.0 厘米，秃顶 0.4 厘米，穗行数平均 15.1 行，穗粒数 533 粒，白轴，黄粒，半马齿型，出籽率 87.7%，千粒重 330 克，容重 731 克/升。2008 年经河北省农林科学院植物保护研究所抗病性接种鉴定：感小斑病、大斑病和弯孢菌叶斑病，中抗茎腐病和瘤黑粉病，高抗矮花叶病。

2008 年经农业部谷物品质监督检验测试中心（泰安）品质分析：粗蛋白含量 10.4%，粗脂肪 4.6%，赖氨酸 0.37%，粗淀粉 72.32%。

在 2007—2008 年山东省夏玉米新品种区域试验中，两年 26 处试点 22 点增产 4 点减产，平均亩产 660.2 千克，比对照郑单 958 增产 5.7%；2008 年生产试验平均亩产 627.4 千克，比对照郑单 958 增产 4.2%。

在山东省适宜地区作为夏玉米品种推广利用。适宜密度为每亩 4500 株，其他管理措施同一般大田。

17. 隆平 206　安徽隆平高科种业有限公司选育，2011 年山东审定。组合为 L239×L7221。母本 L239 是国外杂交种选系，父本 L7221 是昌 7-2 变异株自交选育。

株型半紧凑，全株叶片数 19～20 片，幼苗叶鞘紫色，花丝粉红色，花药黄色。引种试验结果：夏播生育期 108 天，株高 271 厘米，穗位 113 厘米，倒伏率 0.8%、倒折率 3.1%。果穗筒形，穗长 15.8 厘米，穗粗 5.3 厘米，秃顶 0.5 厘米，穗行数平均 15.2 行，穗粒数 532 粒，白轴，黄粒，半马齿型，出籽率 88.7%，千粒重 356 克，容重 714 克/升。2008 年经河北省农林科学院植物保护研究所抗病性接种鉴定：抗小斑病，中抗大斑病和弯孢霉叶斑病，感茎腐病，高感瘤黑粉病，高抗矮花叶病。2008—2009 年引种试验瘤黑粉病最重发病试点病株率 2.6%。2008 年经农业部谷物品质监督检验测试中心（泰安）品质分析：粗蛋白含量 10.7%，粗脂肪 4.4%，赖氨酸 0.37%，粗淀粉 73.7%。

在 2008—2009 年全省夏玉米品种引种试验中，两年平均亩产 633.6 千克，比对照郑单 958 增产 4.9%，23 处试点 20 点增产 3 点减产。

在山东省适宜地区作为夏玉米品种种植利用。在瘤黑粉病高发区慎用。适宜密度为每亩3 800～4 000株，其他管理措施同一般大田。

18. 鲁单 9032　山东省农业科学院玉米研究所选育，2008 年山东省审定。母本lx001-1为8112与齐319杂交后自交选育，父本lx03-2为lx9801与昌7-2杂交后自交选育。

株型半紧凑，全株叶片数20片，幼苗叶鞘紫色，花丝红色，花药黄色。区域试验结果：夏播生育期101天，株高262厘米，穗位高109厘米，倒伏率1.0%、倒折率4.8%（生产试验平均倒折率11.0%），抗倒折性较差，茎腐病最重发病试点发病率为30.0%。果穗筒形，穗长18.4厘米，穗粗4.7厘米，秃顶0.7厘米，穗行数平均13.3行，穗粒数468，红轴，黄粒，半马齿型，出籽率84.6%，千粒重345.5克，容重724.0克/升。抗病性接种鉴定：高抗小斑病和大斑病，抗弯孢菌叶斑病，高感茎腐病，抗瘤黑粉病，中抗矮花叶病。粗蛋白含量9.3%，粗脂肪4.5%，赖氨酸0.20%，粗淀粉71.14%。

2005—2006年山东省夏玉米新品种区域试验中，两年平均产量587.3千克/亩，比对照郑单958增产7.0%；2007年生产试验平均亩产574.4千克/亩，比对照郑单958增产3.6%。

适合在山东省适宜地区作为夏玉米品种推广种植。在茎腐病重发区慎用。适宜密度为3 500～4 000株/亩。

19. 鲁单6076 山东省农业科学院玉米研究所选育。2012年山东省审定。杂交组合为Lx3199×Lx2111。

株型半紧凑，全株叶片数19～20片。夏播生育期105天，株高296厘米，穗位高107厘米。穗长17.3厘米，穗粗4.8厘米，穗行数平均13.7行，红轴，黄粒，半马齿型，出籽率87.3%，千粒重367克，容重722克/升。抗病性接种鉴定：感小斑病，中抗大斑病、弯孢叶斑病和茎腐病，高感瘤黑粉病和矮花叶病。粗蛋白含量11.3%，粗脂肪3.3%，赖氨酸0.33%，粗淀粉72.1%。

在2009—2010年全省夏玉米品种区域试验中，两年平均亩产612.3千克，比对照郑单958增产5.9%，22处试点17点增产5点减产；2011年生产试验平均亩产540.0千克，比对照郑单958增产2.8%。

适宜在黄淮海夏玉米区推广利用。适宜密度为每亩4 000～4 500株。

20. 诺达1号 山东省农业科学院玉米研究所选育。2013年山东省审定。杂交组合为Lx6958×H318。母本Lx6958是（697×185）×郑58为基础材料自交选育，父本H318是获白×齐318为基础材料自交选育。

株型紧凑，全株叶片数19～20片，幼苗叶鞘红色，花丝红色，花药浅红色。夏播生育期108天，株高282厘米，穗位116厘米，倒伏率1.0%、倒折率2.3%。果穗筒形，穗长17.5厘米，穗粗5.0厘米，秃顶1.4厘米，穗行数平均15.3行，穗粒数525，红轴，黄粒，半马齿型，出籽率84.3%，千粒重320克，容重712克/升。抗病性接种鉴定：抗小斑病、大斑病，感弯孢叶斑病，抗茎腐病，高感瘤黑粉病，抗矮花叶病。粗蛋白含量10.9%，粗脂肪4.1%，赖氨酸0.26%，粗淀粉70.3%。

在2010—2011年全省夏玉米品种区域试验中，两年平均亩产589.7千克，比对照郑单958增产4.0%，19处试点11点增产8点减产；2012年生产试验平均亩产674.6千克，比对照郑单958增产4.4%。

适宜在山东省适宜地区作为夏玉米品种种植利用。适宜密度为每亩4000～4500株。

21. 登海618 山东登海种业股份有限公司选育，2013年山东审定。组合为521×DH392。母本521是81162/齐319为基础材料自交选育，父本DH392选自国外杂交种。

株型紧凑，全株叶片数19片，幼苗叶鞘深紫色，花丝紫色，花药紫色。夏播生育期106天，株高250厘米，穗位82厘米，倒伏率1.1%、倒折率0.7%。果穗筒形，穗长16.2厘米，穗粗4.5厘米，秃顶1.1厘米，穗行数平均14.7行，穗粒数458粒，红轴，黄粒，半马齿型，出籽率87.5%，千粒重328克，容重721克/升。抗病性接种鉴定：中抗小斑病，感大斑病、弯孢叶斑病，高抗茎腐病，感瘤黑粉病，高抗矮花叶病。2010—2012年试验中茎腐病最重发病试点病株率 87.0%。粗蛋白含量 10.5%，粗脂肪 3.7%，赖氨酸 0.35%，粗淀粉 72.9%。

在 2010—2011 年全省夏玉米品种区域试验中，两年平均亩产 585.5 千克，比对照郑单 958 增产 2.0%，20 处试点 12 点增产 8 点减产；2011—2012 年生产试验平均亩产 636.2 千克，比对照郑单 958 增产 7.9%。

适宜在山东省适宜地区作为夏玉米品种种植利用。茎腐病高发区慎用。适宜密度为每亩4 500～5 000株，其他管理措施同一般大田。

22. 天泰 33 号 平邑县种子有限公司选育，2009 年山东省审定。组合为 PC58×PC68。母本 PC58 是以掖 107/齐 319 为基础材料自交选育，父本 PC68 是国外杂交种自交选育。

株型半紧凑，全株叶片数 20～22 片，幼苗叶鞘紫色，花丝绿色，花药淡紫色。夏播生育期 104 天，株高 281 厘米，穗位高 115 厘米，倒伏率 1.9%、倒折率 3.6%。果穗筒形，穗长 18.4 厘米，穗粗 5.2 厘米，秃顶 0.9 厘米，穗行数平均 16.6 行，穗粒数 596，白轴，黄粒，马齿型，出籽率 84.8%，千粒重 319 克，容重 688 克/升。抗病性接种鉴定：中抗小斑病、大斑病和弯孢菌叶斑病，抗茎腐病，感瘤黑粉病，抗矮花叶病。粗蛋白含量 10.8%，粗脂肪 4.4%，赖氨酸 0.25%，粗淀粉 69.45%。

在 2005—2006 年全省夏玉米新品种区域试验中，两年 18 处试点 14 点增产 4 点减产，平均亩产 600.9 千克，比对照郑单 958 增产 2.9%；2008 年生产试验平均亩产 623.8 千克，比对照郑单 958 增产 5.3%。

在山东省适宜地区作为夏玉米品种推广利用。适宜密度为每亩 4 000株，其他管理措施同一般大田。

23. 鲁单 6041 山东省农业科学院玉米研究所选育，2009 年山东省审定。母本 Lx1124 是国外杂交种选株自交选育，Lx9311 是以鲁原 92×吉 853×Lx9801 为基础材料自交选育。

株型紧凑，全株叶片数 21～22 片，幼苗叶鞘红色，花丝红色，花药红色。夏播生育期104天，株高291厘米，穗位高122厘米。果穗筒形，穗长17.9厘米，穗粗4.9厘米，秃顶0.4厘米，穗行数平均15.1行，穗粒数536，白轴，黄粒，半硬粒型，出籽率86.3%，千粒重335克，容重749克/升。抗病性接种鉴定：感小斑病，中抗大斑病，高感弯孢菌叶斑病，中抗茎腐病，感瘤黑粉病和矮花叶病。品质分析：粗蛋白含量9.3%，粗脂肪3.9%，赖氨酸0.27%，粗淀粉73.42%。

2006年山东省区域试验中产量588.4千克/亩，比对照郑单958增产2.95%；在2007年山东省区域试验中产量633千克/亩，比对照郑单958增产4.5%；在2008年山东省生产试验中平均产量613.7千克/亩，比对照郑单958增产3.6%。

适宜在山东省地区作为夏玉米品种推广种植。在弯孢菌叶斑病和茎腐病重发区慎用。适宜密度为4 000株/亩左右。

24. 鲁单9006 山东省农业科学院玉米研究所选育，2004年山东省审定，2006年国家审定。母本lx00-6，来源于国外杂交种；父本lx9801，来源于掖502×H21。

夏播生育期99天。黄淮海地区出苗至成熟95天，比对照郑单958早熟3.2天，比对照农大108早熟7天，需有效积温2 500℃左右。幼苗叶鞘紫色，叶片绿色，叶缘紫色，雄穗分枝少，花药浅紫色，颖壳浅紫色。株型半紧凑，穗上部茎秆呈之字形，株高280厘米，穗位高110厘米，成株叶片数20片。花丝红色，果穗筒形，穗长16.5厘米，穗行数14～16行，穗轴红色，籽粒黄色，半马齿型，百粒重34.3克。

在2002年山东省区域试验中，平均产量639.9千克/亩，比对照掖单4号增产17.3%，居第一位。在2003年山东省区域试验和生产试验中，均居第一位。在2004年国家黄淮海夏玉米组区域试验中，平均产量569.7千克/亩，比对照农大108增产7.5%。

适宜黄淮海夏玉米区套种或直播。适宜密度4 000～4 500株/亩。

25. 连胜188 山东连胜种业有限公司选育，2011年山东省审定。组合为9648×JH721。母本9648是9046×488为基础材料自交选育，父本JH721是京7×H21为基础材料自交选育。

株型半紧凑，全株叶片数20片，幼苗叶鞘浅紫色，花丝浅红色，花药浅紫色。夏播生育期105天，株高266厘米，穗位高93厘米，倒伏率0.7%、倒折率1.0%。果穗筒形，穗长17.8厘米，穗粗4.7厘米，秃顶0.4厘米，穗行数平均14.6行，穗粒数526，红轴，黄粒，半马齿型，出籽率87.0%，千粒重320克，容重719克/升。抗病性接种鉴定：中抗小斑病，高感大斑病、弯孢霉叶斑病和茎腐病，感瘤黑粉病，中抗矮花叶病。2008—2010年区域试验与生产试验最重发病试点大斑病病级5级、弯孢霉叶斑病病级5级、茎腐病病株率30.0%。品质分析：粗蛋白含量8.7%，粗脂肪4.2%，赖氨酸0.31%，粗淀粉70.7%。

在2008—2009年全省夏玉米品种区域试验中，两年平均亩产661.3千克，比对照郑单958增产3.8%，23处试点16点增产7点减产；2010年生产试验平均亩产581.4千克，比对照郑单958增产6.3%。

在山东省适宜地区作为夏玉米品种种植利用。在大斑病、弯孢霉叶斑病和茎腐病高发区慎用。适宜密度为每亩3 800～4 200株，其他管理措施同一般大田。

第三节　普通春玉米主推品种

1. 农大108　中国农业大学选育，2001年国家审定。品种来源：178×黄C杂交选育。株高260厘米，穗位高100厘米，株型半紧凑，根系发达，穗长16～18厘米，果穗筒形，穗行数16行左右，单穗平均粒重127.2克，百粒重26～35克。籽粒黄色，半马齿型，品质优良。在西南生育期112～116天，在黄淮海夏玉米区99天，需大于等于10℃活动积温2 800℃。接种鉴定，高抗玉米小斑病、丝黑穗病、弯孢菌叶斑病和穗腐病，抗玉米大斑病、灰斑病和玉米螟，感茎腐病和纹枯病。籽粒含粗蛋白9.43%，粗脂肪

4.21%，粗淀粉72.25%，赖氨酸0.36%。据中国农业科学院北京畜牧畜医研究所牧草室分析，农大108秸秆粗蛋白量6.95%，粗脂肪1.06%，粗纤维31.73%，灰分6.78%。

1997年、1998年参加国家西南玉米组区试，1997年平均亩产538.8千克，平均比对照掖单13号增产3.8%，居参试品种第三位；1998年平均亩产513.3千克，比对照掖单13号增产9.09%，居参试品种第六位。2000年参加黄淮海夏玉米组生产试验，平均亩产510.35千克，比当地对照增产8.58%，居参试品种第三位，在29个试点中有25点增产4点减产。

适宜在东北、华北、西北春玉米区及黄淮海夏播玉米区和西南玉米区推广种植，但在纹枯病流行区应慎用。一般肥力条件下3 000～3 500株/亩，条件较好或夏播可3 500～4 000株/亩。喜肥水，抗倒性强，保绿性好，前期应适当控制肥水，大喇叭口期可重施追肥，后期应注意田间排水。

2. 蠡玉16 石家庄蠡玉科技开发有限公司选育，青岛西农种业有限公司引进。2013年山东审定。组合为953×L91158。母本953是以外引杂交种78698为基础材料自交选育，父本L91158是（黄C×178）×黄C为基础材料自交选育。

株型半紧凑，全株叶片数19～20片，幼苗叶鞘紫红色，花丝绿色，花药黄色。区域试验结果：春播生育期127天，株高264厘米，穗位高123厘米，倒伏率3.7%、倒折率0.6%。果穗筒形，穗长18.5厘米，穗粗5.3厘米，秃顶0.5厘米，穗行数平均18.1行，穗粒数669粒，白轴，黄粒，半马齿型，出籽率88.1%，千粒重338克，容重765克/升。抗病性接种鉴定：抗小斑病，中抗大斑病，抗弯孢叶斑病，中抗茎腐病，感瘤黑粉病，高抗矮花叶病，苗期评价粗缩病为高感（依据病株率）、成株期评价为感（依据病情指数）。品质分析：粗蛋白含量10.8%，粗脂肪4.0%，赖氨酸0.39%，粗淀粉72.7%。

在2009—2010年胶东春玉米品种区域试验中，两年平均亩产688.4千克，比对照农大108增产14.3%，11处试点全部增产；

2011—2012 年生产试验平均亩产 576.3 千克，比对照农大 108 增产 14.9%。

在胶东及日照地区作为春玉米品种种植利用。粗缩病高发区慎用。适宜密度为每亩3 000～3 500株，其他管理措施同一般大田。

3. 青农 105 青岛农业大学选育，2010 年山东审定。组合为 LN287×LN518，母本 LN287 是以 Mo17、掖 478 和沈 5003 等六个自交系综合杂交后自交选育，父本 LN518 是以丹 340×lx9801 为基础材料自交选育。

株型半紧凑，全株叶片数 20～21 片，幼苗叶鞘绿色，花丝白色，花药黄色。春播生育期 122 天，株高 270 厘米，穗位高 118 厘米，倒伏率 5.6%、倒折率 1.4%，粗缩病发病较轻，最重发病试点病株率为 7.1%；果穗长筒形，穗轴白色，穗长 19.1 厘米，穗粗 4.8 厘米，秃顶 1.1 厘米，穗行数平均 15.0 行，穗粒数 633，籽粒黄色、半马齿型，出籽率 87.1%，千粒重 316 克，容重 764 克/升。抗病性接种鉴定：感大小斑病，高感弯孢菌叶斑病，高抗茎腐病、瘤黑粉病和矮花叶病。品质分析：粗蛋白含量 11.3%，粗脂肪 5.0%，赖氨酸 0.41%，粗淀粉 70.0%。

在 2007—2008 年胶东春播玉米品种区域试验中，两年 9 处试点全部增产，平均亩产 619.5 千克，比对照农大 108 增产 11.5%；2009 年生产试验平均亩产 687.6 千克，比对照农大 108 增产 11.9%。

在胶东地区作为春玉米品种种植利用。在弯孢菌叶斑病重发区慎用。适宜密度为每亩3 300～3 500株。其他管理措施同一般春玉米大田。

4. 山农 206 山东农业大学选育，2014 年山东审定。组合为 A7110×JD30。母本 A7110 是 5314×257 为基础材料自交选育，父本 JD30 是 CL313×1145 为基础材料自交选育。

株型紧凑，春播生育期 124 天，全株叶片 20～21 片，幼苗叶鞘紫色，花丝浅紫色，花药浅紫色，雄穗分枝 10～15 个。株高 263 厘米，穗位高 115 厘米，倒伏率 4.4%、倒折率 0.5%。果穗筒形，穗长 17.3 厘米，穗粗 4.9 厘米，秃顶 1.0 厘米，穗行数平均 15.9 行，穗粒数 577 粒，白轴，黄粒，半马齿型，出籽率 86.5%，千粒重 329 克，容重 772 克/升。抗病性接种鉴定：高抗小斑病，中抗大斑病，中抗弯孢叶斑病，抗茎腐病，高感瘤黑粉病，高抗矮花叶病，粗缩病苗期为高抗（病株率评价）、成株期为感（病情指数 14.2%）。品质分析：粗蛋白含量 9.3%，粗脂肪 4.6%，赖氨酸 0.30%，粗淀粉 71.4%。

在 2012—2013 年胶东春玉米品种区域试验中，两年平均亩产 600.8 千克，比对照青农 105 增产 14.0%，12 处试点全部增产；2013 年生产试验平均亩产 477.5 千克，比对照青农 105 增产 13.4%。

在胶东及日照地区作为春玉米品种种植利用，瘤黑粉病高发区慎用。适宜密度为每亩4 000株左右，其他管理措施同一般大田。

5. 邦玉 358　平邑县种子有限公司、山西潞玉种业玉米科学研究院选育，2011 年山东审定。组合为 PC16×PCH2。母本 PC16 和父本 PCH2 均为国外杂交种选系。

株型半紧凑，全株叶片数 19～20 片，幼苗叶鞘紫色，花丝绿色，花药紫色。区域试验结果：春播生育期 127 天，株高 271 厘米，穗位 114 厘米，倒伏率 3.2%、倒折率 2.6%。果穗筒形，穗长 19.4 厘米，穗粗 5.2 厘米，秃顶 0.5 厘米，穗行数平均 18.6 行，穗粒数 733 粒，红轴，黄粒，半马齿型，出籽率 84.1%，千粒重 323 克，容重 756 克/升。抗病性接种鉴定：中抗小斑病、大斑病、弯孢霉叶斑病和茎腐病，高感瘤黑粉病，抗矮花叶病。2008—2010 年区域试验与生产试验最重发病试点茎腐病病株率 42.8%、粗缩病病株率 19.1%、瘤黑粉病病株率 4.3%。品质分析：粗蛋白含量 11.2%，粗脂肪 4.1%，赖氨酸 0.34%，粗淀粉 70.5%。

在 2008—2009 年胶东春播玉米品种区域试验中，两年平均亩产 665.2 千克，比对照农大 108 增产 10.9%，10 处试点全部增产；2010 年生产试验平均亩产 638.9 千克，比对照农大 108 增产

8.4%。

在胶东及日照地区作为春玉米品种种植利用。在茎腐病和瘤黑粉病高发区慎用。适宜密度为每亩3 000～3 500 株，其他管理措施同一般春玉米大田。

6. 青农 8 号 青岛农业大学选育，2010 年山东审定。组合为 684-10×L510。母本 684-10 是以 78599 为基础材料自交选育，父本 L510 是丹 340 回交（丹 340/菲律宾杂交种）选育。

株型半紧凑，全株叶片数 19～21 片，幼苗叶鞘深绿色，花丝红色，花药绿色。区域试验结果：春播生育期 118 天，株高 256 厘米，穗位高 124 厘米，倒伏率 3.2%、倒折率 1.2%，粗缩病最重发病试点病株率为 20.5%；果穗筒形，穗轴红色，穗长 17.1 厘米，穗粗 5.2 厘米，秃顶 0.4 厘米，穗行数平均 17.3 行，穗粒数 661 粒，籽粒黄色，半马齿型，出籽率 84.3%，千粒重 300 克，容重 762 克/升。抗病性接种鉴定：感小斑病，高感大斑病，中抗弯孢菌叶斑病，高感茎腐病，感瘤黑粉病，高抗矮花叶病。品质分析：粗蛋白含量 11.3%，粗脂肪 4.1%，赖氨酸 0.37%，粗淀粉 70.6%。

在 2007—2008 年胶东春播玉米品种区域试验中，两年 9 处试点 8 点增产 1 点减产，平均亩产 593.2 千克，比对照农大 108 增产 7.1%；2009 年生产试验平均亩产 699.6 千克，比对照农大 108 增产 13.8%。

在胶东地区作为春玉米品种种植利用。在大斑病和茎腐病重发区慎用。适宜密度为每亩3 500～3 800株。其他管理措施同一般春玉米大田。

7. 威玉 308 威海市农业科学院选育，2009 年山东审定。组合为 U7A×B124。母本 U7A 是美国杂交种 78599 选系，父本 B124 是自选系 B120 变异单株自交选育。

株型半紧凑，全株叶片数 18～20 片，幼苗叶鞘紫色，花丝淡紫色，花药淡紫色。区域试验结果：春播生育期 121 天，株高 277 厘米，穗位高 122 厘米，倒伏率 1.1%、倒折率 0.5%。果穗筒形，穗长 19.5 厘米，穗粗 5.3 厘米，秃顶 2.1 厘米，穗行数平均 17.0 行，穗粒数 556 粒，白轴，黄粒，半马齿型，出籽率 85.8%，千粒重 373 克，容重 728 克/升。抗病性接种鉴定：抗大、小叶斑病，中抗弯孢菌叶斑病，高抗茎腐病，感瘤黑粉病，抗矮花叶病。品质分析：粗蛋白含量 10.2%，粗脂肪含量 4.3%，赖氨酸含量 2.41%，粗淀粉含量 71.93%。

在 2006—2007 年胶东春播玉米新品种区域试验中，两年 9 处试点全部增产，平均亩产 593.27 千克，比对照农大 108 增产 9.2%；2008 年生产试验平均亩产 602.1 千克，比对照农大 108 增产 8.5%。

在胶东地区作为春玉米品种推广利用。适宜密度为每亩3 700 株，其他管理措施同一般春玉米大田。

8. 丹玉 86　丹东农业科学院选育，2008 年山东审定。组合为丹 988×丹 T138。母本丹 988 是以 78599 为基础材料自交选育，父本丹 T138 为丹 9046 与 L2 杂交后自交选育。

株型半紧凑，全株叶片数 21 片，幼苗叶鞘紫色，花丝绿色，花药黄色。区域试验结果：胶东春播生育期 120 天，株高 278 厘米，穗位 121 厘米，倒伏率 0.8%、倒折率 0.2%。果穗筒形，穗长 20.0 厘米，穗粗 5.1 厘米，秃顶 0.9 厘米，穗行数平均 15.6 行，穗粒数 623 粒，红轴，黄粒，半马齿型，出籽率 81.7%，千粒重 344.4 克，容重 756.8 克/升。抗病性接种鉴定：中抗大、小叶斑病，感弯孢菌叶斑病，高抗茎腐病，抗瘤黑粉病，中抗矮花叶病。品质分析：粗蛋白含量 11.1%，粗脂肪 4.5%，赖氨酸 0.27%，粗淀粉 70.94%。

在 2006—2007 年胶东春播玉米新品种区域试验中，两年平均亩产 619.4 千克，比对照农大 108 增产 13.0%，9 处试点全部增产；2007 年生产试验平均亩产 604.0 千克，比对照农大 108 增产 11.2%。

在胶东地区作为春玉米品种推广利用。适宜密度为每亩3 000 株，其他管理措施同一般春玉米大田。

第四节　特用玉米品种

（一）糯玉米品种

1. 鲁糯6号　山东省农业科学院玉米研究所选育，2001年山东省审定。亲本组合为9332×Lx406。

株型半紧凑，幼苗叶鞘紫色，花丝红色，花药黄色，雌雄花期协调。夏播生育期95天，授粉后25天左右采收鲜穗。株高240厘米，穗位高87厘米。果穗大小均匀，结实到顶，无空秆。鲜食果穗穗长22.2厘米，穗粗4.7厘米，穗粒数487.7粒。成熟果穗柱型，穗长19厘米，穗粗4.5厘米，穗行数12～14行，行粒数43，粉红轴。籽粒黄色，糯质硬粒型，千粒重334.7克，出籽率86%。籽粒黄色，在最佳采收期，含蛋白质8.85%，总淀粉59.88%，粗脂肪5.41%，可溶性糖4.84%，粗灰分1.59%。在成熟籽粒中，含粗脂肪5.28%，可溶性糖2.08%，粗灰分1.45%，粗纤维1.36%，果皮厚度0.079毫米。

适宜山东省覆膜春播、麦田套种和夏直播。适宜密度3 500～4 000株/亩。

2. 莱农糯10号　青岛农业大学选育，2006年山东省审定，2009年国家审定。亲本组合为LN478-6×LN21-10。

在黄淮海夏玉米区出苗至鲜穗采收期75天，比苏玉（糯）1号早2天，需有效积温1 800℃左右。幼苗叶鞘绿色，叶片深绿色，叶缘绿色，花药绿色，颖壳绿色。株型紧凑，株高236厘米，穗位高89厘米，成株叶片数20片。花丝绿色，果穗筒形，穗长18厘米，穗行数14行，穗轴白色，籽粒浅紫色，千粒重（鲜籽粒）310克。平均倒伏（折）率4.8%。中抗小斑病，感大斑病、弯孢菌叶斑病、矮花叶病、茎腐病和瘤黑粉病，高感玉米螟。经黄淮海糯玉米品种区域试验组织的专家品尝鉴定，达到部颁鲜食糯玉米二级标准。经郑州国家玉米改良分中心两年测定，支链淀粉占总淀粉含量的99.27%，达到部颁糯玉米标准（NY/T 524—2002）。

2007—2008年黄淮海鲜食糯玉米品种区域试验，两年平均亩产（鲜穗）766.2千克，比对照苏玉（糯）1号增产12.8%。

适宜在山东（烟台除外）、北京、天津、河北、河南作鲜食糯玉米品种夏播种植，注意防止倒伏（折）和防治玉米螟。在中等肥力以上地块栽培，适宜密度4 000株/亩。

3. 鲁糯7087　山东省农业科学院玉米研究所选育，2012年通过山东省审定。

鲁糯7087平均鲜穗采收期75.8天。株型紧凑，花丝浅紫色，花药淡粉色，雄穗分枝15个左右，株高248厘米，穗位高101厘米，茎粗2.3厘米，双穗率3.8%。果穗长锥形，商品穗率90.2%。穗长22.4厘米，穗粗4.8厘米，穗粒数554.6粒，穗轴白色，籽粒黄色，硬粒型，风味品质8.3分，果皮较薄。该品种果穗均匀，活秆成熟，综合抗性好，品质优良。

2009年鲁糯7087参加山东省鲜食玉米区域试验，平均果穗数3 785穗/亩，对比照种鲁糯6号（3 474穗/亩）增产8.9%，5增0减。2010年参加山东省鲜食玉米区域试验，平均果穗数3 144穗/亩，对比照种鲁糯6号（2 904穗/亩）增产8.2%，5增0减。2011年参加山东省鲜食玉米区域试验，平均果穗数3 820穗/亩，居第一位，5增0减。3年平均果穗数3 583穗/亩，增产7.9%，5增0减，居第三位。

适宜山东乃至黄淮海地区作为鲜食专用黄糯玉米品种种植利用。适宜种植密度4 000～4 300株/亩。

4. 禾盛糯1512　湖北省种子集团有限公司选育，2010年北京市审定，2011年国家审定。亲本组合为HBN558×EN6587。

在黄淮海地区出苗至采收期79天左右，比苏玉糯2号晚3天。幼苗叶鞘紫色，叶片绿色，叶缘绿色，花药浅紫色。株型半紧凑，株高247厘米，穗位高97厘米，成株叶片数19片。花丝红色，果穗锥形，穗长18.1厘米，穗行数12～14行，穗轴白色，籽粒白色，糯质，千粒重（鲜籽粒）367克。高抗茎腐病，中抗大斑病，感小斑病、弯孢菌叶斑病、瘤黑粉病和玉米螟，高感矮花叶病。支链淀粉占总淀粉含量的98.6%，皮渣率8.1%，达到部颁糯玉米标准（NY/T 524—2002）。

2009—2010年参加黄淮海鲜食糯玉米品种区域试验，两年平均亩产（鲜穗）849.0千克，比对照苏玉糯2号增产15.9%。

适宜在北京、河北保定及以南地区、河南、山东中部和东部、安徽北部、陕西关中灌区作鲜食糯玉米夏播种植。注意防治玉米螟，矮花叶病高发区慎用。适宜播种期6月上中旬，适宜密度3 500～4 000株/亩。

5. 鲁糯14 山东省农业科学院玉米研究所选育，2005年北京市审定。以齐新97278为母本，齐新TPQ6为父本杂交育成。

在北京地区播种至鲜穗采收平均92天。株型半紧凑。第一叶鞘花青甙显色中，第一叶尖端形状圆匙形，叶片边缘颜色紫红，上位穗上叶与茎秆角度中等，茎支持根花青苷显色强，花药花青苷显色中，花丝颜色绿色，全株叶片数中，叶长中，叶宽中，叶色绿，叶缘波状少，叶鞘花青苷显色极弱，株高矮，穗位与株高比率中，穗柄角度向上，果穗长中，穗行数少，果穗形状中间型，籽粒类型糯型，籽粒顶端颜色黄，粒形中间，穗轴颖片花青苷显色没有。鲜食果穗筒形，穗长21.9厘米，穗粗4.5厘米，穗行数14～16行，穗轴白色，籽粒黄色。

适宜北京和黄淮海地区种植。适宜密度4 000～4 500株/亩。

6. 宿糯1号 宿州市农业科学研究所选育，2008年国家审定，2006年安徽省审定。母本SN21，来源于[糯78×齐319(白)]×齐319（白）；父本SN22，来源于（蘅白522×LX9801）×LX9801。

安徽宿州地区夏播出苗至鲜果穗采收期77天。幼苗叶鞘紫红色，叶片绿色，叶缘淡紫色，花药黄色，颖壳淡红色。株型半紧凑，株高232厘米，穗位高102厘米，成株叶片数20片。花丝红色，果穗筒形，穗长19厘米，穗行数16行，穗轴白色，籽粒白色，百粒重（鲜籽粒）32克。接种鉴定，高抗瘤黑粉病和矮花叶病，抗弯孢菌叶斑病，中抗大斑病和茎腐病，感小斑病，高感玉米螟。经黄淮海鲜食糯玉米品种区域试验组织专家品尝鉴定，达到部颁鲜食糯玉米二级标准。经郑州国家玉米改良分中心两年品质测定，支链淀粉占总淀粉含量98.44％～99.38％，皮渣率7.79％，达到部颁糯玉米标准（NY/T 524—2002）。

2006—2007年参加黄淮海鲜食糯玉米品种区域试验，两年平均亩产（鲜穗）849.1千克，比对照苏玉糯1号增产31.7％。

适宜在安徽北部、北京、天津、河北中南部、山东中部和东部、河南、陕西关中夏播区作鲜食糯玉米品种种植。中等肥力以上地块栽培，每亩适宜密度3 500～4 000株。注意防治玉米螟。隔离种植，适时采收。

7. 金糯628　北京金农科种子科技有限公司选育，2007年国家审定。母本H9120-w，引自中国农科院品种资源所；父本M28-T，北京金农科种子科技公司选育。

在东华北地区出苗至鲜穗采收期92天，比对照垦粘1号晚6天，在黄淮海地区出苗至鲜穗采收期72.5天，比对照苏玉糯1号早2.3天。幼苗叶鞘绿色，叶片绿色，叶缘绿色，花药黄色，颖壳绿色。株型松散，株高230～260厘米，穗位高88～110厘米，成株叶片数19片。花丝绿色，果穗筒形，穗长17～19厘米，穗行数16行，穗轴白色，籽粒白色，百粒重（鲜籽粒）34～35克。

经辽宁省丹东农业科学院、吉林省农业科学院植物保护研究所两年接种鉴定，抗茎腐病，中抗大斑病和玉米螟，感丝黑穗病；经河北省农林科学院植物保护研究所两年接种鉴定，抗大斑病，中抗小斑病和矮花叶病，感茎腐病、弯孢菌叶斑病和瘤黑粉病，高感玉米螟。经东华北和黄淮海鲜食糯玉米品种区域试验主持单位组织专家品尝鉴定，均达到部颁鲜食糯玉米二级标准。经吉林农业大学农学院两年品质测定，支链淀粉占总淀粉含量的100％，经郑州国家玉米改良分中心两年品质测定，支链淀粉占总淀粉含量的98.32％～100.0％，均达到部颁糯玉米标准（NY/T 524—2002）。

2005—2006年参加东华北鲜食糯玉米品种区域试验，两年平均亩产鲜穗1 013.9千克，比对照垦粘1号增产10.8％；2005—

2006 年参加黄淮海糯玉米品种区域试验，两年平均亩产鲜穗 780.8 千克，比对照苏玉糯 1 号增产 27.4%。

适宜在北京、天津、河北、山西中南部、辽宁中部、吉林中南部、黑龙江第一积温带、新疆石河子春播区和山东、河南、陕西关中、安徽北部夏播区作鲜食糯玉米品种种植。注意防治玉米螟，丝黑穗病重发区慎用。在中等肥力以上地块栽培，每亩适宜密度 3500 株左右。

8. 郑黄糯 2 号 河南省农业科学院粮食作物研究所选育，2007 年国家审定。母本郑黄糯 03，来源于郑白糯 01×郑 58；父本郑黄糯 04，来源于（紫香玉×昌 7-2）×昌 7-2。

在黄淮海地区出苗至鲜穗采收期 77.2 天，比对照苏玉糯 1 号早熟 0.7 天。幼苗叶鞘紫红色，叶片绿色，叶缘绿色，花药粉红色，颖壳绿色。株型紧凑，株高 246.5 厘米，穗位高 100 厘米，成株叶片数 19 片。花丝红色，果穗圆锥形，穗长 19 厘米，穗行数 14～16 行，穗轴白色，籽粒黄色，百粒重（鲜籽粒）32.3 克。

经河北省农林科学院植物保护研究所两年接种鉴定，高抗瘤黑粉病，抗大斑病和矮花叶病，中抗小斑病、茎腐病和弯孢菌叶斑病，感玉米螟。经黄淮海鲜食糯玉米品种区域试验主持单位组织专家品尝鉴定，达到部颁鲜食糯玉米二级标准。经郑州国家玉米改良分中心两年品质测定，支链淀粉占总淀粉含量的 98.98%～99.99%，达到部颁糯玉米标准（NY/T 524—2002）。

2005—2006 年参加黄淮海鲜食糯玉米品种区域试验，两年平均亩产鲜穗 842.7 千克，比对照苏玉糯 1 号增产 37.0%。

适宜在北京、天津、河北中南部、山东、河南、陕西关中、安徽北部夏播区作鲜食糯玉米品种种植。在中等肥力以上地块栽培，每亩适宜密度3 600～3 800株，注意防治玉米螟。

9. 苏玉糯 13 江苏沿江地区农业科学研究所选育，2006 年国家审定。母本 T55，来源于 T366×黄糯玉米；父本 T45，来源于江苏自然授粉综合种。

在黄淮海地区出苗至采收期 75～77 天，比对照苏玉糯 1 号早

1～2 天。幼苗叶鞘紫色，叶片绿色，叶缘紫色，花药浅紫色，颖壳绿色。株型半紧凑，株高 220 厘米，穗位高 100 厘米，成株叶片数 18 片。花丝红色，果穗锥形，穗长 19 厘米，穗行数 12～14 行，穗轴白色，籽粒白色，百粒重（鲜籽粒）31 克。经河北省农林科学院植物保护研究所两年接种鉴定，高抗瘤黑粉病，中抗大斑病和矮花叶病，感小斑病、茎腐病、弯孢菌叶斑病和玉米螟。经黄淮海鲜食糯玉米区域试验组织专家品尝鉴定，达到部颁糯玉米二级标准；经河南农业大学国家玉米改良分中心两年检测，支链淀粉占总淀粉含量的 99.02%～100%，达到部颁糯玉米标准（NY/T 524—2002）。

2004—2005 年参加黄淮海鲜食糯玉米品种区域试验，23 点次增产，2 点次减产，两年区域试验平均亩产（鲜穗）738.8 千克，比对照苏玉糯 1 号增产 20%。

适宜在北京、天津、河北、河南、山东、陕西、安徽北部、江苏北部夏播区作鲜食糯玉米品种种植，弯孢菌叶斑病重发区慎用。每亩适宜密度4 000株左右，注意隔离种植和防治玉米螟。

10. 郑白糯 4 号　河南省农业科学院粮食作物研究所选育，2006 年国家审定。母本郑白糯 01，来源于（意大利黑玉米×掖 478）×掖 478；父本郑白糯 04，来源于苏玉糯 1 号。

在黄淮海地区出苗至采收期 78 天，与对照苏玉糯 1 号相当。幼苗叶鞘紫红色，叶片绿色，叶缘绿色，花药浅粉红色，颖壳绿色。株型半紧凑，株高 206 厘米，穗位高 88 厘米，成株叶片数 19 片。花丝粉红色，果穗锥形，穗长 18 厘米，穗行数 14 行，穗轴白色，籽粒白色，百粒重（鲜籽粒）30.3 克。经河北省农林科学院植物保护研究所两年接种鉴定，高抗小斑病，抗大斑病、瘤黑粉病、矮花叶病和玉米螟，中抗茎腐病和弯孢菌叶斑病。经黄淮海鲜食糯玉米区域试验组织专家品尝鉴定，达到部颁糯玉米二级标准；经河南农业大学国家玉米改良分中心两年检测，支链淀粉占总淀粉含量的 99.79%～100%，达到部颁糯玉米标准（NY/T 524—2002）。

2004—2005年参加黄淮海鲜食糯玉米品种区域试验，21点次增产，4点次减产，两年区域试验平均亩产（鲜穗）756.3千克，比对照苏玉糯1号增产22.7%。

适宜在北京、天津、河北、河南、山东、江苏北部、安徽北部、陕西夏玉米区作鲜食糯玉米品种种植。每亩适宜密度3 700株左右，注意隔离种植和防治玉米螟。

11. 西星白糯13号 山东登海种业股份有限公司选育，2006年国家审定。母本DHN859-1，来源于（中糯323×白859）×X859；父本DHN13B4，来源于（糯早4×13B4）×13B4。

在黄淮海地区出苗至采收期77天左右。幼苗叶鞘深紫色，叶片深绿色，叶缘绿色，花药浅紫色，颖壳浅紫色。株型半紧凑，株高224厘米，穗位高82厘米，成株叶片数19～20片。花丝紫色，果穗筒形，穗长20厘米，穗行数14行，籽粒白色，穗轴白色。经河北省农林科学院植物保护研究所两年接种鉴定，高抗大斑病、茎腐病和矮花叶病，抗小斑病，中抗弯孢菌叶斑病，感瘤黑粉病和玉米螟。经黄淮海鲜食糯玉米区域试验组织专家品尝鉴定，达到部颁鲜食糯玉米二级标准。经河南农业大学郑州国家玉米改良分中心测定，支链淀粉占总淀粉的98.35%。达到部颁糯玉米标准（NY/T 524—2002）。

2004—2005年参加黄淮海鲜食糯玉米品种区域试验，24点次增产，1点次减产，两年区域试验平均亩产（鲜穗）785.4千克，比对照苏玉糯1号增产27.8%。

适宜在北京、天津、河北、河南、山东、陕西、江苏北部、安徽北部夏玉米区作鲜食糯玉米品种种植。每亩适宜密度3 500株左右，注意隔离种植，及时防治瘤黑粉病和玉米螟。

12. 郑黄糯928 河南省农业科学院粮食作物研究所选育，2006年国家审定。母本Tywx8112，来源于YM269×8112；父本Tywx08，来源于YW226群体。

在黄淮海地区出苗至成熟77.2天，比对照苏玉糯1号晚1天。幼苗叶鞘紫色，叶片绿色，叶缘绿色，花药黄色，颖壳绿色。株型半紧凑，株高 253 厘米，穗位高 99 厘米，成株叶片数 19 片。花丝绿色，果穗筒形，穗长 21 厘米，穗行数 14～16 行，穗轴白色，籽粒黄色，百粒重（鲜籽粒）29.2 克。经河北省农林科院植物保护研究所两年接种鉴定，中抗大斑病、小斑病、瘤黑粉病、茎腐病、矮花叶病、弯孢菌叶斑病和玉米螟。经黄淮海鲜食糯玉米区域试验组织专家品尝鉴定，达到部颁糯玉米二级标准；经河南农业大学国家玉米改良分中心两年检测，支链淀粉占总淀粉含量的 98.68%～98.94%，达到部颁糯玉米标准（NY/T 524—2002）。

2004—2005 年参加黄淮海鲜食糯玉米品种区域试验，24 点次增产，1 点次减产，两年区域试验平均亩产（鲜穗）797.2 千克，比对照苏玉糯 1 号增产 29.4%。

适宜在北京、天津、河北、河南、山东、陕西、江苏北部、安徽北部夏玉米区作鲜食糯玉米品种种植。每亩适宜密度3 300～3 600株，注意隔离种植和防治玉米螟。

13. 京科糯 120 北京市农林科学院玉米研究中心选育，2004 年国家审定，2003 年北京市审定。母本京糯 6，来源为中糯 1 号杂交种自交选育；父本为白糯 6，来源为紫糯 3 号杂交种自交选育。

在黄淮海地区出苗至鲜穗采收期 81 天，比对照苏玉糯 1 号晚 1 天。幼苗叶鞘紫色，叶片绿色，叶缘紫色。株型半紧凑，株高 242.2 厘米，穗位 108.3 厘米。成株叶片数 21～22 片。花药绿色，颖壳紫色，花丝绿间少许红色，果穗锥型，穗长 18.38 厘米，穗行数平均 11.06 行，穗粗 4.80 厘米，行粒数 34 粒，穗轴白色，籽粒白色，鲜籽粒百粒重 33.3 克。经河北省农林科学院植保所两年接种鉴定，抗大斑病、矮花叶病和玉米螟，中抗黑粉病和弯孢菌叶斑病，高感茎腐病和小斑病。经黄淮海鲜食糯玉米品种区域试验组织的专家品尝鉴定，达到部颁鲜食糯玉米二级标准。经郑州国家玉米改良分中心检测，支链淀粉占淀粉总量的 100%，达到糯玉米标准（NY/T 524—2002）。

2002—2003 年参加黄淮海鲜食糯玉米品种区域试验，2002 年平均亩产鲜果穗 841.9 千克，比对照苏玉糯 1 号增产 25.9%；

2003年平均亩产鲜果穗800.7千克，比对照苏玉糯1号增产22.5%，两年平均亩产鲜果穗821.3千克，比对照苏玉糯1号增产24.3%。

适宜在山东、河南、河北、陕西、北京、天津、江苏北部、安徽北部夏玉米区作鲜食糯玉米种植。适宜密度为3 500株/亩左右。注意隔离，及时收获。注意防治小斑病、茎腐病，防止倒伏。

14. 金王花糯2号 济南金王种业有限公司、青岛农业大学选育。2013年山东审定。组合为jw764×jw663，母本jw764是jw78×LN-478-6为基础材料自交选育，父本jw663是jw9081×H21为基础材料自交选育。

株型紧凑，全株叶片数18片，幼苗叶鞘绿色，花丝绿色，花药绿色。鲜穗采收期73天，株高263厘米，穗位99厘米，倒伏率0.9%、倒折率0.1%。果穗长锥形，商品鲜穗穗长20.1厘米，穗粗4.5厘米，秃顶1.6厘米，穗粒数488粒，商品果穗率87.2%，白轴，鲜穗籽粒紫白色，果皮中厚。2012年经河北省农林科学院植物保护研究所抗病性接种鉴定：中抗小斑病，感大斑病、弯孢叶斑病，高抗瘤黑粉病，中抗矮花叶病。2012年鲜穗籽粒（适宜采收期取样）品质分析（干基）：粗蛋白含量11.24%，粗脂肪4.20%，赖氨酸0.41%，淀粉58.55%，可溶性固形物（湿基）9.10%。

在2011—2012年山东省鲜食夏玉米品种区域试验中，两年平均亩收商品鲜穗3730个，亩产鲜穗1004.8千克。

可在山东省适宜地区作为鲜食专用花糯夏玉米品种种植利用。适宜密度为每亩4 000株左右，应与其他类型玉米品种隔离种植，其他管理措施同一般大田。

15. 济糯13 济宁市农业科学研究院选育，2013年山东审定。组合为济13×济08，母本济13是以自选系6040的变异株为基础材料自交选育，父本济08是郑单958的糯变单粒为基础材料自交选育。

株型紧凑，全株叶片数17片，幼苗叶鞘绿色，花丝绿色，花药绿色。区域试验结果：鲜穗采收期 72 天，株高 251 厘米，穗位 114 厘米，倒伏率 0.3%、倒折率 0.1%，粗缩病最重发病试点发病率为 8.0%。果穗圆筒形，商品鲜穗穗长 17.8 厘米，穗粗 4.6 厘米，秃顶 0.9 厘米，穗粒数 460 粒，商品果穗率 89.6%，白轴，鲜穗籽粒紫红色，果皮中厚。2012 年经河北省农林科学院植物保护研究所抗病性接种鉴定：中抗小斑病，感大斑病，抗弯孢叶斑病，高抗瘤黑粉病，抗矮花叶病。2012 年鲜穗籽粒（适宜采收期取样）品质分析（干基）：粗蛋白含量 10.98%，粗脂肪 3.72%，赖氨酸 0.46%，淀粉 55.62%，可溶性固形物（湿基）10.17%。

在 2011—2012 年山东省鲜食夏玉米品种区域试验中，两年平均亩收商品鲜穗3 621个，亩产鲜穗 859.7 千克。

在山东省适宜地区作为鲜食专用紫糯夏玉米品种种植利用。适宜密度为每亩4 000株左右，应与其他类型玉米品种隔离种植，其他管理措施同一般大田。

16. 金王紫糯 1 号 济南金王种业有限公司、青岛农业大学选育，2013 年山东审定。组合为 jw762×jw665，母本 jw762 是 jw78×LN-478-6 为基础材料自交选育，父本 jw665 是 jw9081×H21 为基础材料自交选育。

株型紧凑，全株叶片数 18 片，幼苗叶鞘绿色，花丝绿色，花药绿色。区域试验结果：鲜穗采收期 72 天，株高 258 厘米，穗位 95 厘米，倒伏率 0.6%、无倒折。果穗短锥形，商品鲜穗穗长 21.2 厘米，穗粗 4.7 厘米，秃顶 1.5 厘米，穗粒数 498 粒，商品果穗率 83.8%，白轴，鲜穗籽粒淡紫色，果皮中厚。2012 年经河北省农林科学院植物保护研究所抗病性接种鉴定：抗小斑病，高感大斑病，感弯孢叶斑病，高抗瘤黑粉病，抗矮花叶病。2012 年鲜穗籽粒（适宜采收期取样）品质分析（干基）：粗蛋白含量 11.48%，粗脂肪 3.92%，赖氨酸 0.49%，淀粉 52.53%，可溶性固形物（湿基）11.50%。

在 2011—2012 年山东省鲜食夏玉米品种区域试验中，两年平均亩收商品鲜穗3 558个，亩产鲜穗1 005.3千克。

在山东省适宜地区作为鲜食专用紫糯夏玉米品种种植利用。大斑病高发区慎用。适宜密度为每亩4 000株左右，应与其他类型玉米品种隔离种植，其他管理措施同一般大田。

17. 西星黄糯958 山东登海种业股份有限公司西由种子分公司选育，2013年山东审定。组合为HN58-3×HN昌7-2-1。母本HN58-3是白糯478/郑58//郑58为基础材料自交选育的黄糯自交系，父本HN昌7-2-1是（黄糯13B4×昌7-2）×昌7-2为基础材料自交选育的黄糯自交系。

株型紧凑，全株叶片数20片，幼苗叶鞘紫色，花丝红色，花药黄色。区域试验结果：夏播生育期106天，株高237厘米，穗位93厘米，倒伏率3.5%、倒折率1.6%。果穗筒形，穗长14.9厘米，穗粗4.7厘米，秃顶0.8厘米，穗行数平均14.6行，穗粒数483粒，白轴，黄粒、半马齿形，出籽率86.2%，千粒重296克，容重735克/升。2011年经河北省农林科学院植物保护研究所抗病性接种鉴定：中抗小斑病、大斑病，高感弯孢叶斑病，中抗茎腐病，高感瘤黑粉病，中抗矮花叶病。2010—2012年试验中茎腐病最重发病试点病株率60.5%。2011年经农业部谷物品质监督检验测试中心（泰安）品质分析：粗蛋白含量10.1%，粗脂肪4.9%，赖氨酸0.25%，粗淀粉69.9%，直链淀粉含量为0。

在2010—2011年山东省夏玉米品种区域试验中，两年平均亩产531.5千克，比对照郑单958减产2.1%；2012年生产试验平均亩产658.0千克，比对照郑单958增产0.9%。

在山东省适宜地区作为淀粉加工型糯玉米品种夏播种植利用。茎腐病、瘤黑粉病和弯孢叶斑病高发区慎用。适宜密度为每亩4 500株左右，应与其他类型玉米品种隔离种植，其他管理措施同一般大田。

18. 青农201 青岛农业大学选育，2010年山东审定。组合为仁白×极早白。母本仁白是以日本糯玉米杂交种为基础材料自交选育，父本极早白选自东北农家白糯玉米品种。

株型半紧凑，全株叶片数18～20片，幼苗叶鞘绿色，花丝红色，花药浅红色。区域试验结果：鲜穗采收期74天，株高261厘米，穗位99厘米，倒伏率0.2%、倒折率0.6%，粗缩病最重发病试点病株率为10.1%；果穗筒形，穗轴白色，商品鲜穗穗长19.0厘米，穗粗4.4厘米，秃顶1.2厘米，穗粒数504粒，商品果穗率87.3%，籽粒白色，果皮中厚，风味品质与对照鲁糯6号相当。2008年经河北省农林科学院植物保护研究所抗病性接种鉴定：高感小斑病，感大斑病，高感弯孢菌叶斑病和茎腐病，中抗瘤黑粉病，高感矮花叶病。2009年鲜穗籽粒（适宜采收期取样）品质分析（干基）：粗蛋白含量11.8%，粗脂肪3.46%，赖氨酸0.36%，淀粉52.9%，可溶性固形物（湿基）10.6%。

在2008—2009年山东省鲜食玉米品种区域试验中，两年10处试点9点增产1点减产，平均亩收商品鲜穗数3 592个，比对照鲁糯6号增收7.4%。

在山东省适宜地区作为鲜食专用白糯玉米品种种植利用。可春播或夏直播，适宜密度为每亩4 000～4 500株。其他管理措施同一般鲜食糯玉米大田。

（二）甜玉米品种

1. 斯达204 北京中农斯达农业科技开发有限公司选育，2012年国家审定，2011年北京市审定。品种来源：S24A2×D13B1。

北方地区出苗至鲜穗采摘79天，比对照甜单21早2天，需有效积温2 200℃左右。幼苗叶鞘绿色，叶片淡绿色，叶缘白色，花药黄色，颖壳绿色。株型松散，株高218厘米，穗位76厘米，成株叶片数19片。花丝绿色，果穗筒形，穗长20厘米，穗行数14～16行，穗轴白色，籽粒黄色，甜质型，百粒重（鲜籽粒）34.5克。东华北区接种鉴定，中抗丝黑穗病，感大斑病；黄淮海区接种鉴定，中抗小斑病，感茎腐病、矮花叶病，高感瘤黑粉病。还原糖含量7.24%，水溶性糖含量23.22%，达到甜玉米标准。

2010—2011年参加北方鲜食甜玉米品种区域试验，两年平均亩产鲜穗799.4千克，比对照甜单21增产11.0%。

适宜在北京、河北北部、内蒙古中东部、辽宁中晚熟区、吉林中晚熟区、黑龙江第一积温带、山西中熟区、新疆中部甜玉米春播区种植；天津、河南、山东、陕西、江苏北部、安徽北部作鲜食甜玉米品种夏播种植。

中等肥力以上地块栽培，春播4月中下旬播种，夏播6月中下旬播种，亩密度3 500～3 800株。东北、华北冷凉地区早春播种时注意预防大斑病和瘤黑粉病。隔离种植，适时采收。

2. 中农大甜413 中国农业大学选育，2006年国家审定。品种来源：母本BS621，来源于48-2×甜401；父本BS632，来源于美国杂交种。

在黄淮海地区出苗至采收期74.4天，比对照绿色先锋（甜）早2天。幼苗叶鞘绿色，叶片绿色，叶缘绿色，花药绿色，颖壳绿色。株型松散，株高200厘米，穗位高64厘米，成株叶片数20～21片。花丝绿色，果穗筒形，穗长19厘米，穗行数16～18行，穗轴白色，籽粒黄白双色，百粒重（鲜籽粒）25克。区域试验中平均倒伏（折）率7.7%。经河北省农林科学院植物保护研究所两年接种鉴定，高抗瘤黑粉病，抗矮花叶病，感大斑病、小斑病和弯孢菌叶斑病，高感茎腐病和玉米螟。经黄淮海鲜食甜玉米区域试验组织专家品尝鉴定，达到部颁甜玉米一级标准。经河南农业大学郑州国家玉米改良分中心测定，还原性糖含量11.36%，水溶性糖含量25%，达到部颁甜玉米标准（NY/T 523—2002）。

2004—2005年参加黄淮海鲜食甜玉米品种区域试验，15点次增产，10点次减产，两年区域试验平均亩产（鲜穗）733.3千克，比对照绿色先锋（甜）减产0.5%。

适宜在北京、天津、河北、河南、山东、陕西、江苏北部、安徽北部夏玉米区作鲜食甜玉米品种种植。每亩适宜密度3 500株左右，注意隔离种植和防止倒伏，防治茎腐病和玉米螟。

3. 郑加甜5039 河南省农业科学院粮食作物研究所选育，2006年国家审定。品种来源：母本Tse5228，来源于Tpkse208；父本Tse5078，来源于Tzse2018导入普通玉米种质。

在黄淮海地区出苗至鲜穗采收期77.3天，与对照绿色先锋

（甜）相当，需有效积温2 200℃左右。幼苗叶鞘绿色，叶片绿色，叶缘绿色，花药绿色，颖壳绿色。株型半紧凑，株高228厘米，穗位高87厘米，成株叶片数19片。花丝浅绿色，果穗长筒形，穗长21.5厘米，穗行数16行，穗轴白色，籽粒浅黄色，马齿型，百粒重26.6克。区域试验中平均倒伏（折）率4.0%。

经河北省农林科学院植物保护研究所两年接种鉴定，抗矮花叶病，中抗大斑病，感小斑病、弯孢菌叶斑病、瘤黑粉病和玉米螟，高感茎腐病。经黄淮海鲜食甜玉米区域试验组织专家品尝鉴定，达到部颁甜玉米二级标准。经河南农业大学郑州国家玉米改良分中心测定，还原性糖含量9.03%，水溶性糖含量23.49%，达到部颁甜玉米标准（NY/T 523—2002）。

2003—2004年参加黄淮海鲜食甜玉米品种区域试验，16点次增产，10点次减产，两年区域试验平均亩产（鲜穗）751.2千克，比对照绿色先锋（甜）增产5.5%。

适宜在北京、河北、河南、山东、陕西夏玉米区作鲜食甜玉米品种种植。每亩适宜密度3 300～3 700株，注意隔离种植，及时防治玉米螟。

4. 绿色天使　北华玉米研究所选育，2005年国家审定。品种来源：母本SS8611，来源为泰国和先锋公司杂交种的二环系；父本为SS14510，来源为综合种品综1号和TSCo群体自选系。

在黄淮海地区出苗至采收77天，比对照晚1～2天，需有效积温2 500℃以上；在东北华北地区出苗至采收91天，与对照甜单21相当，需有效积温2 530℃左右。幼苗叶鞘绿色，叶片绿色，叶缘绿色，花药绿色，颖壳绿色。株型半紧凑，株高232～271厘米，穗位高96～111厘米，成株叶片数20～21片。花丝绿色，果穗锥形，穗长18～22厘米，穗行数16～18行，穗轴白色，籽粒黄色，百粒重（鲜重）31～33克。部分试点有倒伏。

经河北省农科院植保所两年接种鉴定，抗小斑病，中抗茎腐病、弯孢菌叶斑病和玉米螟，感瘤黑粉病，高感大斑病；经辽宁省丹东农科院两年接种鉴定，高抗茎腐病，抗灰斑病和纹枯病，感大斑病。经东华北和黄淮海鲜食玉米品种区域试验组织专家鉴定，均达到部颁鲜食甜玉米二级标准。经河南农业大学郑州国家玉米改良分中心测定，还原性糖含量 8.60%，水溶性糖含量 16.07%；经吉林农业大学农学院测定，鲜籽粒可溶性糖含量 16.2%、还原糖含量 4.80%。均达到部颁甜玉米标准（NY/T 523—2002)。

2003—2004 年参加黄淮海鲜食甜玉米品种区域试验，17 点次增产，9 点次减产，平均亩产（鲜穗）773.5 千克，比对照绿色先锋增产 8.5%。2003—2004 年参加东华北鲜食甜玉米品种区域试验，19 点次增产，3 点次减产，平均亩产（鲜穗）1 104.08千克/亩，比对照品种甜单 21 增产 18.9%。

适宜在山西、辽宁、吉林、黑龙江第一积温带、新疆石河子垦区、内蒙古赤峰和巴盟春播区和北京、河北、山东、河南中部、安徽北部夏播区作鲜食甜玉米种植。每亩适宜密度3 000～3 500株，隔离种植，注意防止倒伏，及时防治瘤黑粉病和玉米螟。

5. 金凤甜 5 号 广州市种子进出口公司选育，2005 年国家审定，2005 年广东省审定。品种来源：母本为 Z995B，来源于金凤 3 号母本的变异株并经多代套袋选育而成：父本为 Z993A，来源于"SSH3"。

在东南出苗至采收 81 天左右，比对照粤甜 3 号晚 3 天以内；在西南地区出苗至采收 90 天左右；在黄淮海地区出苗至采收 79～82 天，比对照绿色先锋晚 2～4 天。幼苗叶鞘绿色，叶片绿色，幼苗期叶缘绿色，花药黄色，颖壳绿色，株型半紧凑，株高 213～238 厘米，穗位高 78～94 厘米，成株叶片数 20～24 片。花丝白色，果穗筒形，穗长 15～21 厘米，穗行数 16 行左右，穗轴白色，籽粒黄色，百粒重（鲜重）30～38 克。

经中国农科院品资所两年接种鉴定，高抗茎腐病，抗小斑病，中抗大斑病，感玉米螟，高感矮花叶病，田间调查高抗矮花叶病。经四川省农科院植保所两年接种鉴定，抗茎腐病，中抗小斑病和玉米螟，感大斑病、丝黑穗病和纹枯病。经河北省农科院植保所两年接种鉴定，高抗茎腐病，中抗矮花叶病和弯孢菌叶斑病，感大斑病、小斑病、瘤黑粉病和玉米螟。经东南、西南和黄淮海鲜食玉米品种区域试验组织专家鉴定，均达到部颁鲜食甜玉米二级标准。经扬州大学检测水溶性糖含量10.73%～21.4%，还原性糖含量8.25%～10.1%；经河南农业大学郑州国家玉米改良分中心测定，水溶性糖含量16.93%，还原性糖含量9.91%。均达到部颁甜玉米标准（NY/T 523—2002）。

2002—2003年参加东南鲜食甜玉米品种区域试验。平均亩产（鲜穗）931.9千克，比对照平均增产19.9%。2003—2004年参加西南鲜食甜玉米品种区域试验，平均亩产（鲜穗）914千克，比对照绿色超人增产5.8%。2003—2004年参加黄淮海鲜食甜玉米品种区域试验，平均亩产（鲜穗）803.2千克，比对照绿色先锋增产12.7%。

适宜在河南、河北、山东夏玉米区和海南、广东、广西、福建、浙江、江西、江苏、安徽、云南、贵州、四川、重庆作鲜食甜玉米种植，矮花叶病重发区慎用。每亩适宜密度3 000～3 500株。注意隔离种植，防止串粉，及时采收。注意防治玉米螟。

6. 绿色先锋（甜） 北华玉米研究所选育，2004年国家审定。品种来源：母本为SS3574，来源为综合种品综1号和TSC0群体自选系；父本为SS8611，来源为泰国和先锋公司杂交种的二环系在东北华北地区出苗至鲜穗采收92天，与对照甜单21相同。在黄淮海地区出苗至鲜穗采收76天左右。幼苗叶鞘绿色，叶片绿色，叶缘绿色。株型半紧凑，株高224～245厘米，穗位96～101厘米。花药绿色，颖壳绿色，花丝绿色，果穗锥型，穗长16.5～21.0厘米，穗行数16.0行，穗轴白色，籽粒黄色，百粒重32.8克。

经辽宁省丹东农科院两年接种鉴定，高抗大斑病和玉米螟，抗灰斑病、弯孢菌叶斑病和纹枯病，中抗丝黑穗病。经河北省农林科学院植保所两年接种鉴定，高抗黑粉病，抗玉米螟，中抗小斑病、茎腐病、矮花叶病和弯孢菌叶斑病，感大斑病。经东华北、黄淮海鲜食玉米品种区域试验组织的专家品尝鉴定，达到部颁鲜食甜玉米二级标准。经吉林农业大学检测，鲜籽粒含糖量19.1%，达到部颁甜玉米标准（NY/T 523—2002）。

2002—2003 年参加东华北鲜食甜玉米品种区域试验，2002 年鲜果穗平均亩产1 025.6千克，比对照甜单 21 号增产 16.5%；2003 年鲜果穗平均亩产 988.4 千克，比对照甜单 21 号增产 14.3%。2001—2002 年参加黄淮海鲜食甜玉米品种区域试验，2001 年鲜果穗平均亩产 739.3 千克，2002 年鲜果穗平均亩产 696.9 千克。

适宜在山东、河南、河北、陕西、北京、天津、江苏北部夏玉米区及河北北部、辽宁、内蒙古、黑龙江、吉林、北京、新疆春玉米区作为鲜食甜玉米种植，丝黑穗病高发区慎用。适宜密度为3 500～4 000株/亩，注意防治丝黑穗病。在黄淮海地区注意防治大斑病、茎腐病和弯孢菌叶斑病。防止串粉，适时收获。

7. 金甜 678 北京金农科种子科技有限公司选育，2004 年国家审定。品种来源：母本为 MU11-13，来源为从南斯拉夫超甜玉米自交系 ZP103 与甜玉米杂交种 1835 杂交选育的自交系；父本为 H9120，来源为中国农科院品资所，从 CTB2 群体中选育单株自交而成。

在黄淮海地区出苗至最佳采收期 82 天，比对照绿色先锋晚 4 天。幼苗叶鞘绿色，叶片绿色，叶缘绿色。成株叶片数 21 片。株型半紧凑，株高 227.4 厘米，穗位 75.0 厘米。花药黄色，颖壳黄色，花丝绿色。果穗锥形，穗长 18.35 厘米，穗行数平均 17.37 行，穗轴白色，籽粒黄色，百粒重 33.23 克。经河北省农林科学院植保所两年接种鉴定，高抗矮花叶病和弯孢菌叶斑病，抗小斑病、黑粉病和抗茎腐病，感大斑病和玉米螟。经黄淮海鲜食甜玉米品种区域试验组织的专家品尝鉴定，达到部颁鲜食甜玉米一级标准。

2002—2003 年参加黄淮海鲜食甜玉米品种区域试验，2002 年平均亩产鲜果穗 837.1 千克，比对照绿色先锋增产 20.12%，2003 年平均亩产鲜果穗 803.6 千克，比对照绿色先锋增产 14.6%。两年平均亩产鲜果穗 820.4 千克，比对照绿色先锋增产 17.36%。

适宜在山东、河南、河北、陕西、北京、天津、江苏北部、安徽北部夏玉米区作鲜食甜玉米种植。适宜密度为3 000～3 000株/

亩。注意隔离，及时收获。注意防治大斑病和玉米螟。

8. 金甜 878　北京金农科种子科技有限公司选育，2004 年国家审定。品种来源：母本 MU1-23，来源为从美国超甜玉米资源 FRS703 与甜玉米杂交种 1835 改良群体中选育的自交系；父本为 2579，来源为中国农科院品资所，从 CTB2 群体中选育单株自交而成。

在黄淮海地区出苗至最佳采收期 83 天，比对照绿色先锋晚 4 天。幼苗叶鞘绿色，叶片绿色，叶缘绿色。成株叶片数 23 片。株型半紧凑，株高 269.6 厘米，穗位 109.2 厘米。花药黄色，颖壳黄色，花丝绿色。果穗锥形，穗长 19.44 厘米，穗行数 16～18 行，穗轴白色，籽粒黄色，百粒重 29.73 克。

经河北省农林科学院植保所两年接种鉴定，高抗矮花叶病，抗弯孢菌叶斑病和玉米螟，中抗大斑病、小斑病和茎腐病，感黑粉病。经黄淮海鲜食甜玉米品种区域试验组织的专家品尝鉴定，达到部颁鲜食甜玉米一级标准。

2002—2003 年参加黄淮海鲜食甜玉米品种区域试验，2002 年平均亩产鲜果穗 687.6 千克，比对照绿色先锋减产 1.33%，2003 年平均亩产鲜果穗 793.4 千克，比对照绿色先锋增产 13.14%。两年平均亩产鲜果穗 740.5 千克，比对照绿色先锋增产 5.93%。

适宜在山东、河南、河北、陕西、天津、江苏北部、安徽北部夏玉米区作鲜食甜玉米种植。适宜密度为2 600～3 500株/亩，注意隔离，及时收获。注意防治黑粉病。

9. 郑甜 3 号　河南省农业科学院粮食作物研究所选育，2004 年国家审定。品种来源：母本郑超甜 T 克 Q026，来源为亚热带超甜玉米群体为基础材料导入温带普通玉米种质经过回交自交选育而成；父本为 TBQ018，来源为热带超甜玉米群体为基础材料导入普通玉米种质连续自交选育而成。

在黄淮海地区出苗至最佳采收期 78 天，与对照绿色先锋相当。幼苗叶鞘绿色，叶片绿色，叶缘绿色。株型半紧凑，株高 215.7 厘米，穗位 82.7 厘米，成株叶片数 19 片。花药黄色，颖壳绿色，花丝浅绿色。果穗锥型，穗长 17.92 厘米，穗行数 14～16 行，穗粗 4.47 厘米，穗轴白色，籽粒黄色，百粒重 31.21 克。经河北省农林科学院植保所两年接种鉴定，抗黑粉病和玉米螟，感大斑病、小斑病和矮花叶病，高感弯孢菌叶斑病和茎腐病。经黄淮海鲜食甜玉米品种区域试验组织的专家品尝鉴定，达到部颁鲜食甜玉米一级标准。

2002—2003 年参加黄淮海鲜食甜玉米品种区域试验，2002 年平均亩产鲜果穗 640.0 千克，比对照绿色先锋减产 8.16%，2003 年平均亩产鲜果穗 682.2 千克，比对照绿色先锋减产 2.71%。两年平均亩产鲜果穗 661.1 千克，比对照绿色先锋减产 5.42%。

适宜在山东、河南、河北、陕西夏玉米区作鲜食甜玉米种植。茎腐病、弯孢菌叶斑病发生区慎用，注意防治矮花叶病、叶部斑病。适宜密度为3 300～3 700株/亩。注意隔离，适时收获。

10. 鲁甜 9-1 山东省农业科学院玉米研究所选育，2005 年北京市审定，加强甜型玉米单交种。

在北京地区播种至鲜穗采收期平均 85 天。株型平展，株高 221 厘米，穗位高 66 厘米。果穗长筒形，穗长 20 厘米，穗粗 4.6 厘米，穗轴白色，穗行数 14～18 行。籽粒黄色。

适宜北京地区春播或夏播种植。适宜密度3 500～4 000株/亩，授粉后 20～25 天是鲜果穗的最佳采收期，注意防治丝黑穗病、玉米螟。

11. 鲁甜糯 3 号 山东省农业科学院玉米研究所选育，2012 年河北省审定。亲本组合：Qx99154×Qx323y。

幼苗叶鞘紫色。成株株型半紧凑，株高 238 厘米，穗位 104 厘米，全株叶片数 20 片左右，出苗至采收鲜果穗 83 天左右。雄穗分枝 5～6 个，花药浅红色，花丝青色、丝端微紫。果穗筒形，穗轴白色，穗长 20 厘米，穗粗 4.6 厘米，秃尖 1.3 厘米，穗行数 16 行。籽粒黄色，行粒数 39 个，出籽率 69%，鲜籽粒百粒重 33.9g。

经河北省鲜食玉米区域试验专家组和试点品尝鉴定，达到部颁糯玉米二级标准。农业部谷物品质监督检验测试中心测定，2010

年籽粒粗蛋白（干基）11.74%，粗脂肪5.21%，粗淀粉67.66%，直链淀粉占粗淀粉总量的0；2011年籽粒粗蛋白（干基）10.33%，粗脂肪4.35%，粗淀粉72.05%，直链淀粉占粗淀粉总量的0.12%。抗病性：河北省农林科学院植物保护研究所鉴定，2010年高抗矮花叶病，抗大斑病，感小斑病、丝黑穗病和瘤黑粉病；2011年抗小斑病和矮花叶病，感大斑病、丝黑穗病和瘤黑粉病。

适宜在河北省春播玉米区春播种植，夏播玉米区夏播种植。

（三）爆裂玉米品种

1. 沈爆3号　沈阳农业大学特种玉米研究所选育，2003年国家审定。亲本组合为沈农92-260×沈农98-303。沈农92-260是从美国引进的爆裂玉米与沈农黄爆裂品种杂交，连续自交选育而成。

生育期春播106～119天，夏播95天。株型平展，株高210厘米，穗位高90厘米左右，果穗长筒形，平均穗长18厘米，穗行数12～16行。籽粒金黄至橙黄色，大粒型。爆花率98%以上，膨胀倍数30左右，混合型花，花大，适口性中等。

适宜在辽宁、吉林、天津、山东、河南地区中等以上肥力的地块种植。春播适宜密度3 500株/亩左右。

2. 津爆1号　天津市农作物研究所选育，2003年国家审定。亲本组合为W096和J97。

生育期春播15～20天，夏播93～95天。株型平展，株高250厘米左右，穗位高120厘米左右。果穗长筒形，穗长17厘米，穗行数14～16行。籽粒金黄色，中粒型。爆花率98%以上，膨胀倍数30左右，花大，混合型花，适口性中等。

适宜在辽宁、吉林、天津、山东、河南中等以上肥力地块种植。春播适宜密度3 500～4 000株/亩，注意防治纹枯病。

3. 郑爆2号　河南省农业科学院农业经济信息研究所选育，2003年国家审定。母本为SB-1，来源为国外材料中选育；父本为YB-A。

生育期春播100～127天，夏播90～96天，株型半紧凑，株高180～230厘米，穗位高110厘米；穗筒形，穗长15厘米，轴白色；粒金黄色，百粒重 13 克左右，属小粒型，颗粒均匀，爆花率 96%以上，膨胀系数 28 倍以上，适口性好。

适宜黄淮海地区种植。一般春播每亩适宜种植密度为3 500株，夏播每亩适宜密度为4 000株

（四）笋玉米品种

1. 冀特 3 号笋玉米　石家庄市农业科学研究院选育，1990 年河北省审定。以单秆双穗率高的冀 432 做母本，多秆多穗形的垦多二做父本。

冀特 3 号笋玉米属多穗型品种，单株可采笋 3～4 个，株高 250 厘米左右，最低至最高穗位 110～140 厘米，生育期（播种至收笋）春播 70 天左右，夏播 60 天左右。田间植株长势健壮，抗倒伏，抗大小斑病，适应性广。

在能种植普通玉米的地区均可种植。播期宜在春夏两季，春播 4 月中下旬为宜，夏播在 6 月，适宜密度为6 000～7 000株/亩。

2. 甜笋 101　中国农业大学选育。株高 225～240 厘米，穗位高 90～100 厘米。笋长 6～9 厘米，笋重 5～6 克。笋色淡黄，外形美观。笋宝塔形，味清香，符合出口标准。该品种是目前生产上比同类品种产量较高的品种之一。适宜的种植密度为4 000～4 500株/亩。

（五）耐盐碱玉米品种

1. 鲁单 850（原名抗盐 1 号）　山东省农业科学院玉米研究所选育，1999 年山东省审定。以抗盐突变系为母本，美国杂交种选系为父本有性杂交，经过系统选育而成。属于高产、抗盐碱、中、早熟玉米杂交种。

幼苗期叶鞘紫色，生长势强，前期发苗快，好拿苗；中后期植株生长整齐，株型紧凑。济南夏播生育期 94～96 天，套种生育期 100 天左右。株型紧凑，株高 278 厘米，穗位高 112 厘米。茎秆坚韧，根系发达，抗倒伏。抗旱耐盐碱。高抗大、小班病、青枯病、病毒病、粗、矮缩病、锈病。活秆成熟，抗大斑病、小斑病、青枯病、病毒病等多种病害。果穗筒形，穗长平均 19.8 厘米，穗行数

14～16 行，穗粗 4.8 厘米，穗轴红色。穗粒数 558 粒。籽粒黄色半硬型，品质好，千粒重 306 克，出籽率 85%。具有高产、抗病、抗盐碱、抗旱耐涝、株型紧凑等特点。尤其在山东省渤海湾、滨海、内陆盐碱地土壤含盐量较高的地区表现更为突出；在大田生产中，该品种在土壤含盐量每 3 克/升情况下生长良好，产量突出；在山东省大部分肥沃地、旱地、盐碱地、涝洼地均表现突出、产量高，后期活秆成熟，地区适应性强。

1993、1994 两年在寿光盐碱地品比试验中及寿光示范区建设试验中（土壤含盐量 3 克/升），该品种平均亩产 685.26 千克、488.54 千克，比对照种掖单 4 号增产 25.6%～17.16%，居参试种第一位。1995 年组织省有关专家进行实地验收，平均亩产为 627.3 千克，比对照种掖单 4 号增产 20.5%。1996—1997 年分别在德州、沾化、茌平、平邑、等地的盐碱地生产示范中（土壤含盐量 3～5 克/升）平均亩产为 476.0 千克、584.3 千克、612.3 千克，分别比对照种掖单 4 号增产 10.4%、15.5%、24.6%，产量居首位。在 1998 年全省（德州、茌平、寿光、惠民、河口、东营）区域试验六点平均亩产为 425.8 千克，比对照种增产 19.55%，居参试种第一位。

适宜山东省含盐度不高于 0.3% 的盐碱地种植。适宜密度 4 000～4 500株/亩。

2. 山大耐盐 1 号　山东大学生命科学院、山东省农科院原子能农业应用研究所选育，2002 年山东省审定。

生育期平均 94 天。株型紧凑，株高平均 232 厘米，穗位高平均 110 厘米。果穗锥形，穗长 20.4 厘米，穗轴白色。籽粒半马齿形，黄白粒。较抗大、小叶斑病，黑粉病，青枯病，粗缩病。在 2000 年山东省耐盐玉米区域试验中，平均产量 385.5 千克/亩，比对照鲁单 850 增产 24.3%；在 2001 年同组生产试验中，产量 487.5 千克/亩（宁津点），比对照鲁单 850 增产 1.6%。

适宜山东省含盐量 0.4%～0.7% 的盐碱地种植。适宜密度 4 500株/亩。

3. 良星4号　山东省德州市良星种子研究所选育，2005年国家审定。

从出苗到成熟92天左右。株高260厘米左右，穗位高90厘米左右，株型半紧凑，叶色浓绿。幼苗叶鞘紫红色，花药淡紫色，花丝红色，颖壳淡绿色，雄穗分枝12～14个，成株叶片数19～20片。果穗长18～20厘米，长柱形，粗5.4厘米，穗行数多为16行，行粒数35～40，穗轴红色，千粒重300克左右，出籽率84.2%，籽粒黄色，半硬粒型，品质好。籽粒容重733克/升，粗蛋白含量8.94%，粗淀粉含量73.31%，赖氨酸含量0.26%。

2002—2003年国家玉米区域试验，产量分别比对照增产5.60%～19.01%。在2004年生产试验中，产量比对照增产6.48%。良星4号是一个高产稳产的玉米新品种，且具有耐旱、耐盐碱、高抗倒伏的优点。

适宜在京、津、唐等生态适应区一般条件下种植。大田种植密度以3 500～4 000株/亩为宜。

（六）青贮玉米品种

1. 山农饲玉7号　山东农业大学选育，2006年山东省审定。

株型平展，全株叶片数21～23片，青贮时全株绿叶片数13片，幼苗叶鞘紫色，花丝绿色，花药黄色。试点调查：青贮采收期87天，株高333厘米，穗位197厘米，单株分蘖数2.17个，倒伏率1.83%、倒折率0.33%。2004年试点田间自然发病调查结果最大值为：大斑病1级、小斑病3级，弯胞叶斑病1级，青枯病、粗缩病、黑粉病发病率均为0。全株粗蛋白含量6.40%，中性洗涤纤维含量42.37%，酸性洗涤纤维含量15.96%，粗蛋白含量2.12%，淀粉含量32.17%。

2004年山东省青饲玉米区域试验中，平均亩产鲜物质5 042.7千克，亩产干物质1 266.2千克，分别比对照农大108增产20.89%、21.54%；2005年生产试验平均亩产鲜物质5 685.9千克，亩产干物质1 847.6千克，分别比对照农大108增产33.6%、35.9%。

适宜密度为3 500～4 000株/亩。可麦田套中或夏直播。施足底肥，保证钾肥的施用，封垄前中耕培土，以提高植株的抗倒伏能力；大喇叭口期亩追施尿素 20 千克，干旱时注意灌溉。在籽粒含水量在 60%～65%，乳线下降至籽粒 1/4～1/2 时收获青贮或直接青饲，其他管理同普通玉米。

2. 豫青贮 23　河南省大京九种业有限公司选育，2007 年内蒙古自治区认定，2008 年国家审定。母本 9383，来源于丹 340×U8112；父本 115，来源于 78599。

东北华北地区出苗至青贮收获期 117 天。幼苗叶鞘紫色，叶片浓绿色，叶缘紫色，花药黄色，颖壳紫色。株型半紧凑，株高 330 厘米，成株叶片数 18～19 片。高抗矮花叶病，中抗大斑病和纹枯病，感丝黑穗病，高感小斑病。中性洗涤纤维含量 46.72%～48.08%，酸性洗涤纤维含量 19.63%～22.37%，粗蛋白含量 9.30%。

2006—2007 年青贮玉米品种区域试验，在东华北区两年平均生物产量（干重）1 410千克/亩，比对照平均增产 9.4%。

适宜在北京、天津武清、河北北部（张家口除外）、辽宁东部、吉林中南部和黑龙江第一积温带春播区作专用青贮玉米品种种植。注意防治丝黑穗病和防止倒伏。中等肥力以上地块栽培，适宜密度每亩4 500株左右。

3. 雅玉青贮 8 号　四川雅玉科技开发有限公司选育，2005 年国家审定，2000 年四川省审定。品种来源：母本为 YA3237，来源为豫 32×S37；父本为交 51，来源为贵州省农业管理干部学院。

在南方地区出苗至青贮收获 88 天左右。幼苗叶鞘紫色，叶片绿色，花药浅紫色，颖壳浅紫色。株型平展，株高 300 厘米，穗位高 135 厘米，成株叶片数 20～21 片。花丝绿色，果穗筒形，穗轴白色，籽粒黄色，硬粒型。经中国农业科学院作物科学研究所接种鉴定，高抗矮花叶病，抗大斑病、小斑病和丝黑穗病，中抗纹枯病。经北京农学院测定，全株中性洗涤纤维含量 45.07%，酸性洗涤纤维含量 22.54%，粗蛋白含量 8.79%。

产量表现：2002—2003 年参加青贮玉米品种区域试验，31 点次增产，5 点次减产，2002 年亩生物产量（鲜重）4 619.21千克，比对照农大 108 增产 18.47%；2003 年亩生物产量（干重）1 346.55千克，比对照农大 108 增产 8.96%。

适宜在北京、天津、山西北部、吉林、上海、福建中北部、广东中部春播区和山东泰安、安徽、陕西关中、江苏北部夏播区作青贮玉米品种种植。每亩适宜密度 4 000 株，注意适时收获。

第四章 质量上乘的种子

“母壮儿肥自古传，好种苗壮能高产”，选对了品种，还需要进一步关注品种的种子质量。产地、生产季节及制种水平的不同，会造成种子的纯度、净度、整齐度、发芽率出现差异，进而会影响到苗全、苗齐、苗壮。多了解些玉米种子生产、加工、贮藏及质量鉴定的知识，才能练就一双慧眼，不愁选不到质量上乘的种子。

第一节 种子生产技术

玉米种子一般是由两个亲本杂交制成的，根据两个亲本在制种中的作用通俗称为父本和母本。无论父本、母本，在育种上都统称自交系，这是因为它们在选育过程中都是通过连续自交选育而成的。一个玉米新品种选育成功后，必然同时拥有父本和母本这两个自交系。种子公司既要生产自交系种子，又要生产杂交种种子。育种家先将自交系交给种子公司，由种子公司负责种子的生产。育种家最初提供的自交系被称为育种家种子，但育种家种子数量很少，远远满足不了生产需求，必须由种子公司首先对育种家种子进行扩繁，即首先繁殖出自交系原种，再由原种进一步扩繁出自交系良种，然后利用扩繁的自交系良种进行大量制种，提供农业生产应用。

那么，玉米自交系是如何进行繁殖的？高质量的玉米种子是如何进行生产的呢？

一、自交系繁殖技术

在实际生产中，自交系原种和良种可以采用相同的繁殖方法，但二者的质量标准要求有较大差别，原种的纯度要求是良种的10倍。国家要求自交系原种和自交系良种分别达到以下标准：自交系原种质量标准：纯度≥99.9%，净度≥99%，芽率≥80%，水分≤13%（GB 4404.1—2008）；自交系良种质量标准：纯度≥99%，净度≥99%，芽率≥80%，水分≤13%（GB 4404.1—2008）。繁殖高质量的自交系种子，可按照以下几个环节进行操作。

（1）选择合适的地块。选择自交系繁殖田首先要求隔离好，隔离有空间隔离、时间隔离和障碍物隔离3种方式。

空间隔离，一般要求繁殖田周边500米内没有其他玉米种植。

时间隔离，要求繁殖田与其他相邻玉米播种时间间隔40天以上，以便错开花期。

障碍物隔离，即繁殖田与其他玉米种植田之间有足够障碍物，障碍物足以阻碍其他玉米花粉通过。

其次，繁殖田块还要做到土壤肥沃、能排能灌、安全可靠，确保自交系繁殖成功并能尽最大倍数扩繁。

（2）播前仔细准备。地块准备：播前应将地块整平，施足底肥，如春季地温低，还需提前进行地膜覆盖提升地温。种子准备：提前做好种子发芽试验，播种前将种子曝晒一天，可显著提高种子出芽整齐度；为防止地下害虫及苗期病虫害，播前可对种子进行包衣或拌种处理。春天播种时，要求土壤耕层5～10厘米地温稳定通过10～12℃（连续5天）就可以播种。准备妥当，即可按照该自交系合适的密度要求进行播种，

（3）严格进行生长期管理。自交系繁殖田生长期管理有别于普通玉米大田生产，管理的措施主要在于严格田间去杂。田间去杂一般分3次进行。第一次去杂一般在苗期结合定苗去除田间杂株，第二次去杂一般在拔节期进行，第三次去杂必须在抽雄前完成。

自交系原种繁殖田间去杂标准：从植株抽出花丝起，田间不允许有杂株散粉，可疑株率不得超过0.01%。

自交系良种繁殖田间去杂标准：全部杂株必须在散粉前拔出，散粉杂株率不得超过0.1%。

做好病虫害防治工作。用立克秀或卫福种衣剂包衣，可防治丝黑穗病和瘤黑粉病；玉米6～7叶时，用好立克5克/亩对水15～20千克叶面喷施，可预防玉米黑粉病的发生。玉米苗期，对制种田四周的田埂、渠道、林带等喷施杀螨剂2～3次，灭杀红蜘蛛螨源；浇头水前，用73%的克螨特、70%螨克乳油等药剂进行防治，可兼防叶蝉等虫害。玉米大喇叭口期，用稻腾30克/亩对水15～20千克喷施玉米顶部进行防治玉米螟。

（4）规范种子的收贮加工。种子灌浆后期，籽粒乳线消失，种子完全成熟，这时种子活力最强，产量最高，是收获的最佳时期。种子收获后对果穗严格去杂，自交系原种杂穗率不得超过0.01%，自交系良种杂穗率不得超过0.1%。种子晾晒时应单独晾晒，防止出现场上混杂，脱粒前严格清理脱粒机，防止机器混杂。种子水分降到13%以下后，即可将种子进行精选、包装、贮藏。包装物内外各加标签，根据生产情况及实验室质量检验结果，标签应写明种子名称、纯度、净度、发芽率、含水量、等级、生产单位、生产时间等。自交系原种使用蓝色标签，自交系良种使用红色标签。

二、杂交种生产技术

目前，农业生产上应用的普通玉米种子绝大多数为杂交种，杂交种为我国粮食增产做出了巨大贡献。现在应用的玉米杂交种都是单交种，由两个自交系杂交而成，这两个自交系就是通常所说的母本和父本，来自按照自交系繁殖技术生产的自交系良种。那么高质量的玉米杂交种是如何生产出来的?

1. 选择合适的制种基地 制种基地一般选择气候适宜，制种产量高、种子成熟度好、收获期降水少的地区。目前，我国玉米制种基地以甘肃、新疆、宁夏为主，这3个省区生产的玉米种子占到我国常年玉米种子总量的80%左右。

2. 选择肥沃的地块 制种地块应土壤肥沃、旱涝保收，地块面积按照种子计划数量和预估产量确定，制种地块尽量成方连片，地力尽可能一致，利于田间管理和质量管理。

3. 要有良好的隔离条件 隔离有空间隔离、时间隔离和障碍物隔离3种方式。空间隔离，一般要求制种田周边300米内没有其他玉米种植；时间隔离，要求制种田与其他相邻玉米播种时间间隔40天以上，以便错开花期；障碍物隔离，即制种田与其他玉米种植田之间有足够障碍物，障碍物足以阻碍其他玉米花粉通过。

4. 播前准备要仔细 主要包括技术准备、地块准备和种子准备。

（1）技术准备。根据已经掌握的父母本特性，制订详细的制种技术方案。包括包衣剂的选择、父母本行比、错期、种植密度等。

（2）地块准备。确保墒情，精细整地，施足底肥，春播地区一般提前进行地膜覆盖，提升地温。

（3）种子准备。做好种子发芽率测试，做到心中有数，对亲本种子进行包衣处理，主要是防治地下害虫和苗期病虫害，利于一播全苗，苗全苗壮，为高产制种打下良好基础。

5. 播种要标准 春播制种时间要根据地温回升情况确定，当土壤耕层5～10厘米地温稳定通过10～12℃（连续5天）后就可以播种。播种时一定要按照已经制定的技术方案进行，调整好播种密度，核实好父母本种子，不要播错行，严禁父母本串行种植。对于父母本分期播种的制种，要将晚播亲本的播种行标记好，以免播种该亲本时播错行。

6. 规范的田间管理

（1）间苗与定苗。可在3叶期间苗，5～6叶期定苗。采用精量播种技术播种的，只进行一次定苗即可。间定苗时，母本去大苗、弱苗，留中间整齐一致苗，父本去大苗、弱苗，留中间苗，适当留部分小苗，利于延长父本散粉期。

（2）去除杂株。玉米制种田去杂可分3次完成。第一次结合定苗去除杂株；第二次在拔节期，可根据玉米在株形、叶形、叶色、生长势等方面的不同，去除田间杂株；第三次在散粉前完成，对可疑株、杂株、特壮株彻底去除，本次去杂可结合第一次母本去雄一并进行。

（3）花期调整。除播种错期外，生长期调整也是调控花期的重要手段。生长期应经常关注父母本长势情况预测花期是否相遇。一般采用双亲拔节后剥叶法比较简单准确。即拔节后，选取双亲的典型植株，剥开叶心，观察未出叶片数，若母本未出叶片数比父本少1～2片，表明花期相遇良好。若母本比父本未出叶片多于此数，表明母本花期偏晚，需促母本生长抑制父本生长，反之，则促父本抑母本。

（4）母本去雄。母本去雄是保证玉米制种质量的关键措施，去雄的要求是及时、彻底、干净。目前玉米制种主要采用人工摸苞去雄的方法，就是在母本雄穗尚未抽出时带1～2片叶去雄。由于玉米田间生长个体间的差异，去雄工作要进行多次。生长整齐的田块，第一遍去雄可去除母本90%的雄穗，第二遍去雄可去除大多数剩余母本的雄穗，第三遍去雄可将剩余母本雄穗及母本弱小植株彻底去除。每次去雄的间隔时间掌握以母本雄穗未抽出为原则。

（5）辅助授粉。辅助授粉可以提高母本结实率，显著提高制种产量，特别是在花期相遇不理想的情况下，采用人工辅助授粉可以大幅度提高制种产量。辅助授粉时期应掌握在母本吐丝盛期进行，授粉时间在上午8：00～11：00时最佳。

（6）割除父本。父本散粉完毕后，及时割除父本，可以利于制种田通风透光，节肥节水，提高制种产量，更重要的是防止在种子收获时父本混杂到母本中，利于保证种子纯度。

7. 适时收获种子 制种田灌浆后期，母本穗子苞叶蓬松变黄，籽粒乳线消失，玉米种子完全成熟，进入种子收获最佳时期。收获后及时烘干或自然晾晒。采用果穗烘干线进行烘干的，可以在进入烘干室前，由专人在传送带边将杂穗检出，烘干温度控制在38～42℃，烘干过程中经常检测种子含水量，达到设定含水量后即可出仓脱粒。采用自然晾晒的，应将收获果穗均匀摊开，果穗晾晒不易过厚，晾晒过程中定期翻晒，检出杂穗，种子水分达到要求即可脱粒、加工。

三、机械化制种技术

目前我国大部分杂交玉米的制种生产主要依靠人工作业，在制种过程需要足够的劳动力投入，进行父母本分期播种、间苗定苗、去杂、去雄、辅助授粉、割除父本、剥皮收获、晾晒等操作，工序繁杂。随着我国城镇化建设推进，大量的农村青壮年劳力进城务工，造成制种基地劳动力不足，许多制种农民年龄偏大、科学文化素质普遍较低，此外，劳动力价格与农资价格逐年上涨，导致制种成本逐年加大，收益降低，削弱了农民的制种积极性，影响制种面积的落实和种子质量的提高，进而影响到种业公司的制种效益。在大面积的制种基地、大中型农场推广全程机械化制种，有利于降低制种成本，提高制种的经济效益。

1. 播前准备 选择自然条件好、技术熟练、信誉度高、管理能力强的村组、农场或合作社进行制种。土地应选择地势平坦、土层深厚、排灌方便、肥力中上的沙壤土或轻壤土。空间隔离不少于300米，隔离区内不能种植其他玉米。

2. 机械整地 包括秋整地和春整地，目的是改善土壤耕层结构，保蓄水分。一般入冬前进行秋翻，深度25厘米，并进行施肥（全部的磷肥与钾肥以及氮肥的35%），一般每亩基施有机肥2～3吨，磷肥（三料磷肥或磷酸二铵）25～30千克，尿素15～20千克。有水源条件的应进行冬灌。开春后适时整地，要求8～10厘米耕层内土壤细碎，不漏耙，不拖堆，不拉沟，达到“墒、平、松、碎、净、齐”标准。

3. 机械播种 父母本用不同颜色的玉米专用种衣剂包衣，可预防烂种和苗期病害。播种前晒种1～2天，可提高种子发芽率。当5厘米地温稳定在8～10℃时即可开始播种。

在西北地区，播种机械一般采用制种玉米通用覆膜播种机或气吸式播种机加装覆膜装置。

父母本采用1∶6或1∶7行比，行距60厘米，株距15～18厘米，每穴1～2粒，播种量3.5～4.0千克/亩，播种深度4～5厘米，种肥深度8～10厘米，父本分2次播种，间隔3～5天，第一次播60%，第二次播40%。播种要严把质量关，播行平直，行距一致，下籽均匀，不重不漏，覆土镇压良好，确保父母本保苗株数达到规定要求，一播全苗，苗齐苗壮，为下一步田间管理打下基础。

4. 田间管理　间苗定苗，玉米5～7叶时开始定苗。母本去大、小苗，留中间苗；父本则少留大、小苗，多留中间苗，可延长授粉时间。

中耕除草，玉米出苗现行后应立即中耕，苗期一般中耕2～3次，耕深16～18厘米。前两次以松土、保墒、除草为主，第三次以追肥、开沟、培土为主。追肥时每亩施磷酸二铵20千克，尿素10～20千克，以促进玉米植株迅速生长、发育良好；玉米拔节期追施尿素30～40千克。

化控，对于一些株高较高的玉米品种，应在头水前进行化学调控，每亩用健壮素15～20毫升，对水15～20千克喷施，可降低植株高度，预防倒伏，利于机械去雄。

5. 机械去雄　去雄前人工去除田间杂株及小苗、弱苗等，使田间玉米长势一致。准确掌握母本抽雄开始时间和父本散粉时间，以确定机械去雄时间。去雄时田间没有积水，玉米株高一致。

母本穗上叶片较多的品种更适合去雄机械去雄，去雄时摸苞带叶，一般带1～3片叶去雄。

去雄机通常为美国约翰迪尔公司生产的8行去雄机，对父本行采用挡板挡住，避免父本行作业。在母本雄穗开始露出苞叶时对母本进行去雄，机械去雄时首先采用切片式去雄机切1遍，待2～3天后，玉米雄穗长出5～10厘米，再用橡胶轮式去雄机抽1遍，去雄率应达到90%。机械去雄后两天，组织人工对母本行进行复查，确保去雄彻底、干净。

6. 人工辅助授粉　对父本花粉量少的品种，一般采用人工拉绳或机辅吹风授粉，可有效提高结实率。

7. 砍除父本　母本花丝90%萎蔫时要及时砍除父本，以防止收获时品种混杂，同时，可改善田间通风状况，提高母本产量。

8. 机械收获　在玉米蜡熟末期，苞叶变黄发白，籽粒变硬、黑粉层形成后开始机械收获。一般采用背负式玉米果穗收获机，收获时果穗籽粒含水量为22%～28%，收获的果穗可直接运至烘干车间或晒场，烘干或晾晒至果穗籽粒水分16%～18%以下时开始机械脱粒，籽粒烘干至水分12%～13%以下时进行种子清选、分级和包装等。

第二节　种子纯度鉴定

一、为什么要进行种子纯度的鉴定

随着农业生产技术的发展与进步，我国玉米育种技术和种子生产经营开始向商业化转移，越来越多的玉米杂交种子为玉米高产稳产和优良品质做出了贡献。由于玉米种子生产经济利润较高，一些不法经营者以假冒真，用未审定的品种充当审定品种，甚至更换杂交种亲本，极大地损害了农户和品种权单位的利益。与此同时，种子纯度不高会降低生物产量，进而影响玉米的最终产量。因此，种子纯度鉴定对玉米生产具有重要作用。

类似于人的手指指纹，玉米品种也迫切需要建立自己的标准"指纹图谱"，以赋予每个品种特有的标识。对于每个主推玉米品种，指纹图谱不仅可以有效防止套牌他人品种、销售假冒伪劣品种等不法行为，而且可以对某品种种子的纯度进行鉴定。指纹图谱既可以保护玉米育种者的权益，又可以保护广大农民的利益，为玉米杂产种的选育、销售及生产保驾护航。

二、玉米种子纯度鉴定技术

根据试验技术的发展，总体来说纯度检验方法经历了大田形态鉴定法、生化标记鉴定法、DNA分子标记鉴定法。

（一）大田形态鉴定法

大田形态鉴定法以种子幼苗或植株的根、茎、叶、雌花或雄花等不同组织的颜色形态等表观特征作为鉴定识别的依据。这种鉴定方法在生化鉴定技术及DNA分子标记技术出现之前在生产实践中广泛应用。其缺点是需要对每批次种子抽样，占用地块，生长周期长，成本高，还受到生长季节限制；更重要的是这些表观特征不稳定，易受栽培措施及环境的影响从而造成鉴定错误或误差。此外，不同鉴定者对同一性状的评价也存在主观差异。因此，大田鉴定法的结果并不完全可靠，难免产生误差。

另外，随着玉米育种的全球化及种质资源共享，大量涌现的玉米新品种的表型越来越相近，进一步增加了形态鉴定的难度。甚至部分品种本身就缺乏差异明显的形态特征，很难在表型上对品种进行鉴定，因此常规形态鉴定方法只能作为种子真伪和纯度鉴定的一种辅助手段，需与其他鉴定技术结合使用以提高鉴定结果的可靠性。

（二）生化鉴定技术

生化鉴定技术是基于种子同工酶电泳技术和贮藏蛋白如醇溶蛋白、清蛋白、球蛋白、谷蛋白和胶蛋白组成等的鉴定方法，通常是从玉米的胚芽、鞘、根、叶等组织中提取同工酶，然后进行电泳分析。首先要将种子发芽提取同工酶。然而，即使同一批种子，也会因不同籽粒个体之间的生活力存在差异而导致不同种子的同工酶很难实现同一时期表达。在不同发育时期，酶的表达明显不同，最终产生不准确的鉴定结果。此外，从同工酶提取到电泳整个过程，都需在低温下操作以防止酶活性的丧失，因此操作复杂而繁琐，难以满足种子交易过程中对种子快速鉴定的要求。

就遗传本质而言，种子贮藏蛋白和同工酶均源于基因的表达，但是其遗传方式并非完全表现为共显性遗传，因此一些玉米杂交种难以用这种方法与其亲本区分开。需要指出的是，尽管同工酶电泳法作为品种纯度鉴定方法有不尽如人意之处，但它在玉米的生物化学遗传学及进化等研究中仍然是十分有效的手段之一。

（三）DNA 分子标记技术

随着基于分子遗传学基础的 DNA 标记技术日趋完善，使利用基因差异，在分子水平上鉴定种子真伪和纯度成为可能。DNA 分子标记鉴定方法直接以种子的 DNA 片段作为检测对象，能够检测微小的差异，因此具有较高的准确性和稳定性；同时其重复性较好，是十分有效准确、可靠、快速的种子纯度鉴定方法。

DNA 分子标记技术作为鉴定技术的优点有：

（1）直接以 DNA 的形式表现，不受组织类别、发育阶段等因素制约。

（2）每一位点总存在多态性，遗传稳定，既能探索品种间染色体组孟德尔遗传因子方面的差异，又能揭示母体细胞质方面的非孟德尔遗传因子的影响。

（3）由于探针数目与内切酶种类组合方式在理论上不可计数，因而其潜在的鉴别能力不可估量。

（4）DNA 分子标记不受任何环境因素的影响。

（5）提取的样品 DNA 在适宜条件下可长期保存，这对于进行追溯性或仲裁性鉴定非常有利。

在种子纯度鉴定中，对于不同分子标记技术的选用，主要取决于应用目的和研究对象，原则是使品种鉴定与纯度检测应既简单又可靠。目前主要利用的 DNA 分子标记主要包括：限制性片段长度多态性（RFLP，restriction fragment length polymorphism）、随机扩增多态性 DNA（RAPD，random amplified polymorphic DNA）、扩增酶切长度多态性（AFLP，amplified fragment length polymorphism）、序列特异扩增区域（SCAR，sequence characterized amplified region）和 SSR（simple sequence repeats）等。其中 SSR 分子标记技术以其高效性和可靠性正越来越受到人们的重视。

三、DNA 分子标记技术在玉米种子纯度鉴定中的应用

（一）RFLP

限制性片段长度多态性（RFLP）的基本原理是利用放射性同位素标记探针与限制性内切酶消化的总基因组 DNA 进行 Southern 杂交。由于不同品种的 DNA 产生的限制性酶切片断的数目和大小不同，故通过杂交分析便能区分不同品种种子。该标记具有多态性稳定、重复性好等优点，可用于鉴定不同的玉米品种，是进行品种纯度检验的可靠方法，但也存在操作繁琐、DNA 用量大、技术复

杂、费时费力，检测中需要放射性同位素对实验人员身体有害等问题。因而 RFLP 标记在玉米纯度鉴定中并没有得到大范围的推广普及。

（二）RAPD

随机扩增多态性（RAPD）是以不同的基因组 DNA 为模板，以单一的随机寡聚核苷酸（通常 10 个碱基）作引物通过 PCR 反应产生不连续的 DNA 产物，扩增产物的数量、大小也不同因而表现出多态性，从而实现种子鉴定。但 RAPD 技术是显性遗传，且稳定性较差、重复性差，且对模板浓度、Mg^{2+} 浓度等反应条件比较敏感，存在共迁移问题，凝胶电泳只能分开不同长度 DNA 片段，而不能分开那些分子量相同但碱基序列组成不同的 DNA 片段。因此在玉米纯度鉴定中该技术只能作为一种辅助技术，最好与其他鉴定技术结合应用。

（三）AFLP

扩增片段长度多态性（AFLP）是将基因组 DNA 用成对的限制性内切酶双酶切后，扩增得到大量 DNA 片段，并通过电泳分析，产生扩增片段不同的多态性带型，它是 PCR 与 RFLP 相结合的一种检测 DNA 多态性的技术，既有 RAPD 的灵敏性，同时也具备 RFLP 的可靠性，使用少量高效的引物组合即可获得覆盖整个基因组的分子标记。目前国内外已将 AFLP 技术广泛用于玉米品种鉴定。但 AFLP 技术对模板 DNA 的纯度和内切酶的质量要求很高，且操作程序耗时，仪器设备昂贵，重复性较差。因此 AFLP 技术不太适宜种子纯度鉴定，难以在玉米品种纯度鉴定中普及使用。

（四）SSR

SSR 又称微卫星序列重复，是由 1～5 个核苷酸为重复单位组成的长达几十个核苷酸的 DNA 片段。其原理是：首先根据微卫星区域特定序列设计成对引物，然后进行 PCR 扩增，由于不同个体间的核心序列串联重复数目明显不同，因而用 PCR 方法扩增出长度不同的 PCR 产物，通过电泳检测，则可将不同个体间的 SSR 位点多态性显示出来。

用SSR引物对检测样本的基因组DNA进行PCR扩增，能够获得多位点高分辨率的DNA指纹图谱，以此作为依据可进行种子纯度鉴定和真实性分析，SSR技术既有RFLP技术的稳定性和共显性的优点，又比RAPD标记成本低、技术简单，是目前玉米种子纯度鉴定中较适宜的技术之一。

四、如何利用分子技术对单交种种子纯度进行鉴定

对玉米单交种种子纯度进行鉴定有两个目的：一是鉴定出自交苗，这是最主要的目的，仅需要1对双亲互补型引物就可以；二是鉴定出异型株，这需要用特异引物或引物组合，使得出现相同指纹的品种的概率足够低，从而能有效区分出异型株。

因此，方案如下：

第一步：纯度鉴定引物的筛选确定。如待测样品为已知单交种，首先从已知品种库中挑选在该品种上具有杂合带型的所有引物位点作为纯度鉴定候选引物。选用若干候选引物对待测样品的小样本进行初检，判断其纯度问题是由于自交苗、回交苗、其他类型杂株造成的还是由于遗传不稳定造成的；同时确定适合待测样品纯度鉴定的引物名单。如果该单交种没有在已知品种DNA指纹库中，则利用至少10对核心引物进行筛选和评估，确定该纯度问题是以自交苗、回交苗、其他类型杂株造成的还是由于遗传不稳定造成的，并挑选合适待测样品纯度鉴定的引物名单。

鉴定引物根据具体情况选用：如果是自交苗造成的混杂，选用1对引物；如果是回交苗造成的混杂，选用能够综合判定出回交苗的2～4对引物；如果是其他品种混杂，选用能够鉴定出异品种的引物1～2对；如果是遗传不稳定造成的混杂，选用一致性表现良好的引物1～2对。

第二步：具体样品鉴定。从待测样品中随机抽取至少100个个体（一般为种子），用纯度鉴定引物进行鉴定。

第三步：根据引物对每个个体的检测结果，统计并计算待测样品的纯度。如果提供了父母本的话，原始记录中需要将自交苗进一

步区分为母本苗和父本苗；如果没有提供父母本的话，原始记录中只需记录自交苗和异型株。

第三节　种子的加工与贮藏

高质量的种子是玉米高产的基础。玉米果穗收获后，需要经过脱粒、干燥、精选、分级、包衣、包装等处理过程，才能够达到国家对商品种子规定的指标的要求，才可以在市场上进行销售，这一过程称为种子的加工。通过种子加工，使种子具有较强的商品性，可使玉米种子外形尺寸大小基本均匀一致，健壮饱满，才能使出苗整齐健壮，因此种子加工是提高玉米种子质量的重要措施，是玉米种子商品化的关键环节。通过加工可以提高玉米良种的科技含量和商品价值，并为实现机械化精量播种奠定基础，达到保苗、壮苗、增产、增收的目的。

一、玉米种子的加工

（一）玉米种子的烘干

刚刚收获的玉米果穗籽粒含水量在22%～30%，呼吸作用会释放出热量和水分，会导致堆积的种子发热霉变，如遇低温，也会使种子受冻害而影响种子的发芽率和种子活力。需要进行晾晒或者烘干，才能将种子的水分降至安全含水量之下，以保证种子的质量，提高种子的贮藏性能。由于采用人工自然晾晒容易受到天气的制约，影响种子的品质与生活力，目前已经逐步淘汰。现在，玉米制种过程中一般使用专用的玉米果穗烘干设备，采用热空气交换，强制干燥，降低玉米种子的水分，不仅可以实现机械化、自动化，而且操作简单省力，生产效率高，种子质量控制精确。

国内玉米种子加工普遍采用一次干燥工艺，将果穗分别卸到各个烘干室内进行低温干燥，经过72小时左右干燥作业，使果穗均匀受热，籽粒中水分含水量降至12%～13%的安全水分。烘干的热源通常采用燃油、天然气或者煤炭，国内建成的几个大型玉米果穗烘干系统，热源采用脱粒后的玉米芯为燃料的流化床锅炉代替传统燃煤锅炉，可节约能源，降低烘干成本。

烘干时供热装置需要连续均匀稳定供热，烘干仓进风口温度≤43℃，烘干后籽粒水分不均匀度≤1%。

（二）玉米种子的精选分级

玉米种子精选加工是提高种子质量的重要措施。目的是除去收获后种子中未成熟的、破碎的、遭受病虫害的种子、杂草种子及异物杂质。

首先使用风筛选清选机，利用风选和筛选从种子中提出大、小杂质和轻杂质，使种子在宽度和厚度上达到基本一致。

风选后，还需要使用重力清选机进一步精选，利用振动的台面，使外形上基本一致的种子中那些不饱满、发霉、虫蛀和损伤的籽粒剔除。

种子清选后检测种子质量指标要优于国家相关质量标准要求。

（三）玉米种子包衣

经过清选的种子，还要在种子外面包裹一层含有杀菌杀虫药剂、肥料和促生长物质的外膜，称为“种衣剂”，以防治玉米苗期病虫害，抗旱防寒，促进一播全苗，促进生长发育，培育壮苗，保障“苗齐、苗壮”，是提高产量的重要措施。

对玉米种子进行包衣时，要根据种衣剂的使用说明，严格控制种药的配比，确保种衣剂在种子表面分布均匀，不脱落，发挥灭虫杀菌的作用。

（四）种子的包装

利用计量秤和包装机，根据生产经营和品种种植的实际需要，对精选包衣后的种子，按照不同的重量规格或者粒数规格进行分装和包装，以提高种子的商品性。目前，优质玉米种子单粒精播可以按6 000粒/袋进行包装，大约为一亩的播种量。

二、玉米种子的贮藏

玉米种子贮藏不当，会造成玉米种子发芽率降低，或者遭受虫害鼠害、冻害霉烂变质，给制种企业和用种农民造成损失。

水分是影响玉米种子贮存安全的关键因素，因此玉米种子的贮藏关键是要保持通风，降低水分，防止高温和低温危害种子质量。因为种子水分含量较高或者外界环境湿度较高时，一些大粒大胚的种子呼吸作用会增强，容易发热，产生游离脂肪酸，使种子酸度增高，产生“酸败”，影响种子的生活力，同时容易霉变，使种子变质，如果种子含水量过高，种子胚芽萌动，遭遇高温或者低温，容易影响种子质量。试验表明，玉米种子含水量在12%以下，可贮藏1～2年，种子发芽率可保持在97%以上。

通风是降低玉米种子水分的有效措施。通风分为两种：一种是自然通风，根据仓内外温湿度，合理启闭门窗，利用空气对流，降低仓内湿度。通风前，测定仓内外的温差和相对湿度，当仓外温湿度均低于仓内时，可通风。另外一种是机械通风，通过风机将外界干冷空气吹入或者将仓内湿热空气吸出，以降低仓内温度湿度。

由于玉米种子易吸湿返潮，因此，玉米种子仓库要做好隔湿防潮措施，种子堆垛不宜过大过厚，间隙不宜太小，堆垛与库墙要留有空隙，以利于气体交换。阴雨天后适时通风。

玉米种子入库后，要做好仓储库的管理，排除安全隐患，定期检测种子水分、温度、发芽率等指标，发现问题及时移动、倒仓、通气、翻晒、灭虫等。及时处理劣质或已超过有效贮藏期限的种子以提高玉米种子贮藏期间的稳定性。

1. 防虫防鼠 玉米仓储害虫主要包括麦蛾、米象、大谷盗、小谷盗、麦蛾及粉斑螟等，对玉米种子的危害极大，如防治不及时，会严重咬食玉米种胚，导致种子发芽率下降，严重影响种子质量。在种子入库前用磷化铝熏蒸，用量为1.5克/米^2，熏后密封36～72小时，然后通风散毒，也可起预防虫害的作用。同时要注意对含水量超过14%的种子，熏蒸时间不能过长。

多数仓虫喜欢在温暖、潮湿的地方生长繁殖，因此可以通过降低仓内温湿度来控制仓虫的发生。多数仓虫有喜欢在顶部表层活动的习性，根据这一特点，可在种子表层设点检查。当种子感染仓虫后，应根据仓虫的种类和危害程度用熏蒸法治虫，也可以用毒饵诱杀，即把炒熟的麦麸喷上5%的敌敌畏或10%的敌百虫后晒干，放在仓虫经常活动的种子表层及四周，可有效地杀死害虫。另外，可在老鼠经常活动的地方放上鼠药防鼠，确保种子不受损害。

2. 温度的检测 定期检查气温、仓温、种温，一般情况下影响种温变化的主要因素是仓温，而影响仓温变化的又是气温。当气温低、种温高时可在清晨开动排风扇，使仓内形成负压，冷空气从通风口进入种子堆，使种子降温，同时还能降低种子含水量。仓内湿度的高低与种子含水量有密切关系，在一定的温度条件下，种子的吸湿与散湿取决于仓内相对湿度的大小。而仓湿又受气湿的影响。所以，根据三温两湿的变化规律，合理地通风或密闭仓库，保持较低的温湿状态，使种子处于低温、干燥环境下可延长种子寿命。

在贮藏期间应及时、全面掌握玉米堆垛的温度变化情况。检测时要做到定期、定时、定层、定点，同一批种子的堆、垛，要分上中下三层测温，且上下两层测温点应距离边缘至少50厘米。堆垛体积大时，应增加测温点。

3. 水分的检测 玉米种子的水分应控制在安全标准之内，不得高于13%。夏季水分增高，会引起种堆发热发霉，以及诱发昆虫、微生物等活动。而在严寒的冬季水分过高，就会发生冻害，严重影响发芽率。因而每月应检查一至两次水分，以便及时做出反应调控。

4. 发芽率的检测 在贮藏期间和播种前要测定种子发芽率，检测种子是否受害。一般情况下，每季测一次，夏冬季及药剂熏蒸前后都应增加一次测定，以保证种子的质量。若发芽率降低，应及时查明原因，采取补救措施。

第五章
苗壮成长的取胜术

“玉米要高产，七分种，三分管”，科学合理的栽培技术是保证玉米高产稳产的重要因素，其对产量的贡献率可达50%。玉米的生长发育有其独特的规律，需要适宜的土壤、水分、养分、光、温等环境条件。精心做好播前准备和种子处理，结合高产栽培技术，才能保证玉米苗壮成长。

第一节　玉米生长发育揭秘

一、玉米的成长历程

玉米从播下一粒种子到成熟收获要经历发芽、出苗、拔节、抽穗开花、成熟等一系列阶段性变化，这一整个过程就构成了玉米的一生。

（一）生育时期

玉米一生中，由于自身量变和质变的结果及环境变化的影响，不论外部形态特征还是内部生理特性，均发生不同的阶段性变化，这些阶段性变化，称为生育时期。玉米生育期的长短与品种、播期和温度等因素有关。各生育时期及鉴别标准如下：

玉米从播种到成熟所经历的天数称为全生育期；

从出苗到成熟的天数称为生育期；

从出苗到鲜果穗采收所经历的天数称为有效生育期。

播种期：播种的日期。

出苗期：幼苗出土高约2厘米的日期。

三叶期：植株第三片叶露出叶心3厘米。

拔节期：植株雄穗伸长，茎节总长度达2～3厘米。

小喇叭口期：雌穗进入伸长期，雄穗进入小花分化期。

大喇叭口期：雄穗主轴中上部小穗长度达0.8厘米左右，棒三叶甩开呈喇叭口状。

抽雄期：植株雄穗尖端露出顶叶3～5厘米。

开花期：植株雄穗开始散粉。

抽丝期：植株雌穗的花丝从苞叶中伸出2厘米左右。

籽粒形成期：植株果穗中部籽粒体积基本建成，胚乳呈清浆状，亦称灌浆期。

乳熟期：植株果穗中部籽粒干重迅速增加并基本建成，胚乳呈乳状后至糊状。

蜡熟期：植株果穗中部籽粒干重接近最大值，胚乳呈蜡状，用指甲可以划破。

完熟期：植株籽粒干硬，籽粒基部出现黑色层，乳线消失，并呈现出品种固有的颜色和光泽。

生产上，通常以全田60%的植株达到上述标准的日期，为各生育时期的记载标准。另外，还常用小、大喇叭口期作为生育进程和田间肥水管理的标志。小喇叭口期是指玉米植株有12～13片可见叶，9～10片展开叶，心叶形似小喇叭口。大喇叭口期是指玉米植株叶片大部可见，但未全展，心叶丛生，上平中空，形似大喇叭口。

（二）玉米器官的结构与功能

玉米的器官主要包括根、茎、叶、穗（雌穗和雄穗）、粒五部分，各个器官的形态特征、生育特征及其相互之间的关系，有其自身的特点及一定的规律，各器官的着生部位也是有一定的关系，了解这些，对于玉米种植十分重要。

1. 根系 玉米根属须根系，由初生根、次生根和气生根组成。初生根垂直向下生长，主要吸收水分、养分供给幼苗生长需要。次生根是随茎节的形成，自下而上一层一层地生于地下密集茎节上，依品种不同，可形成7～9层，数量多达百余条，是决定玉米产量的主要根系。气生根是玉米地上茎近地面茎节上轮生的层根，一般

3层左右。它在大喇叭口到开花期形成，发根迅速，先端分泌黏液、入土后产生侧根，能支持植株，增强抗倒能力。玉米气生根不同于其他作物的根，还有合成氨基酸，进一步形成蛋白质的作用。

胚根、节根因生长时间、根量大小、功能强弱的不同，而对其植株的生长发育及生产力的作用也不同。剪根试验证明：层节位愈高，对植株生长和产量的作用愈大。在气生根入土的情况下，各层根的作用大小顺序为地上节根、气生根、地下节根、胚根。同一种根，根位较高，作用也较大。

2. 茎　玉米茎秆由节和节间组成。玉米茎节数目至拔节期已经形成，玉米茎秆分地下节和地上节两部分。地下节密集有4～5节，着生次生根。地上节自拔节由下而上依次伸长，因品种不同约有15～17节，每个节的叶腋处都有腋芽。通常情况下，只有从上向下的第5～8节上的腋芽，因位置居中，中部叶片大，受光条件好，制造有机养分多，可能发育成果穗。茎基部1～7节的腋芽可形成侧枝，称为分蘖；中部腋芽分化到一定阶段，就停止发育，呈萎缩状态，一般不能形成果穗，因其消耗养分，应及早拔除。但是甜质型、爆粒型玉米，分蘖常能发育成果穗。

我们将玉米茎秆解剖一下，最外层称表皮，表皮内是机械组织，包括数层硅质化的厚壁细胞，表皮和机械组织有保护和加固茎秆的作用，并使叶、穗按一定图式分布，以便充分进行光合作用。机械组织内排列着疏松的薄壁细胞，称基本组织，它像仓库一样，有暂时贮存养分的作用。玉米茎的功能很多，除承担着同时向上向下运输大量水分、养分的作用外，还支撑着叶片、穗、花等器官的重量，起到支撑作用。

玉米茎的高矮，因品种、土壤、气候和栽培条件不同而有很大的差别。矮生类型的，株高只有50～80厘米；高大类型的，株高可达300～400厘米。一般来说，矮秆的生育期短，单株产量低；高秆的生育期长，单株产量高。土壤、气候和栽培条件等适宜时，茎秆生长比较高大的，单株产量也比较高。

3. 叶片　玉米的叶着生在茎的节上，呈互生排列。全叶可分叶鞘、叶片、叶舌三部分。叶鞘紧包着节间，其长度在植株的下部比节间长，而上部则比节间短，叶鞘肥厚坚硬。叶片着生于叶鞘顶部的叶环之上，叶片中央纵贯一条主脉，主脉两边平行分布着许多侧脉，叶片边缘常有波状皱纹。玉米多数叶片的下面有茸毛，只有基部第 1～5 片叶是光滑无毛的，这一特征可作为判断玉米叶位的参考。玉米叶舌着生于叶鞘与叶片交接处，为一无色薄膜紧贴秆上，有防止病虫和雨水侵入叶鞘内的作用。由于玉米各叶片的着生位置、形态特征、生长速度、功能期长短不一样，因而不同部位各叶片制造的光合产物的主要流向也不一样。据此常把玉米叶片划分为根叶组、茎叶组、穗叶组和粒叶组。

例如，有 20 片左右叶的中熟品种，其基部 1～6 叶的光合产物主要供给根系，称为根叶组。此组叶片光滑无刺毛，叶小生长慢，功能期短，合成养分供给根系生长。7～11 叶为茎叶组，其光合产物主要供给茎秆，其次是雄穗。12～16 叶为穗叶组，它的光合产物主要供给雌穗和籽粒。17 叶至顶叶为粒叶组，它合成的有机物主要供给子粒。

叶片是表皮、叶肉和维管束构成的，表皮分上、下表皮，上面有许多哑铃形的小孔，称为气孔，它能自动启闭，与外界进行气体交换。叶的上表皮有特殊的大型细胞，称为运动细胞，其内液泡很大，当天气干旱或供水不足时，起调节作用。叶肉位于上下表皮之间，其细胞里有许多叶绿体，内含叶绿素，是制造有机物质的主要器官。叶片中的叶脉，系维管束组织，它是叶内水分、养分输送的管道。叶鞘质地坚韧，紧包节间，有加固茎秆的作用。

4. 雄穗与雌穗 玉米是雌雄同株异花作物，依靠风力传粉，天然杂交率一般在 95%左右，为异花授粉作物。

玉米雄穗又称雄花序，着生于茎秆顶部。雄穗主轴与茎秆相连并向四周分出若干分枝，分枝上有两列成对小穗，每个小穗包括两片护颖和两朵雄花，每一雄花又由内、外稃、浆片和 3 枚雄蕊组成。雄蕊花药长丝顶端，花药产生花粉。雄小穗成熟后，浆片膨大，护颖张开，花丝伸长，花药露出颖外，在微风吹动中徐徐散粉，称为开花，一般雄穗从顶叶伸出3～5天即可开花。开花顺序先主轴、后分枝，主轴及分枝则先开中上部小穗花，而后向上向下开放。一个雄穗从开花到结束，需7～10天，开花后第三天至第五天为盛期。玉米雄花昼夜都有开放，天气晴朗时，以上午开花最多，下午显著减少，阴雨天气，开花时间推迟。

玉米雌穗又称雌花序，受精结实后发育成果穗。果穗着生在穗柄顶端。穗柄是缩短的茎秆，有多个密集的节和节间，每节着生一节由变态叶鞘形成的苞叶，果穗苞叶一般6～10片，其质地坚韧，紧包雌穗，有保护果穗、减轻病虫、风沙侵袭和穗内水分散失的作用。苞叶长度因品种而异，苞叶过短，影响顶部籽粒发育，易形成秃顶和遭受病虫危害。雌穗周围成对着生许多无柄雌小穗，每一小穗有两个短而宽的颖片和两朵小花，其中，一朵退化，失去受精能力，为不孕小花，另一朵发育正常，有受精结实能力，为可孕小花，雌小花包括内、外稃与雌蕊；雌蕊由子房、花柱和柱头组成，花柱细长，柱头二叉状，布满茸毛，能分泌黏液，黏着花粉。果穗上成对排列着小穗花，由于一花退化，一花结实，故果穗粒行为偶数，一般为14～20行，少至8～12行，多者达24行，行粒数是重要的丰产性状，一般中等大小的果穗，结实约为400～500粒，丰产条件下，则可结600～800粒。

雌穗苞叶自叶腋中伸出以后，称为抽穗。花丝露出苞叶后，称为抽丝，亦称雌穗开花。一般雌穗比雄穗的开花期晚3～5天，其间隔天数因品种和肥水管理而不同。当拔节、孕穗期间，肥水管理适宜，雌雄花期的间隔天数较短；土壤干旱，会加长间隔天数，造成花期不遇，授粉受精不良，而引起缺粒秃顶。雌穗不同部位的花丝抽出时间也有先后，一般中下部1/3处抽丝最早，基部次之，顶部抽丝最迟。雌穗花丝一般长20～30厘米，如推迟授粉，花丝可延长至50厘米左右。花丝寿命较长，抽丝后可维持10～13天，在此期间，花丝任何部位都能接受花粉，但以花丝抽齐后2～3天授粉能力最强。此后，花丝生活力则逐渐降低。玉米花粉的生活力在田间温度、湿度适宜的条件下，能保存5～6个小时，8小时以后，生活力显著下降，经过一昼夜，生活力可以完全丧失。因此，进行人工辅助授粉时，要边采粉边授粉。

5. 种子 玉米的种子就是果实，在生产上称之为种子或籽粒。玉米种子由皮层（果皮、种皮）、胚乳和胚组成。皮层占种子总质量的6%～8%，主要起保护作用。胚乳占玉米种子总质量的80%左右，是种子贮藏营养物质的仓库。玉米的胚较大，占种子质量的10%～15%，由胚根、胚轴、胚芽和子叶组成。在胚和胚乳之间有一盾片称子叶，内含丰富的糖分、油分、蛋白质和酶，是玉米油的主要储藏地，有吸收、转送胚乳养分，供种子发芽和幼苗生长的作用。

玉米籽粒属淀粉类种子，碳水化合物占籽粒干物质的73%左右，蛋白质和脂肪分别占9%～11%和4%～5%，水分约占12%，玉米蛋白质含有醇溶蛋白4.21%、麦蛋白3.25%、玉米蛋白1.99%。在种子内呈颗粒状的称为糊粉粒。玉米的脂肪是大约占72.3%的液体脂肪酸和7.1%固体脂肪酸所组成的半干性植物油。另外，种子内还有少量粗纤维及磷、硫、钙、灰分等元素。各种成分在种子里的分布为：淀粉在胚乳中约占98%，胚内约占1.5%，皮层只有0.5%左右；蛋白质在胚乳中占7.5%，胚内占22%，皮层中有3%；脂肪约83.5%贮存在胚中，15%左右在胚乳内，1.5%左右在皮层中，玉米籽粒每100克中蓄热量约1 528焦耳，高于稻谷和高粱。玉米籽粒在谷类作物中最大，千粒重一般在200～350克，最小的约50克，最大的达500克，每升籽粒容重为650～750克，籽粒出产率，即籽粒占果穗重的百分数，一般占75%～85%。

（三）生育阶段

玉米各器官的生长、发育具有稳定的规律性和顺序性。依据其根、茎、叶、穗、粒先后发生的主次关系，以及玉米形态特征和生长发育特点，一般将玉米的一生划分成苗期、穗期和花粒期3个阶段。每个阶段包括一个或几个生育时期。在不同生长发育阶段中，玉米生育特点不同，主攻目标和田间管理的侧重点也不同，如表

5-1所示。

表5-1　玉米生育阶段与主攻方向

<table>
<tr><td></td><td colspan="2">苗期阶段</td><td colspan="2">穗期阶段</td><td colspan="2">花粒期阶段</td></tr>
<tr><td rowspan="2">生育时期</td><td colspan="2">播种至拔节</td><td colspan="2">拔节至开花</td><td colspan="2">开花至完熟</td></tr>
<tr><td>播种至出苗</td><td>出苗至拔节</td><td>拔节至大喇叭口</td><td>大喇叭口至开花</td><td>开花至灌浆</td><td>灌浆至完熟</td></tr>
<tr><td>历时（天）</td><td colspan="2">春玉米30～45
夏玉米20～30</td><td colspan="2">春玉米40～45
夏玉米27～30</td><td colspan="2">春玉米50～65
夏玉米35～55</td></tr>
<tr><td rowspan="2">主要生育特点</td><td>种子的萌发、顶土出苗</td><td>长根、增叶、茎节分化。茎叶生长缓慢，根系发展迅速</td><td colspan="2">茎、节间迅速伸长，叶片快速增大，根系继续扩展，雌、雄穗迅速分化</td><td>开花、授粉受精，胚乳母细胞分裂</td><td>籽粒灌浆充实</td></tr>
<tr><td colspan="2">营养生长</td><td colspan="2">营养生长与生殖生长并进</td><td colspan="2">生殖生长</td></tr>
<tr><td>生长中心</td><td>种子萌发、出苗</td><td>根系生长为中心</td><td>根茎叶生长为中心</td><td>雌穗分化为中心</td><td>籽粒形成</td><td>籽粒充实</td></tr>
<tr><td>产量构成因素</td><td colspan="2">决定单位面积穗数</td><td colspan="2">决定穗粒数</td><td>决定粒数和粒重</td><td>决定粒重</td></tr>
<tr><td>主攻目标</td><td colspan="2">促根壮苗，达到苗早、足、齐、壮</td><td colspan="2">促叶、壮秆，达到穗多、穗大</td><td colspan="2">保叶护根，防止早衰，促粒多和粒重</td></tr>
<tr><td>主要措施</td><td colspan="2">打好基础，选用良种
适期、精细播种，一播全苗
施足种肥
防虫保苗
中耕“蹲苗”</td><td colspan="2">运筹肥水
病虫防治
拔除弱小株
中耕培土
科学化控</td><td colspan="2">保障供水
补追粒肥
排涝防倒
病虫防治
完熟期收获</td></tr>
</table>

1. 苗期阶段　苗期是指从播种到拔节这一段时间，包括种子萌发、出苗及幼苗生长等过程。苗期一般经历25～40天。苗期长短因品种和气候条件不同而有很大差异。迟熟品种比早熟品种苗期长，同一品种，春播比夏播苗期长。苗期以建造根系为主，在此期间，根系生长较快，地上部生长较慢。到拔节期，玉米植株已基本

形成强大的根系。苗期田间管理以培育壮苗，保证全田苗全、苗匀、苗壮为主，为丰产打下基础。

2. 穗期阶段 穗期是指从植株拔节到抽雄这一段时间，包括一部分叶片的生长，节间的伸长、长粗，雌雄稿的分化过程等。穗期一般为 30～35 天。这一时期的生育特点是：在叶片和茎秆旺盛生长的时候，雌雄穗生殖器官也正在分化发育，是营养生长与生殖生长并进阶段，是玉米一生生长发育最旺盛的时期，也是玉米田间管理最关键的阶段。这一阶段生长管理的重点是调节植株生育状况，保证植株健壮生长，争取穗大、粒多。

3. 花粒期阶段 花粒期是指从抽雄到籽粒成熟这一段时间，包括开花、受精、结实和籽粒成熟等过程。一般需经历 40～50 天。该时期的特点是：营养生长基本停止，生殖生长占中心地位。这一时期要争取延长灌浆时间，实现粒多、穗重、高产目标。

二、影响玉米生长发育的环境条件

（一）土壤

土壤是玉米根系生长的场所，为植株生长发育提供水分、空气及矿质营养，与玉米生长及产量形成关系密切。玉米对土壤条件要求并不严格，可以在多种土壤上种植。但要想玉米高产稳产，必须具有良好的土壤基础。玉米对土壤空气状况很敏感，要求土壤空气容量大，通气性好，适宜土壤空气容量一般为 30%；含氧比例较高，土壤最适合含氧量为 10%～15%。土层深厚，结构良好，肥、水、气、热等因素协调的土壤，有利于玉米根系的生长与养分吸收。

改良土壤，根据具体情况，适当采用翻、垫、淤、掺等方法，改造土层，调剂土壤。玉米地深耕以 30～35 厘米为宜，并注意随耕多施肥，耕后适当耙，勤中耕，多浇水，促进土壤熟化，逐步提高土壤肥力。土层厚要逐渐深耕翻，加深土层，增加风化，加厚活土层；对土体中有砂浆、铁盘层的，深翻中拣出砂浆、铁盘，打破犁底层；对土层薄、肥力差的地块，应逐年垫土、增施肥料，逐步加厚、培肥地力。对沙、黏过重的土壤，采取沙掺黏、黏掺沙调节泥沙比例到4泥6沙的壤质状况，达到上粗下细、上沙下壤的土体结构，提高土壤的通透性能。

（二）矿质营养

玉米生育期短，生长发育快，需肥较多，对氮、磷、钾的吸收尤甚。其吸收量是氮大于钾，钾大于磷，且随产量的提高，需肥量亦明显增加；当产量达到一定高度时，出现需钾量大于需氮量。如对亩产300～350千克的玉米进行分析，得到吸收氮、磷、钾的比例为2.5∶1∶1.5；亩产750千克时则为3∶1∶4。当然，其他元素严重不足时，也能影响产量，特别是对高产栽培更为明显。

总体来讲，玉米不同生育时期对氮、磷、钾三要素的吸收也不同。苗期生长量小，吸收量也少；进入穗期随生长量的增加，吸收量也增多加快，到开花达最高峰；开花至灌浆有机养分集中向籽粒输送，吸收量仍较多，以后养分的吸收逐渐减少。种植制度不同，产量水平不同，在供肥量、肥料的分配比例和施肥时间均应有所区别、各有侧重。中、低产田玉米以小喇叭口至抽雄期吸收量最多，开花后需要量很少；高产田玉米则以大喇叭口期至籽粒形成期吸收量最集中，开花至成熟需要量也很大。除此以外，施肥量也应考虑土壤条件。试验证明，玉米生长所需养分，从土壤中摄取的占2/3，从当季肥料中摄取的只占1/3。籽粒中的养分，一部分由营养器官转移而来，一部分是生育后期从土壤和肥料中摄取的养分。以氮素为例，57％由营养器官转移而来，40％左右来自土壤和肥料。因此，施肥既要考虑玉米自身生长发育特点及需肥规律，又要注意气候、土壤，地力及肥料本身的条件，做到合理用肥，经济用肥。玉米施肥应以基肥为主，追肥为辅；有机肥为主，化肥为辅；氮、磷、钾配比，“三肥”底施。应促、控结合，既要搭好身架，又要防止徒长，确保株壮、穗大、粒重、高产不倒。

（三）水分

玉米是需水较多的作物，但它用水比其他作物经济水分利用率高。玉米的水分消耗因土壤、气候、栽培技术等的不同，整个生育期有很大的变动，一般每亩需水量在250米^{3}左右。

玉米需水多受地区、气候、土壤及栽培条件影响。由于春、夏玉米的生育期长短和生育期间的气候变化的不同，春、夏玉米各生育时期耗水量也不同。玉米播种后，需要吸取本身绝对干重48%～50%的水分，才能膨胀发芽。如果土壤墒情不好，即使勉强膨胀发芽，也往往因顶土出苗力弱而造成严重缺苗；便若土壤水分过多，通气性不良，种子容易霉烂，也会造成缺苗，在低温情况下更加严重。因此，播种时，一般要求耕层土壤必须保持在田间持水量的60%～70%，才能保证良好的出苗。玉米苗期的生长中心是根系，为了使根系发育良好，并向纵深发展，必须保持表面土层疏松干燥和下层土比较湿润的状况，如果上层土壤水分过多，根系分布在耕作层之内，反不利于培育壮苗。因此这一阶段应控制土壤水分在田间持水量的60%左右，可以为玉米蹲苗创造良好的条件。玉米穗期气温不断升高，叶面蒸腾强烈。因此，这一时期玉米对水分的要求比较高，约占全生育期总需水量的30%。特别是抽雄前半月，对水分的要求更高，这一时期如果缺水，则易造成小穗、小花数目减少，最终使穗粒数减少。同时还会造成“卡脖旱”，延迟抽雄和授粉，降低结实率，影响产量。玉米抽雄、开花期，对土壤水分十分敏感，如水分不足、气温升高、空气干燥，抽出的雄穗在2～3天内就会“晒花”，甚至有的雄穗，不能抽出；或抽出的时间偏长，影响授粉结实而造成严重的减产或颗粒无收。这一时期，玉米植株的新陈代谢最为旺盛，对水分的要求达到它一生中最高峰，称为玉米需水的“临界期”，因此，这段时期土壤水分以保持田间持水量的80%左右最好。玉米进入灌浆和蜡熟期，需水量约占全生育期总需水量的25%，这阶段是产量形成的主要阶段，需要有充足的水分做溶媒，才能保证把茎、叶中所积累的营养物质顺利地运转到籽粒中去。

（四）温度

玉米原产于中美洲热带高山地区，在长期的进化发育过程中，形成了喜温的特性，整个生育期间都要求较高的温度。

玉米在各个生育时期对温度的要求有所不同。玉米种子一般在6～7℃时可开始发芽，但发芽极为缓慢，容易受到土壤中有害微生物的侵染而霉烂，到10～12℃发芽较为适宜，25～35℃发芽最快。玉米出苗的快慢，在适宜的土壤水分和通气良好的情况下，主要受温度的影响较大。据研究，一般在10～12℃时，播种后18～20天出苗，在15～18℃时，8～10天出苗，在20℃时5～6天就可以出苗。玉米抽雄、开花期要求日平均温度在26～27℃，此时是玉米一生中要求温度较高的时期，在温度高于32～35℃时，空气相对湿度接近30℃的高温干燥气候条件下，花粉常因迅速失水而干枯，同时花丝也容易枯萎，造成受精不完全，产生缺粒现象，此时进行及时灌水和实施人工辅助授粉，可以减轻和克服这种损失。玉米籽粒形成和灌浆期间，仍然要求较高的温度，以促进同化的作用。在籽粒乳熟以后，要求温度逐渐降低，有利于营养向籽粒运转和积累。在籽粒灌浆成熟这段时期，要求日平均温度保持在20～24℃，如温度低于16℃或超过25℃，会影响淀粉酶的活动，使养分的运转和积累不能正常进行，造成结实不饱满。玉米有时还发生“高温迫熟现象”，这是当玉米进入灌浆期后，遭受高温影响，营养物质运转和积累受到阻碍，籽粒迅速失水，未进入完熟期就被迫停止成熟，导致籽粒皱缩不饱满，千粒重降低，严重影响产量。玉米易受秋霜危害，大多数品种遇到3℃的低温，即完全停止生长，影响成熟和产量。如遇到－3℃的低温，果穗未充分成熟，而含水量又高的籽粒会丧失发芽力。这种籽粒贮存时容易变坏，不宜留做种子用。因此，在生长季节短的高寒山区栽培玉米时，应注意这一问题。

（五）光照

玉米是高光效的高产作物，要达到高产，就需较多的光合产物，即要求强度高、光合面积大和光合时间长。玉米属短日照作物，但要求不严格，在长日照情况下仍能开花结实。一般早熟、中熟品种对日照长度反应不敏感，晚熟品种则较敏感。日照时间过长能延长玉米的正常发育和成熟。在高温、短日照下，生育期会显著缩短。

生产实践证明，如果玉米种植密度过大或阴天较多，即使玉米种在土壤肥沃和水分充足的土地上，由于株间荫蔽、阳光不足，体内有机养分缺乏，也会使植株软弱、空秆率增加，严重地降低产量。因此，在玉米生产中，要求适宜的密度，一播全苗、要匀留苗、留匀苗，否则，光照不足、大苗“吃”小苗，容易造成严重减产。解决通风透光使植株获取充足的光照，是保证玉米丰产的必要条件。

第二节　普通玉米种植

一、播种前的准备

（一）整地

1. 春玉米整地　春玉米在前作收获后应立即灭茬，施用基肥，冬前深耕，可使土壤有较长的熟化时间，并有利于积蓄雨雪，可使土肥相融，提高土壤肥力和蓄水保墒能力，比春施基肥更能发挥增产作用。春玉米耕深一般以25～35厘米为宜，具体运用要因地制宜，凡上沙下黏或上黏下沙，耕层以下紧接着有黏土层的，可适当深耕，以便沙黏结合，改造土层；如果土层较薄，下层为砂砾、流沙或卵石层，则不宜深耕；上碱下不碱的，可适当深耕；下碱上不碱的，要适当浅耕，不要把碱土翻上来；土层深厚、地力较高、施基肥较多的地块可耕深一些，反之耕浅些。深耕有一定的后效，不需年年进行。干旱地区冬前深耕后，应及时耙耢，防止跑墒。一般地区可以晾垡，接纳雨雪，经过冬春冻融，可以促进土壤熟化，还可冻死虫蛹，减轻虫害。但冬前耕地必须在早春土壤刚解冻时，及早耙耢，减少蒸发。

春季耕地可结合施用基肥，及早耕翻，宜浅不宜深，耕后立即耙耢，避免土壤失墒。特别是春旱多风地区，应多次耙耢，使土壤上虚下实。播种前再镇压提墒，确保玉米出苗。

2. 夏玉米整地　夏玉米生长期短，抢时抢墒早播是实现高产的关键，往往会来不及整地或整地质量较差，需要在前茬作物播种前实施深耕整地，并且在玉米出苗以后的管理措施中予以补救。但是在玉米播种前根据不同情况采取适宜的整地措施，努力提高整地质量，也可以为田间管理争得主动，为玉米丰产打下良好基础。

在机械化水平较高的地方，夏直播玉米可以增施基肥，全面浅耕、耙耢，或者用圆盘耙深耙整平。在机械化水平稍差的地方，可以采取局部整地的方法，只在玉米播种行内开沟，集中施肥，用松土机对播种行实行深松，耙平后立即播种。玉米出苗后再对行间进行中耕。播种过晚或种植生育期较长的品种时，可以灭茬播种争取时间，出苗后及时中耕松土。麦田套种玉米可以在小麦返青时在套种行内开沟施肥，整平待播。

（二）种子处理

玉米在播种前，可通过晒种、浸种和药剂拌种等方法，增加种子活力，提高种子发芽势和发芽率，减轻病虫危害，以达到出苗早和苗齐、苗壮的目的。

1. 晒种　在播种前选择晴天，摊在干燥向阳的土场上，连续暴晒2～3天，并注意翻动，使种子晒均匀，可提高出苗率。

2. 浸种　在播种前用冷水浸种12小时，或用温水（水温55～57℃）浸种6～10小时。还可用0.15%～0.20%的磷酸二氢钾浸种12小时。用微量元素浸种的，可用锌、铜、锰、硼、钼的化合物，配成水溶液浸种。浸种常用的浓度，硫酸锌为0.1%～0.2%，硫酸铜为0.01%～0.05%，硫酸锰或钼酸铵为0.1%左右，硼酸为0.05%左右。浸种时间为12小时左右。

3. 药剂拌种　为了防止病害，在浸种后晾干，再用种子量0.5%的硫酸铜拌种，可减轻玉米黑粉病的发生；还可用20%的萎锈灵拌种，用药量是种子量的1%，可以防治玉米丝黑穗病。对防治地下害虫可用50%辛硫磷乳油拌种，药、水、种子的配比为1∶（40～50）∶（500～600）；或用40%甲基异柳磷乳油拌种，药、水、种子配比为1∶（30～40）∶400。

4. 种衣剂包衣 种衣剂是由杀虫剂、杀菌剂、微量元素、植物生长调节剂、缓释剂和成膜剂等加工制成的药肥复合型产品，用种衣剂包衣，既能防治病虫，又可促进玉米生长发育，具有提高产量和改进品质的功效。当前生产上应用的20%种衣剂19号是玉米专用种衣剂，可以防治玉米蚜虫、蓟马、地下害虫以及由镰刀菌和腐霉菌引起的茎基腐病，防止玉米微量元素的缺乏，促进生长发育，实现增产增收。包衣用量每1千克种子需有效成分4克，1千克种衣剂可包种子50千克，药量为种子量的2%。种衣剂要直接用于包衣，不能再加水或其他物质。包衣时间不能太晚，最迟在播种前两周包衣备用，以便于种衣膜固化而不至于脱落。人工包衣时要注意安全，避免中毒。

5. 做好发芽试验 种子处理完成以后，要做好发芽试验，一般要求发芽率达到90%以上，如果略低一些，应酌情加大播种量，如果发芽率太低，就应及时更换，以免播种后出苗不齐，缺苗断垄，造成减产。

二、播种技术

（一）播种期的确定

确定玉米的适宜播期，必须考虑温度、墒情和品种特性等因素，除此以外，还应考虑当地地势、土质、栽培制度等条件，使高产品种充分发挥其增产潜力。华北地区在4月中、下旬播种春玉米，黄淮海地区5月下旬至6月份播种夏玉米。不同熟期的玉米品种和不同的玉米生态区，播种期也不相同。

山东省春玉米的播种期地域间相差不大，夏玉米的播种期地域间相差较大。一般由南向北，从4月中上旬开始至5月上中旬均可播种春玉米，一般以10厘米土层温度稳定在10℃以上时播种为宜。鲁南地区中早熟夏玉米品种适宜播种期为6月30日左右，中熟夏玉米品种适宜播种期为6月25日左右，中晚熟夏玉米品种适宜播种期为6月20日左右；鲁中地区中早熟夏玉米品种适宜播种期为6月28日左右，中熟夏玉米品种适宜播种期为6月23日左右，中晚熟夏玉米品种适宜播种期为6月18日左右；鲁北地区中早熟夏玉米品种适宜播种期为6月25日左右，中熟夏玉米品种适宜播种期为6月20日左右，中晚熟夏玉米品种适宜播种期为6月15日左右。

（二）播量和播深

播种量因种子大小、种子生活力、种植密度、种植方法和栽培的目的而不同。凡是种子大、种子生活力低和种植密度大时，播种量应适当增大，反之应适当减少。一般条播每亩3～4千克，点播每亩2～3千克。播种深度要适宜，深浅要一致。一般播种深度以5～6厘米为宜。如果土壤黏重，墒情好时，应适当浅些，可4～5厘米；土壤质地疏松，易于干燥的沙质土壤，应播种深一些，可增加到6～8厘米，但最深不宜超过10厘米。

（三）播种原则

由于玉米子粒产量是由穗数、穗粒数和籽粒重3个因素构成的，这些性状均受种植密度的影响。正如农民群众所说："稀稀朗朗，浪费土壤；合理密植，多打粮食"。种植密度过稀，不能充分利用土地、空间、养分和阳光，虽然单株生长发育好，穗大、籽粒饱满。但由于减少了全田的总穗数，从而造成单位面积产量不高。种植过密，虽然每亩总穗数增加了，但因造成全田荫蔽，通风透光不良，严重抑制了单株的生长发育，造成空秆、倒伏、穗小、粒轻，也降低单位面积产量。在具体安排玉米种植密度时，一定要根据品种特性、施肥水平、土壤肥力、气候特点、播种早迟等因素进行综合考虑。只有种植密度合理，穗数、粒数、粒重协调发展，才能增产。

那么生产中应如何做到合理密植呢？一般来说，①株型紧凑和抗倒品种宜密，株型平展和抗倒性差的品种宜稀；②肥地宜密，瘦地宜稀；③阳坡地和沙壤地宜密，低洼地和重黏地宜稀；④日照时数长、昼夜温差大的地区宜密，反之宜稀；⑤精细管理的宜密，粗放管理的宜稀。

（四）播种环节

1. 春玉米播种　春玉米常常会因为温度以及墒情原因不能实现一次播种苗全苗壮的目的，播种环节一般需要注意以下四点：一是选用优良品种。根据当地自然条件和生产状况，因地制宜选择已通过国家或省级审定、增产潜力大、稳产性好的优良玉米品种。为确保高产稳产，优先选择耐密抗倒、抗病性好、耐旱性较强、熟期适宜的品种。二是加快整地进度，科学配方施肥。为防止春旱影响，要及早整地，在清除前茬作物根茬和地膜的基础上，进行合墒翻耕，耕后及时耙耱，为等雨抢墒播种赢得时间。依据目标产量进行测土配方施肥，结合播前整地，将全部有机肥、磷钾肥和60％氮肥混合均匀作为底肥深翻入地或起垄时施入。三是适墒播种，提高播种质量。根据土壤墒情和降水情况，合理确定覆膜时间和作业方式。采用全膜双垄沟播、膜侧种植和坐水种等旱作播种技术，进行适时适墒播种。四是提倡使用播种机，包括依靠人力和畜力的简易播种机，有条件的地方可推广机械化一条龙坐水播种技术，利用坐水播种机械，进行开沟、坐水、施肥、播种一条龙作业，既减少土壤墒情的损失，又可以提高工效降低成本。

2. 夏玉米播种　夏直播是在小麦收获后播种玉米，播期越早越好，晚播会造成严重减产。要注意选用中早熟品种，并因地制宜采用合理的抢种方法。具体方法主要有两种：一是麦收后先用圆盘耙浅耕灭茬然后播种；二是麦收后不灭茬直接播种，待出苗后再于行间中耕灭茬。直播要注意做到：墒情好，深浅一致，覆土严密，施足基肥和种肥。基肥和种肥氮肥占总施肥量的30％～40％，磷、钾肥一次施足。因为种肥和基肥施用量比较多，所以要严格做到种、肥隔离，以防烧种。

三、田间管理

播种是基础，管理是关键，可见田间管理在玉米生产中的重要性。玉米从种到收，大致经历3个时期，即苗期、穗期、花粒期，每个时期科学合理的田间管理是玉米高产的可靠保障。

（一）苗期管理

1. 生育特点　玉米苗期早熟品种20天左右，中熟品种25天左右，晚熟品种30天左右。

玉米苗期是长根、增叶和茎节分化阶段，是决定叶片和茎节数目的时期。从全株来说生长中心是根系，从地上部来说是叶片，以1～7片叶为生长重点。不同类型玉米苗期生育表现有所不同，夏直播玉米出苗快，长势猛，日生长量大；套种玉米生长较慢，叶片瘦长、色淡，根量小，入土浅；春播玉米一般根量较大，入土较深，叶片宽厚，生长稳健。苗期阶段氮素代谢旺盛，适宜的环境与土壤条件是根系发育良好、地上部生长稳健的保证。

2. 主要管理措施　玉米苗期虽然生长发育缓慢，但处于旺盛生长的前期，其生长发育好坏不仅决定营养器官的数量，而且对后期营养生长、生殖生长、成熟期早晚以及产量高低都有直接影响。因此，对需肥水不多的苗期应适量供给所需养分与水分，应加强苗期田间管理，促根壮苗，通过合理的栽培措施实现苗足、苗齐、苗壮和早发。

（1）查苗补栽。查苗补栽主要针对春玉米而言，春玉米生产上往往缺苗严重，保证不了足够的株数和穗数，严重影响产量。解决的办法是育苗移栽。幼苗移栽的方式有两种，一是带土移栽，二是不带土移栽。移栽时要选壮苗、根系完全的苗，移栽深度要保留原播种深度，栽后应将周围土壤压实，苗子周围略低于地面，利于接纳雨水。阴雨天移苗成活率高，如果栽后遇晴天，应及时浇水。

（2）及时间苗、定苗。及时间苗、定苗是减少弱株率，提高群体整齐度，保证合理密度的重要环节。间苗、定苗时间要因地、因苗、因具体条件确定。生产上一般掌握3片可见叶时间苗，5片可见叶时定苗。干旱条件下应适当早间苗、定苗。病虫害较重时，宜适当推迟间苗、定苗。定苗时应做到去弱苗，留壮苗；去过大苗和弱小苗，留大小一致的苗；去病残苗，留健苗；去杂苗、留纯苗。双株留苗时，要选留两苗相距5～10厘米，长势一致的壮苗。为确保收获密度和提高群体整齐度及补充田间伤苗，定苗时要多留计划密度的5%左右，其后在田间管理中拔除病弱株。

(3) 及时中耕、除草。套种玉米、夏直播玉米、黏土地以及盐碱地玉米为防止土壤干旱板结，根系生长不良，一般需趁墒情适宜时及时中耕松土，破除板结，疏松土壤，促进根系发育，以此达到保墒、保根、保苗的效果。苗期一般中耕2次。

杂草耗肥、耗水、争光，也是玉米苗期某些病害、虫害的中间寄主，对玉米苗期的正常生长发育影响较大，严重时会形成弱苗。防治方法除中耕外，更方便、省力、有效的是采用化学除草，即在播种后出苗前地表喷洒除草剂，也可于苗期进行。化学除草要严格选择除草剂种类，准确控制用量。

(4) 合理施肥。玉米苗期虽然需肥较少，但营养不良，形不成壮苗，就无法实现高产。苗期追肥有促根、壮苗和促叶、壮秆作用，一般在定苗后至拔节期进行。除使用速效氮、磷、钾肥外，也可追施腐熟有机肥。

追肥时间及用量要根据苗情、叶色、基础施肥量等确定。苗株细弱、叶身窄长、叶色发黄、营养不足的三类苗及移栽苗，要及早追施苗肥，并增加追肥量。套种玉米通常幼苗瘦黄，长势弱，麦收后应立即追施提苗肥。三类苗应先追肥后定苗，并视墒情及时灌溉，以充分发挥肥效。夏直播玉米，未施基肥或种肥时，可结合定苗追肥；土壤肥力高，基肥、种肥量充足时，苗期可只追偏肥。低湿地玉米要早追、多追苗肥，促苗早发，并注意追施有机肥。追肥时对弱苗、补栽苗应施适量“偏肥”。春玉米的施肥技术与夏玉米不同，它是在大量施用基肥、种肥的基础上，在苗期给小苗、弱苗施偏肥，每亩施尿素5～8千克，促使小苗、弱苗长成大苗和壮苗。在拔节前后看苗、看地适当轻施一次氮肥，作为攻秆肥。攻秆肥的施用时间比夏玉米要略晚一些，施用量可以根据前期施肥情况灵活掌握。有些地块前期施肥充足，春玉米主产区往往会采取不追攻秆肥，而直接在大喇叭口期追攻穗肥的办法，要注意施肥时间不要太晚，以免出现穗期脱肥现象，影响产量。

苗期追肥一般采用沟施或穴施。施肥深度应根据追肥时的株高确定，防止沟土埋苗。化肥施用深度应大于5厘米，有机肥施用深度10厘米左右。可以在距玉米植株10～15厘米处开沟10厘米左右，将有机肥、化肥等一次施入，覆土盖严，提高肥效。

（5）适当浇水。玉米在苗期耐旱能力较强，一般不需灌溉。但在苗弱、墒情不足时，尤其是套种玉米土壤板结、缺水时，麦收后应立即灌溉。套种期较早，共生期间墒情不足、干旱缺水的，应及时灌溉，确保全苗。夏直播玉米在干旱严重，影响幼苗生长时，也应及时灌溉。但苗期浇水要控制水量，勿大水漫灌。对有旺长倾向的春玉米田，在拔节前后不要浇水，而是通过"蹲苗"或深中耕控制地上茎叶生长，促进地下根系深扎。蹲苗长短，应根据品种生育期长短、土壤墒情、土壤质地、气候状况等灵活掌握。

（6）及时防治病虫害。玉米苗期虫害主要有地老虎、黏虫、蚜虫、蓟马等。防治方法为：播种时使用毒土或种衣剂拌种。出苗后可用2.5%的敌杀死800～1 000倍，于傍晚时喷洒苗行地面，或配成0.05%的毒沙撒于苗行两侧，防治地老虎。用40%乐果乳剂1 000～1 500倍液喷洒苗心防治蚜虫、蓟马、灰飞虱。用20%速灭杀丁乳油或50%辛硫磷1 500～2 000倍防治黏虫。

玉米苗期还容易遭受病毒侵染，是粗缩病、矮花叶病的易发期。及时消灭田间和四周的灰飞虱、蚜虫等，能够减轻病害的发生。

（二）穗期管理

1. 生育特点 玉米穗期，夏玉米大约30天，春玉米中熟品种30～35天，晚熟品种35～40天。

穗期阶段是玉米一生中非常重要的发育阶段，是玉米营养生长和生殖生长并重的生育阶段。在营养生长方面，根、茎、叶增长量最大，株高增加4～5倍，75%以上的根系和85%左右的叶面积均在此期形成。在生殖生长方面有两个重要生育时期，即小喇叭口期和大喇叭口期。小喇叭口期处在雄穗小花分化期和雌穗生长锥伸长期，叶龄指数45%～50%，此期仍以茎叶生长为中心。大喇叭口期处在雄穗四分体时期和雌穗小花分化期，是决定雌穗花数的重要时期，叶龄指数60%～65%。大喇叭口期过后进入孕穗期，雄穗花粉充实，雌穗花丝伸长，以雌穗发育为主，叶龄指数80%左右。到抽雄期叶龄指数接近90%。

穗期是玉米一生中生长最迅速、器官建成最旺盛的阶段，需要的养分、水分也比较多，必须加强肥水管理，特别是要重视大喇叭口期的肥水管理。

2. 主要管理措施

（1）拔除弱株，中耕培土。大田生产中由于种子、地力、肥水、病虫为害及营养条件的不均衡，不可避免的产生小株、弱株。小株、弱株既占据一定空间，影响通风透光，消耗肥水，又不能形成相应的产量。因此，应及早拔除，以提高群体质量。

生产实践证明，适时中耕培土既可破除土壤板结，促进气生根生长，提高根系活力，又可方便排水和灌溉，减轻草害和防止倒伏。穗期一般中耕1～2次。拔节至小喇叭口期应深中耕，以促进根系发育，扩大根系吸收范围。小喇叭口期以后，中耕宜浅，以保根蓄墒。培土高度一般不超过10厘米。培土时间在大喇叭口期，可结合追肥进行。培土过早，则抑制节根产生，影响地上部发育。多雨年份，地下水位高的涝洼地，培土增产效果明显，干旱或无灌溉条件的丘陵、山地及干旱年份均不宜培土，以免增加土壤水分蒸发，加重旱情。

（2）重施攻穗肥。穗期是玉米追肥最重要的时期。穗期追肥既能满足穗分化发育对养分的要求，又促叶壮秆，利于穗大粒多。不论是春玉米、套种玉米还是夏直播玉米，只要适时适量追施攻穗肥，都能获得显著的增产效果。穗期追肥以速效氮肥为主。追肥时间一般以大喇叭口期为好，具体运用要因苗势、地力确定。

攻穗肥的具体运用应根据地力高低，群体大小，植株长势及苗期施肥情况确定。地力差或土壤缺肥，攻穗肥适当提前，并酌情增加追肥量；套种玉米及受涝玉米穗期追肥应提早；高密度大群体的地块则应增加追肥量。高产田穗肥占氮肥总追施量的50%～60%；中产田穗肥占氮肥总追施量的40%～50%；低产田穗肥占30%左右。

目前，春玉米追肥量约占总施肥量的2/3。高产田夏玉米一生一般追肥2次或3次。在地力较高，肥水充足，苗势正常的情况下，3次追肥更容易获高产。氮素化肥作追肥应深施盖严，减少养分损失，提高利用率。氮肥施用过浅和过深均不好，以深施10厘米左右的产量最高。穗期追肥一般距玉米行8～10厘米，条施或穴施，缺墒时应施后随时灌溉，提高肥效。

（3）及时浇水和排灌。春玉米产区穗期正处于干旱少雨季节，浇水不及时常受“卡脖旱”的危害。夏玉米穗期气温较高，植株生长旺盛，蒸腾、蒸发量大，需水多，尤其该阶段的后半期需水量更大。这阶段夏玉米产区降水状况差别较大，不少年份降水偏少，出现干旱。套种和夏直播玉米穗期所处的时间不同，降水量也有差别，由于降水分布不均，个别年份在抽雄前后出现旱情。此时干旱主要影响性器官的发育和开花授粉，使空秆率和秃顶度增加。因此，抽雄前后一旦出现旱情，要及时灌溉。

根据高产玉米水分管理经验，玉米穗期阶段要灌好两次水。第一次在大喇叭口前后，正是追攻穗肥适期，应结合追肥进行灌溉，以利于发挥肥效，促进气生根生长，增强光合效率。灌水日期及灌水量要依据当时土壤水分状况确定。当0～40厘米土壤含水量低于田间持水量的70%时都要及时灌溉。灌水量一般每亩40～60米^3，干旱时应适当增加。第二次在抽雄前后，一般灌水量要大，但也要看天看地，掌握适度。玉米地面灌水通常采用沟灌或隔沟灌溉，既不影响土壤结构，又节约用水。

玉米穗期虽需水量较多，但土壤水分过多，湿度过大时，也会影响根系活力，从而导致大幅度减产。因此，多雨年份，积水地块，特别是低洼地，遇涝应及时排除。排涝方法，山丘地要挖堰下沟，涝洼地应挖条田沟，做到沟渠相通，排水流畅。盐碱地可整修台田，易涝地块应在穗期结合培土挖好地内排水沟。

（4）注意防病虫、防倒伏。玉米穗期主要病虫害有大斑病、小斑病、茎腐病及玉米螟、高粱条螟或粟灰螟等。玉米大小叶斑病发生初期，摘除底部老叶，喷50%多菌灵500～800倍液防治。药剂防治玉米茎腐病可用10%双效灵200倍液，在拔节期及抽雄前后各喷1次，防治效果可达80%以上。玉米螟一般在小喇叭口期和大喇叭口期发生，应按螟虫测报用3%的呋喃丹颗粒剂或2.5%的辛硫磷颗粒剂撒于心叶丛中防治，每株用量1～3克。

玉米穗期喷施植物生长调节剂具有明显的防倒增产效果。山东省农业科学院玉米研究所试验，玉米10叶展开时，叶面喷施2%的达尔丰，可有效防止倒伏，增加穗粒数和千粒重，籽粒产量增加14.7%。生产上可根据各种植物生长调节剂的作用和特点，按照产品使用说明，选择适宜的种类并严格掌握浓度和喷施时间。

（三）花粒期管理

1. 生育特点 玉米花粒期，夏玉米早熟品种30多天，中熟品种40多天，晚熟品种50天左右。春玉米中熟品种60天左右，晚熟品种65～70天。

玉米抽雄期以后所有叶片均已展开，株高已经定型，除了气生根略有增长外，营养生长基本结束，向单纯生殖生长阶段转化，主要是开花授粉受精和籽粒建成，是形成产量的关键时期。授粉以后进入籽粒生产期，叶片高效率地进行光合作用，把合成的碳水化合物运到籽粒中贮存起来，只有10%～20%的籽粒产量来自开花前茎叶和穗轴的贮存物质，80%～90%的籽粒产量是在吐丝到成熟这段时间内完成的。

籽粒形成期自雌花受精到乳熟初期为止，一般经历天数为粒期总天数的1/5左右。此期遇到气候条件异常或水分、养分不足，将会影响籽粒体积的膨大，对继续灌浆不利，早期败育粒将会出现。籽粒形成期过后即进入乳熟期，经历天数约为粒期总天数的3/5。此期通常称之为籽粒灌浆直线期，籽粒干物质迅速积累，积累量占最大干重的80%左右，体积接近最大值，籽粒水分含量80%～60%。此期是决定穗粒数和千粒重的最关键时期。蜡熟期自乳熟末期到完熟期以前，经历天数约为粒期总天数的1/5。此期干物质积累很少，干物质总量和籽粒体积已经达到或接近最大值。籽粒水分含量下降到60%～35%。籽粒内容物由糊状转变为蜡状，故称蜡熟期。蜡熟期后，干物质积累逐步停止，主要是脱水过程，籽粒水分降到35%～30%。胚的基部出现黑色层即达到完熟期。

2. 主要管理措施

（1）补施粒肥。高产实践证明，玉米生长后期叶面积大，光和效率高，叶片功能期长，是实现高产的基本保证。而玉米绿叶活秆成熟的重要保障之一就是花粒期有充足的无机营养。因此，应酌情追施攻粒肥。

花粒肥的施用时期为抽雄至开花期，每亩可追施尿素10～15千克。后期还可采用叶面施肥的方法补充肥料，在玉米灌浆期间用1%～2%的尿素溶液、3%～5%的过磷酸钙浸出液喷洒叶面。攻粒肥一般以速效氮肥为主，追肥量占总追肥量的10%～20%，注意肥水结合。

（2）及时浇水与排涝。花粒期土壤水分状况是影响根系活力、叶片功能和决定粒数、粒重的重要因素之一。土壤水分不足制约根系对养分的吸收，加速叶片衰亡，减少粒数，降低粒重。因此，加强花粒期水分管理，是保根、保叶、促粒重的主要措施。

综合各地高产玉米水分管理的经验，玉米花粒期应灌好两次关键水：第一次在开花至籽粒形成期，是促粒数的关键水；第二次在乳熟期，是增加粒重的关键水。花粒期灌水要做到因墒而异，灵活运用，沙壤土、轻壤土应增加灌水次数；黏土、壤土可适时适量灌水；群体大的应增加灌水次数及灌水量。

籽粒灌浆过程中，如果田间积水，应及时排涝，以防涝害减产。

（3）中耕除草，防治害虫。后期浅中耕，有破除土壤板结层、松土通气、除草保墒的作用，有利于微生物活动和养分分解，既可促进根系吸收，防止早衰，提高粒重，又为小麦播种创造有利条件。有条件的，可在灌浆后期顺行浅锄1次。

花粒期常有玉米螟、黏虫、棉铃虫、蚜虫等为害，特别是近几年蚜虫为害程度有加重趋势，应加强防治。一般用2.5%的敌杀死

1 000倍液喷洒雄穗防治玉米螟，叶面喷洒50%辛硫磷1 500倍液防治黏虫、棉铃虫，40%氧化乐果1 500～2 000倍液防治蚜虫。抽丝期亦可用500～800倍的敌敌畏蘸点花丝防治玉米螟、棉铃虫。

第三节　特用玉米种植

特用玉米是指除普通玉米以外的各种玉米类型，主要包括优质蛋白玉米、高油玉米、糯玉米、甜玉米、爆裂玉米、笋玉米、青饲玉米等。特用玉米在内在基因型和外在表现型方面与普通玉米存在较大差异，同时由于最终收获产物的不同，特用玉米在栽培技术方面有其特殊要求。

一、优质蛋白玉米

（一）品种选择

优质蛋白玉米是指玉米籽粒蛋白质含量在15%以上、籽粒赖氨酸含量在0.4%左右的玉米类型。选用的品种要与当前生产上的主推品种具有相近的产量水平，较好的适应性和较强的抗性，要选用硬质、半硬质胚乳类型品种。如中单9409、中单3710、鲁玉13号等。

（二）隔离种植

优质蛋白玉米的O_2隐性基因在纯合情况下才表现出优质蛋白特性，如接受外来花粉，在籽粒的当代即失去高赖氨酸含量的特性。因此，在生产上种植优质蛋白玉米必须与其他类型玉米隔离。可采取空间、时间和屏障隔离的方式。空间隔离要求相隔300米以上，时间隔离要求播期相差25天以上。

（三）播种和田间管理

目前的优质蛋白玉米多为半硬质胚乳，籽粒结构较松、籽粒较秕，种子顶土能力较差。因此，在播前要精细整地，创造良好的播种条件。播种前要选种和晒种，除去破碎粒、小粒和秕粒，同时可用种衣剂或药剂拌种，防治和减轻病虫害。播深控制在3～5厘米，确保全苗。由于苗期长势弱，注意早追提苗肥，重施壮秆孕穗肥，补施攻粒肥。还要及时中耕除草、防治虫害、及时灌溉和排涝。

（四）收晒及贮存

优质蛋白玉米成熟后，籽粒含水量较普通玉米高，要注意及时收获和晾晒，以防霉烂。待果穗干后脱粒，以免损伤果皮和胚部。当水分降到13%以下时，入干燥仓库贮存。由于优质蛋白玉米多为半硬质胚乳，营养价值高，容易遭受仓库虫、鼠危害，入库前要对仓库进行药剂熏蒸。贮藏期间，要经常检查，做好防治。

二、高油玉米

（一）品种选择

要选用纯度高的一代杂交种，禁止使用混杂退化种和越代种，高油玉米籽粒的含油量要在6%以上，产量水平不低于当前生产上主推的普通玉米品种，具有较好的农艺性状和抗病性。如高油115、高油2号、高油4515等。

（二）适期早播

高油玉米生育期较长，籽粒灌浆脱水慢，若中后期温度偏低，不利于高油玉米正常成熟，导致产量和品质低下，因此适期早播是延长生育期，实现高产的关键措施之一。一般在麦收前7～10天进行麦田套种或麦收后贴茬播种，也可采用地膜覆盖和育苗移栽的方法种植。

（三）合理密植

目前的高油玉米品种植株比较高大，适宜密度比紧凑型普通玉米要低一些。高油玉米适宜密度为3 800～4 500株/亩，为了减少空秆，提高群体整齐度，确保出苗数是适宜密度的2倍，4～5叶期间苗至适宜密度的1.3～1.5倍，拔节期定苗至适宜密度的上限，吐丝期结合辅助授粉去掉小苗和弱苗，消灭空秆，确保群体整齐一致。

（四）科学施肥

合理施肥既能减少成本又能增加粒重和含油量。一般每亩施有机肥1 500千克左右、五氧化二磷 8 千克、氮素 10 千克、氯化钾 8 千克、硫酸锌 1.5 千克，苗期每亩追施氮肥 2.5 千克左右，拔节后 5～7 天重施穗肥，每亩施氮肥 10 千克左右。

（五）及时防治病虫害

用人工投放赤眼蜂或颗粒剂的方法防治玉米螟，达到增产增收的目的。

（六）收获贮藏

不同的用途应在不同的时期收获：以收获籽粒榨油用应在完熟期，乳线消失时收获。以收获玉米作青贮饲料用，可在乳熟期收获。高油玉米不耐贮藏，易生虫变质，水分要降到 13%以下，温度要低于 28℃下贮藏，贮藏期间要多观察、勤管理。

三、糯玉米

（一）品种选择

应根据不同目的来选用适宜的品种。食品工业原料用，要求抗性强，籽粒产量高，籽粒色泽纯正，出粉率高等特点。青穗鲜食用，一般要求熟期早，高抗穗部病害；果穗大小均匀一致，结实性好，籽粒排列整齐；籽粒皮薄，糯性好，风味佳，适口性好。此外，还要结合市场和消费习惯选用品种，如鲁糯 6 号、莱农糯 10、鲁糯 7087、青农 201、郑黄糯 2 号、西星白糯 13 号等。

（二）隔离种植

由于糯玉米受 *wx* 隐性基因控制，外来异质花粉会导致当代所结的种子失去糯性，降低品质。因此，种植糯玉米应与其他玉米隔离。一般空间隔离要求距离 350 米以上，时间隔离花期相差 25 天以上。

（三）分期播种

如用来做青穗鲜食用，可采用地膜早播技术、育苗移栽技术和间套复种技术，并分期多期播种，延长市场供应时间，提高经济效益。

（四）适时采收

食品加工用糯玉米应完熟后收获。而青穗鲜食糯玉米的最适采收期一般在授粉后 25 天左右，不同品种、不同播期、不同地区略有不同。这个时期果穗的食用品质最好，产量最高。

（五）人工辅助授粉

人工辅助授粉可提高鲜穗的产量，保证结实完全。

（六）病虫害防治

应注意及时防治玉米螟及其他病虫害。

四、甜玉米

（一）品种选择

甜玉米有“水果玉米”、“蔬菜玉米”之称，根据基因型和胚乳性质差异可分为普通甜玉米、超甜玉米和加强甜玉米3种类型。要根据不同用途选择不同类型的品种。以青穗鲜食或速冻加工为目的的，应选用超甜玉米或加强甜玉米品种；以制作罐头制品为目的的，应选用普通甜玉米品种。选用的品种应具有产量高，品质好，整齐度高，抗病性好，适应性广的特点。此外，为提高种植甜玉米的经济效益，尽量选用早熟甜玉米品种。如中农大甜 413、鲁甜9-1、金凤甜 5 等。

（二）隔离种植

由于甜玉米的特性是由隐性基因控制的，外来异质花粉会失去甜玉米特性。因此，甜玉米也要隔离种植。一般要求空间隔离在 400 米以上，时间隔离花期相差 30 天以上。

（三）精细播种

甜玉米特别是超甜玉米种子籽粒很秕，发芽率低，苗势弱。为保证一播全苗和达到苗齐、苗匀、苗壮的要求，必须精细播种，提高播种质量。要选用肥力较高的沙性土壤，精细整地，足墒播种，播种深度 3～5 厘米。也可催芽或育苗移栽。

（四）及时去除分蘖

大多甜玉米具有分蘖的特性，分蘖会消耗养分和水分，通风透光条件变得很差，导致主茎生长不良，从而降低其产量和品质。因此，应及时及早去除分蘖。

（五）科学施肥

由于甜玉米生长期短，品质要求高，所以施肥要以有机肥料为主，重施基肥，早追苗肥，补施穗肥，保证高产优质。

（六）防治虫害

甜玉米极易受玉米螟、金龟子等害虫危害，不仅影响产量，还会影响商品质量和价格。因此，要及时防治虫害。由于甜玉米在授粉后20～25天采收，为防食品中残留毒物，防治虫害应以生物防治为主，高效低毒药剂防治为辅。常用的生物防治方法有：白僵菌颗粒剂防治：以每克含孢子50亿～100亿白僵菌粉0.5千克，对煤渣颗粒5千克撒入玉米心叶内；苏云杆菌防治：每亩用菌粉50克加水100千克灌心叶。或每亩用BT乳剂100～200克与3.5～5千克细砂充分拌匀，制成颗粒丢入心叶；除此之外，有条件者可在螟虫产卵期采用放赤眼蜂，每亩2万只，放2～3次。可用黑光灯诱杀金龟子。

（七）适时采收

甜玉米部分以鲜穗供应市场外，主要是加工成罐头。因此，甜玉米的收获期对其品质和商品价格影响很大，一般采收时间是授粉后20～25天，即乳熟期采收嫩穗。若收获过早，罐头风味差，色浅乳质薄，产量也低；若收获晚，淀粉含量高，果皮硬，乳质黏厚，罐头风味也差。

五、爆裂玉米

（一）品种选择

选择生育期适宜、营养丰富口感好的品种，如鲁爆玉1号、津爆1号、沈爆3号、郑爆2号等。

（二）隔离种植

大部分爆裂玉米具有异交不孕的特性，其他类型玉米的花粉对其品质影响相对较小，但并不是所有的爆裂玉米都表现为异交不孕，因此，最好隔离种植，以免串粉，影响品质。山东各地宜在4月15～20日播种，爆裂玉米比普通玉米植株小，单株生产力低，因此，要合理密植，每亩5 000株左右。

（三）地块选择

爆裂玉米一般苗势弱，尤其是盐碱地块不易发苗。易旱、易涝的田块容易引起早衰，使籽粒成熟度不足，造成爆花率和膨胀系数下降。因此，选择土壤肥沃、排灌方便的地块对爆裂玉米的生产至关重要。

（四）田间管理

可见叶3～4片叶开始间苗，5～6叶去除杂株，进行定苗。有缺苗现象不能补苗，防止三类苗出现，否则造成成熟期不一样，严重影响质量，使爆花率和膨爆系数大大降低。科学施肥，去除分蘖。因爆裂玉米苗期较弱，施肥应采用前重、中轻、后补的方法。即在重施基肥，足墒下种，确保一播全苗的基础上，轻追苗肥，培育壮苗，提高抗倒力；补施穗肥，防止早衰。另外，在保证充足供给养分的同时，还要及时除去分蘖，防止其对养分的消耗，提高成穗率。还要及时锄草。

（五）防治病虫害

可以采用在不同的地点，选择强壮的玉米植株多次放养赤眼蜂来防治玉米螟；采用化学药剂防治玉米螟，是在玉米抽雄前2～3天，幼虫1～2龄期，使用Bt乳剂800～1 000倍液喷施在植株的中上部叶片。玉米螟对爆裂玉米危害极为严重，要认真防治玉米螟危害。

（六）适时晚收

爆裂玉米的收获期要适当偏晚，达到生理成熟后5～7天进行收获，即在全株叶片干枯，苞叶干枯松散时收获。此时，籽粒成熟充分，产量高，品质好。脱粒前去掉虫蛀粒、霉粒后整穗晾晒。收获后，晾晒过程中要及时翻动晒匀，以免霉变，晾干后脱粒精选。

六、笋玉米

（一）品种的选择

一般要选多穗型的笋玉米品种，笋形以长筒形，产笋整齐度高，品种的穗柄较长，易采收，笋色以淡黄色为佳，如烟笋玉1

号、甜笋101、鲁笋玉1号、冀特3号笋玉米等。

（二）精细播种

选择土壤肥沃保水保肥好易于排灌有一定隔离措施的地块，精选种子并分级播种，笋玉米的播期要考虑市场的需求和收获期。玉米笋采收加工需要较多的工时和劳力，并且采摘后的玉米笋不能长时间存放，所以笋玉米的生产必须与加工相结合，根据销量与加工厂的需求确定适宜的播期，分期播种。为了便于采收，最好采用大小行的播种方式，大行距80～90厘米，小行距50～60厘米，株距视密度而定。一般笋玉米品种种植密度为每亩4 000～5 000株。有的品种密度可以达到每亩6 000多株。

（三）田间管理

抽雄期要及早去雄，以防玉米笋受精发育成籽粒，从而导致穗轴老化影响品质；笋玉米易产生分蘖，要及时彻底打杈，促进壮苗形成；笋玉米生长周期短，要及早追肥，促进雌穗分化生长。需要不断地从外界吸收多种矿质营养。按需要量可分为大量元素如氮、磷、钾，微量元素如硼、铜、锌、锰等。在8～9叶展开期，每亩追施尿素约25千克，追肥应距植株10～15厘米，深施10厘米以下，以提高肥效；在水分运筹上，苗期土壤田间持水量应控制在60%～70%，8叶展开期至采笋期，田间持水量应控制在75%～85%。过干或过湿都不利于笋玉米的生长。

（四）防治害虫

由于笋玉米对质量要求严格，所以田间管理要严防害虫危害。除了在苗期要注意防治地下害虫外，在穗期还要防治玉米螟，一般在小喇叭口至大喇叭口期，采用低毒易解的农药及时防治。可用乐果粉加沙土撒于玉米心叶防治。

（五）采摘

笋玉米的食用部分为玉米的雌穗轴，采收时主要以花丝长度为标准，一般不宜超过2～3厘米。采摘过早，笋小而白嫩，自由水多，产量低，颜色浅，风味淡，加工时易变成暗灰色；采收过迟，虽然产量较高，但笋支过大、过粗、外形不佳、口感老化，穗轴老化变硬不易食用。应按先上后下、先大后小的原则，每天采收1次。采收时不要折断茎秆和叶片，以免影响下部果穗的正常发育。用刀划开外部苞皮，去净花丝，保持笋体完整，摘下的笋玉米需遮阴防晒，忌暴晒，防失水、干尖、变色。完全采摘后的茎叶可做饲料。

七、青饲玉米

（一）品种选择

青饲玉米指乳熟期收获整株青贮或茎叶青贮的玉米。要选择单位面积青饲产量高的品种：具有植株高大、茎叶繁茂、抗倒伏、抗病虫和不早衰等特点。茎叶的品质可以影响青饲料的质量。青饲玉米品种要求茎秆汁液含糖量为6%，全株粗蛋白质达7%以上，粗纤维素在30%以下。果穗一般含有较高的营养物质，因此，选用好的玉米品种可以有效地提高青饲玉米的质量和产量。青饲玉米品种的选择还要求对牲畜适口性好、消化率高。青饲料中淀粉、可溶性碳水化合物和蛋白质含量高，纤维素和木质素含量低，则适口性好，消化率高。墨西哥的玉米野生近缘种和群体引入中国后，不宜作为青饲玉米种植，在某些有特殊要求的畜牧场可利用其再生能力强的特性，分次割收，满足生产需要。如山农饲玉7号、农大86、豫青贮23、雅玉青贮8号等。

（二）精细播种

山东省可一年播种两次。第一季早春播，盖膜促早发；第二季套种，避开芽涝。手播时3千克/亩，机播时2千克/亩。青饲玉米主要收获上部分绿色体，所以要比普通玉米密度大，根据当地的生产条件和种植方式，适当密植。行距一般为60厘米，株距25厘米。

（三）栽培管理

青饲玉米品种有分枝特性，所以定苗时不能去分枝。而且，品种需肥量较大，需每亩施有机肥5吨做底肥，苗高30厘米时追施复合肥30千克。封垄前要中耕培土，以利于灌溉与排涝，增强抗倒性，拔节前如干旱应灌水。

（四）适时收获

青饲玉米的适期收获是非常重要的。抽雄后40天即乳熟后期或蜡熟前期就可收割，过早收割会影响产量，过晚收割则黄叶增多影响质量。最适收获期含水量为61%～68%。这种理想的含水量在半乳线阶段至1/4乳线阶段出现（即乳线下移到籽粒1/2～3/4阶段）。若在饲料含水量高于68%或在半乳线阶段之前收获，干物质积累就没有达到最大量；若在饲料含水量降到61%以下或籽粒乳线消失后收获，茎叶会老化而导致产量损失。因此，收获前应仔细观察乳线位置。如果青饲玉米能在短期内收完，则可以等到1/4乳线阶段收获。但如果需1周或更长时间收完，则可以在半乳线阶段至1/4乳线阶段收获。

（五）密封储藏

收获后的秸秆可以用青饲料切碎机切成0.5～2厘米的切块，密封窖底部可以铺上软草，四周用塑料薄膜密封。快速填充进去，时间越短越好，边填边压。注意保持清洁，以免污染青饲料。有条件还可以用真空泵抽空原料窖中的空气，为乳酸菌繁殖创造厌氧条件。密封后要经常检查是否漏气，并及时修补，做到尽量不透气，促进饲料发酵，四五十天后可随取随喂。

第六章 健康发育的防身术

当我们选对了良种，采用了高产栽培技术，看到玉米根深苗壮时，是否可以高枕无忧地等着收获了呢？且慢，玉米同所有的植物和动物一样，在生长的过程中会遇到病虫草的侵害。“湿生病，旱生虫”，需要练就过硬的防身之术，及时采取必要的预防和治疗措施，才能够高枕无忧。

第一节 玉米病害及其防治

近些年来，由于品种更新换代，种植方式的变化以及气候变迁等因素的影响，玉米病害有逐年加重的趋势，玉米病害成为影响玉米生长的重要因素，并表现出越来越严重的趋势，如玉米大斑病、褐斑病、小斑病、青枯病、锈病等。一般年份发病率在15％左右，严重年份发病率甚至可以达到60％以上，严重影响产量和品质。

玉米病害都有哪些呢？又是怎样防治的呢？

其实，玉米病害的种类很多，每种病害的原因与症状都存在较大差异。在预防玉米病害时必须对症下药，根据病虫害的症状确定病虫害的种类，并灵活采用各种预防方法，减少病虫害的危害，促进玉米健康生长。

一、叶部病害

危害玉米叶部的病害最多，有大斑病、小斑病、弯孢霉叶斑病、褐斑病、矮花叶病、粗缩病、锈病、圆斑病、红叶病等近10种。

（一）玉米大斑病

1. 发病症状 玉米大斑病在整个玉米生育期都可能发病，但在自然条件下，苗期很少发病，到玉米生长中后期，特别是抽穗以后，危害加重。该病主要危害叶片，严重时也能危害苞叶和叶鞘，最明显的特征是在叶片上形成大型的梭状病斑，开始是灰绿色或水浸状的小斑点，几天后病斑迅速扩大。感病后先从下部叶片表现，逐渐向上扩展蔓延。病斑呈青灰色梭形大斑，边缘界限不明显。病斑经常相互连接成不规则形，长度可达50～60厘米。病害流行年份叶片迅速青枯，植株早死，导致玉米雌穗秃尖、籽粒发黑，产量和品质都会受到影响。

2. 防治方法 根据病情先摘掉植株底部黄叶、病叶，减少再次侵染菌源，增强通风透光度，然后喷施杀菌剂。可用50％多菌灵500倍液或50％甲基硫菌灵600倍液或75％百菌清800倍液喷雾防治，每隔7天喷1次，连用2～3次。

防治该病最有效的方法是选用抗病品种，逐步淘汰感病品种；加强栽培管理，减轻病害发生，确定合理密度，改善田间通风透光条件，加强肥水管理。玉米大斑病的药剂防治，只能作为一条辅助性措施，因发病时植株高大，喷药不方便，且正值雨季，药容易流失，不经济。

（二）玉米小斑病

1. 发病症状 病害主要发生在叶片上，但也危害叶鞘、苞叶和果穗，发病严重时，叶片布满病斑，从而使叶片提早枯死而减产。常见症状有4种：①发病初期现水浸状斑点，病斑发展受叶脉限制，后期为椭圆形或近长方形，黄褐色，边缘深褐色，大小为（10～15）毫米×（3～4）毫米；病斑为小点状坏死斑，黄褐色，周围有褪绿晕圈；②病斑不受叶脉限制，多为椭圆形，灰褐色；③病斑为长条状，比典型病斑窄。

2. 防治方法 在玉米抽雄前后，田间病株率70％、病叶率20％时，开始喷药。可用50％敌菌灵可湿性粉剂500倍液或40％克瘟散乳油800液喷油防治，或50％多菌灵可湿性粉剂500倍液，或90%代森锰锌500倍液，每亩用药液50～75千克，隔7～10天喷药1次，连续喷2～3次。

（三）玉米弯孢霉叶斑病

玉米弯孢霉叶斑病又称黄斑病、拟眼斑病、黑霉病，是继玉米大小斑病之后，近年来在玉米上发生面积逐渐扩大而且有加重趋势的玉米叶部病害。该病在玉米抽雄后迅速扩展蔓延，叶片布满病斑，提早干枯，一般减产20%～30%，严重地块减产50%以上。

1. 发病症状　主要为害叶片，有时也为害叶鞘、苞叶。典型症状：初期为褪绿小斑点，逐渐扩展为圆形至椭圆形的褪绿透明斑，中间枯白色至黄褐色，边缘暗褐色，周边有浅黄色晕圈，大小（0.5～4）毫米×（0.5～2）毫米，大的可达7毫米×3毫米，感病品种叶片布满病斑，病斑联合后形成大面积组织坏死，直到叶片枯死。湿度大时，病斑的正反面会有黑灰色的霉状物，背面更多。

2. 防治方法　病害发生初期，可用75%百菌清可湿性粉剂500～600倍液，或50%福美双可湿性粉剂600～800倍液，或50%多菌灵可湿性粉剂600～800倍液，每亩用药液50～60千克，均匀喷施，可有效地控制病害的危害。玉米抽雄期是预防该病的关键时期，当在病株率达10%时，可选用70%甲基硫菌灵可湿性粉剂600～800倍液，或50%异菌脲可湿性粉剂1 000～1 500倍液喷雾，或10%苯醚甲环唑水分散粒剂2 000～2 500倍液，或40%氟硅唑乳油8 000～10 000倍液，隔10天喷1次，连续喷2～3次。

（四）玉米褐斑病

褐斑病是最近几年出现的玉米新病害，由于该病一般在玉米大喇叭口初期开始发病，抽穗到乳熟期是发病高峰，而这个阶段正是产量形成关键时期，病害对玉米籽粒饱满和果穗饱满都有不良影响，加上广大农民对该病症状认识不清，防治不力，致使其危害程度越来越严重，发生面积逐年扩大。

1. 发病症状　玉米褐斑病是由真菌引起的病害，一般在玉米8～12片叶时容易发生病害，12片叶以后一般不会再发生此病害。

主要为害叶片、叶鞘和茎秆，以叶和叶鞘交接处病斑最多。首先在处于顶部的4～8片叶片的尖端发生，病斑初期为圆形、椭圆形和线形的白色或黄色的小斑，许多小斑点通常连接在一起形成大片黄斑。叶的主脉和叶鞘上出现一些比叶面病斑色深的1～2毫米大小的红褐色病斑，发病后期病斑表面破裂，会散发出褐色粉末。感病植株遇风易倒折。

2. 防治方法 在玉米发病初期，用15%的粉锈宁可湿性粉剂1 500倍液；或12.5%禾果利1 200倍液；或50%多菌灵可湿性粉剂500倍液；或70%甲基托布津可湿性粉剂800倍液，全田均匀叶面喷雾。为提高防效，可在药剂中加适量的芸薹素、磷酸二氢钾等，提高植株抗病能力；每7天用药一次，根据发病情况，连续用药2～3次。喷雾时一定要注意中下部叶片和叶鞘上要均匀着药。为提高防治效果，可在药液中适当加些叶面宝、磷酸二氢钾、尿素等叶面肥，结合追施肥料，控制病害的蔓延，促进玉米健壮生长，提高玉米抗病能力。

（五）玉米矮花叶病

玉米矮花叶病在我国各玉米产区均有发生。早在1968年河南省新乡和安阳就发生过玉米矮花叶病，现在黑龙江、辽宁、内蒙古、北京、天津、河北、河南、山东、山西、陕西、四川、甘肃、新疆、上海、浙江、广西、海南、台湾等省市都有发生，在华北、西北的平原地区发病较重，在华东地区也有加重的趋势。在玉米矮花叶病大发生的年份，可造成玉米大面积减产。

1. 发病症状 玉米矮花叶病在整个玉米生育期都能感病，从出苗至7叶期为易感染期。苗期从心叶下部出现褪绿斑点状叶片，并逐渐扩展到全叶，叶色变黄，形成明显的黄绿相间条纹症状。重病株不能抽雄结实或提前枯死。

2. 防治方法

（1）种子处理。通过玉米种子脱毒剂处理种子或用0.5%高锰酸钾浸种10分钟防效较好，平均防效分别为55.97%和64.50%。

（2）初春时及时消灭周边杂草，小麦乳熟期及时喷洒乐果防治蚜虫（尤其在干旱年份）。

（3）及时喷洒有关预防病毒的农药。

（六）玉米锈病

1. 危害症状 玉米锈病多发生在玉米生长后期，一般危害性不大，但在一些自交系和杂交种上可引起严重的病害，致使叶片出现提早枯死，造成较重损失。发病初期，只在叶片两面散出浅黄色、褐色小脓疱，之后小疱破裂，散出铁锈色粉状物，发病后期，病斑上生出黑色近圆形或长圆形突起，在植株成熟时变成黑褐色。发病严重的植株下部叶片干枯，甚至枯死。遇流行年份，一般减产10%～20%，重的达30%以上。

2. 防治方法 立足预防，田间发现发病中心，及时对局部喷药进行控制，当田间病叶率达6%时应大面积施药防治。用25%粉锈宁可湿性粉剂1 000倍液，或12.5%速保利可湿性粉剂4 000倍液，或40%多硫悬浮剂600倍液，或50%硫黄悬浮剂300倍液，常规喷雾。也可用20%三唑酮可湿性粉剂100克对水50千克喷雾，一般隔10天左右喷1次，连续防治2～3次。或用12.5%烯唑醇（禾果利）可湿性粉剂40克/亩对水50千克/亩均匀喷雾，一般间隔7～10天，连喷2～3次，若喷后24小时内遇雨，应在雨停后立即补喷。

（七）玉米粗缩病

玉米粗缩病于1954年在新疆和甘肃发现，20世纪70年代以后在东部各省均有所发生，自20世纪90年代开始在我国华北、西北和东北的部分地区大面积发生以来，危害逐年加重，局部地区暴发成灾，甚至出现绝产，严重威胁我国玉米的生产安全。玉米粗缩病是由灰飞虱传毒引起的一种玉米病毒病，在整个玉米生长期内均可感染发病，但苗期为害最重。一旦发生了就很难治愈，特别是在部分晚播春玉米和早播夏玉米田发病较重。

1. 危害症状 玉米发病后的明显特征是节间缩短、植株矮小，顺着叶脉产生褪绿条纹。玉米整个生育期都可能感染发病，若苗期感病则受害最重，到长出5～6片叶时就会表现出症状，刚开始在心叶底部及中间两侧产生褪绿的条纹或点，逐渐扩展到整个叶片。玉米苗感病后叶片浓绿、僵直，宽短而厚，心叶不能正常展开，发病株较正常植株生长缓慢。到玉米 10～11 叶期受害，植株会明显矮化，叶子密集，雄花不容易伸出，特别是在制种玉米田内，由于雄穗受害，雄花不能散粉或散粉量少，造成雌穗授粉率低，多形成花粒，产量显著降低；个别田块后期受害，矮缩不明显，对产量影响较小。

2. 防治方法 该病的防治方法主要以避开灰飞虱的迁飞高峰期。该病害由灰飞虱传播病毒，灰飞虱发生数量的季节变化随年份、地点而有所不同，因而感染时期也不尽相同。

（1）春玉米覆膜栽培时，从 5～6 月份幼苗期开始发生。与麦田相邻的玉米田块发病率相对较高。春玉米幼苗期，要避开麦田大量出现灰飞虱时期，或者利用透明地膜和银灰色地膜覆盖栽培，防止媒介害虫灰飞虱迁入，以延迟发病时间。夏玉米改套种为直播，采取麦收后播种的种植方式。避开玉米幼苗的感病高峰期与传毒灰飞虱的迁飞高峰期相遇。同时加强田间管理，播种前整地灭茬，清除田头地边杂草，及时进行中耕除草；适当多下种，早间苗，晚定苗，拔除病苗并带出田外销毁。

（2）可于玉米播种前或出苗前在相邻的麦田和田边杂草地喷施杀虫剂，如用 10%吡虫啉 10 克/亩喷雾，也可在麦蚜防治药剂中加入 25%捕虱灵 20 克/亩兼治灰飞虱，能有效控制灰飞虱的数量。

（3）若玉米已经播种或播后发现田边杂草中有较多灰飞虱以及春播玉米和夏播玉米都有种植的地区，建议在苗期进行喷药治虫，以 10%吡虫啉 30 克/亩加 5%菌毒清 100 毫升/亩（也可用植病灵或病毒 A）喷雾，既杀虫，又起到一定的减轻病害作用，隔 7 天再喷 1 次，连续用药 2～3 次即可控制发病。采用内吸性杀虫剂拌种或包衣，如 100 千克玉米种子用 10%吡虫啉 125～150 克拌种，或用满适金 100 毫升加锐胜 100 克拌种，对灰飞虱的防治效果可达 1 个月以上，有效控制灰飞虱在玉米苗期的发生量，从而达到控制其传播玉米粗缩病毒的目的。

（八）圆斑病

玉米圆斑病仅在我国局部地区发生，如吉林、云南、河北、北京等地曾有病害记录，生产中大多数玉米品种对圆斑病表现抗病。圆斑病侵染发生在玉米生长前期，但病害的严重显现则在玉米生长中后期，在感病品种上能够造成较重的产量损失。

1. 危害症状　圆斑病主要侵染叶片和果穗，也侵染叶鞘和苞叶。病斑开始是水渍状浅绿色小斑点，逐渐扩大为圆形或椭圆形，中间浅褐色，边缘褪色；还有种叶斑为长条状。苞叶发病表现为不定型的大块坏死病斑。果穗受侵染后，病斑从顶部向下部方向扩展。感病品种严重发病时，引起果穗腐烂，造成减产；籽粒变为炭黑色，还可以扩展到穗轴，使其变褐色并分解。

2. 防治方法　加强植物检疫，严防带病种子传播。选育抗病、自交系材料和优质高产的杂交种。加强田间管理，清洁田块，减少病源。及时进行药剂防治。50%多菌灵可湿性粉剂或70%代森锰锌可湿性粉剂500倍液喷雾，连喷2次，间隔7～10天。病菌侵染果穗的关键时期是灌浆期，此期是药剂防治最佳时期。

（九）红叶病

玉米红叶病主要发生在甘肃省，在陕西、河南、河北等地也有发生。病害发生的严重程度与当年蚜虫种群数量有关，蚜虫可以将小麦和杂草上的病毒带到玉米田中。在红叶病重发生年，对生产有一定影响。

1. 危害症状　玉米红叶病一般为全株发病，具体表现是植株矮缩，根系发育不好，感病重的植株雌穗缩小，不能成穗或成多穗型，轻的结实不饱满，症状随植株龄期不同而不同。在抽穗前由上部叶片开始，从叶尖变红或紫红并向下干枯。灌浆期症状特别明显，最后整株叶片、叶鞘、茎、穗全部变红或紫红色，但也有少数植株叶片不红化，仅在叶中间或边缘成条纹，叶片黄化干枯死亡。

2. 防治方法　种植抗病品种；在玉米苗期发生蚜虫的阶段，及时在玉米田和麦田喷施内吸杀虫剂，控制蚜虫，可以有效减轻红叶病的发生。

二、茎部病害

危害玉米茎部的病害主要有以下几种。

(一) 玉米干腐病

玉米干腐病可侵染玉米多个部位，但以危害果穗、茎秆（节）、叶鞘等部位为主。

1. 危害症状 主要危害玉米的果穗和茎秆。当幼苗受害时，在幼芽和根上出现褐色干缩的病斑，幼苗颜色发黄，形成弱苗，甚至枯死。叶片感病时会产生50毫米×（10～20）毫米的长形病斑。玉米生长的后期，常在气生根着生的茎秆基部以及雌穗的附近发病，玉米的叶鞘上出现褐色、紫红色或黑褐色的病斑，到后来病斑的中心会变成灰白色。发病重的玉米，茎秆干枯、容易被折断。果穗发病后，常提前成熟，穗轴变松变轻，籽粒变得干缩。发病严重的地块，玉米在灌浆时期突然死亡，叶片干枯，茎秆变成灰绿色到稻草色，遇到风雨田间的植株出现大片倒伏。

2. 防治方法 玉米干腐病在玉米全生育期均可发病为害，特别是3叶期以前，玉米幼苗最易感病，也是用药保苗的关键时期。对已发病的田块，每亩用50%甲基硫菌灵WP或50%多菌灵WP 600倍液喷雾，或对玉米基部进行浇蔸。如遇长时间低温、阴雨天气，则在天气转好后及时施药控制病害。

(二) 玉米细菌性茎腐病

细菌性茎腐病在我国一些玉米种植区偶有发生，近年在河南发生得较为频繁，在海南冬季的南繁玉米地中也有发生。细菌侵染植株后，常在玉米的生长前期或中期引起茎节腐烂，导致茎秆折断，造成直接的生产损失。

1. 危害症状 病害经常发生在植株茎秆中部，在茎节上发生腐烂，腐烂部位扩展较快，造成茎秆折断，同时散发出明显的恶臭味。叶鞘也会受到侵染，病斑为不规则状，边缘红褪色。在适宜环境下，病菌通过叶鞘侵染果穗，在苞叶上产生相同的病斑。有时，茎秆上的发病部位可以靠近茎底部。发生在茎秆中上部的茎腐病，还会造成果穗穗柄腐烂而严重影响果穗生长。

2. 防治方法　种植抗病品种。在发病初期，进行药剂防治，及时喷施抗菌素，如农用链霉素、农抗120等，有一定的防效；用抗菌素在播种前浸种，对于控制经种子传播的病原菌有显著效果。

三、根和茎基部病害

发病部位在根和茎基部的病害主要有以下几种。

（一）玉米苗枯病

玉米苗枯病是一种玉米生产上的新型病害。近几年在山东省主要玉米产区不论在发病面积还是在为害程度上都有迅猛发展之势。该病发生一般的地块造成玉米缺苗断垄，发病重的地块大量死苗，严重影响玉米产量。2010年山东省日照市夏播玉米发病面积达19.95万亩，轻者减产10%～15%，严重的减产幅度达20%以上，已成为当地玉米生产上的重要病害之一。

1. 危害症状　这种病从种子萌芽即可发病，幼苗3～5叶期为发病高峰。幼苗初生根皮层坏死，变黑褐色，根毛减少，没有次生根或仅有少量次生根，茎秆靠近地面的部位腐烂，叶鞘变褐，叶片变黄，叶片边缘枯焦，心叶卷曲易折断。没有次生根的病苗多出现死亡现象。病苗发育缓慢，发病轻的时候形成弱苗，发病重的时候，各层叶片黄枯或青枯，逐渐死亡。

2. 防治方法　品种选择上尽量选用优质、抗病的品种，且选用粒大饱满，生长势强的种子。种子选好后，建议药剂拌种，且播种前最好晒1～2天。在发病初期应及时用药，控制病情的扩展。可选择甲基托布津、多菌灵、恶菌灵、三唑酮等药剂，按常规浓度进行施药，重点对苗根部进行喷雾或进行灌根，每隔5～7天喷一次，连续喷施2～3次，并且喷施叶面肥（天然芸薹素内酯，天达216以及磷钾肥、微肥等），促进植株尽快恢复正常生长。同时对发病地块及时中耕松地，促发新根，抵制土壤中病菌的繁殖。

（二）玉米青枯病

玉米青枯病又称玉米茎腐病，是世界玉米产区普遍发生的一种重要的土传病害，在我国的各个玉米产区都有发病，连续多年的秸秆还田措施，致使土壤中病菌数量急剧上升，为病害发生创造了基本条件。玉米在灌浆阶段若遇到较大降雨，田间积水，茎腐病则发生严重。发病严重的田块，可减产30%左右，甚至绝收。2013年，黄淮海夏玉米区大爆发，给当地玉米生产造成极大危害。

1. 危害症状 病害发生在玉米茎秆下部节位，由于植株茎秆最下面几个茎节染病而引发全株性症状。最典型症状是：进入乳熟期后，全株叶片突然失去绿色，无光泽，1～2天内迅速变成青灰色并干枯，果穗下垂，茎秆基部变褐，内部变松软，根系变黑腐烂，失去支撑，易倒伏。

2. 防治方法 在玉米生长发长后期，控制土壤水分，避免田间有积水；播种时，将硫酸锌作为种肥施用，用量为3千克/亩，能够有效降低植株发病率；生产上应增施钾肥，每亩用量16千克，能够明显提高植株对茎腐病的抗性，降低发病率。

（三）玉米纹枯病

1. 危害症状 玉米纹枯病在苗期很少发病，拔节期至抽雄期开始发病，抽雄期开始扩展蔓延，吐丝期发展速度加快，灌浆期至蜡熟期病情指数增长最为显著。从时间上看，喇叭口期在茎基部叶鞘上有水滴状病斑，拔节期病斑逐渐明显，拔节期严重病株发展到1级，抽雄期病害发展速度加快，吐丝期危害加剧，灌浆期至蜡熟期病情发展速度骤增，是危害的关键时期，发生危害期53天，关键危害期19天左右。

2. 防治方法 药剂喷雾。在纹枯病发病初期，田间病株率达3%～5%时，每亩用20%井冈霉素可溶粉40～50克对水40～50千克喷雾；或用70%甲基硫菌灵可湿性粉剂500～800倍液喷雾，喷雾重点为玉米中下部叶鞘，可有效地控制春玉米纹枯病的蔓延。

（四）玉米根结线虫病

1. 危害症状 危害玉米根系，由于线虫寄生在根尖或细根内，吸取根细胞的养分，在须根上造成许多虫瘿，使植株生长受阻，矮小黄化，严重时不结实。

2. 防治方法　种植抗病品种。土壤肥沃，排水良好，多施有机肥，可减轻病害。重病田或制种田播种前，可用化学药剂进行土壤熏蒸处理，如用98%必速灭，每平方米用药10～15克，平施或沟施翻入土下15～20厘米厚土层，用塑料布严密覆盖，熏7天，翻晾7天后可播种。或每亩用20%益舒宝颗粒剂2～3千克，在播种时施下，有较好的防治效果。

四、穗部和粒部病害

(一) 玉米丝黑穗病

玉米丝黑穗病是玉米生产中常见的土传病害，是我国春玉米种植区最重要的病害之一，在东北地区、华北北部、西北东部和西南丘陵山区普遍发生。

1. 危害症状　玉米丝黑穗病菌主要危害玉米的雄穗和雌穗，一旦发病通常全株没有产量。发病雄穗呈淡褐色，分枝少，没有花粉，重则全部或部分被破坏，外面包有白膜，形状粗大，白膜破裂后，露出结团的黑粉，不易飞散。小花全部变成黑粉。雌穗病果穗较短，底部膨大，上部尖而向外弯曲，多不抽花丝，苞叶早枯黄、向一侧开裂，内部除穗轴外，全部变成黑粉，早期外面有灰白膜，后期白膜破裂，露出结块的黑粉，干燥时黑粉散落，仅剩下丝状残存物。幼苗早期病株多表现有全身症状，植株发育不良，表现矮化，节间缩短，叶片丛生，色暗绿，稍窄小伸展不匀，有黄白色条斑，茎弯曲，底部稍粗，分蘖增多。

2. 防治方法　可用2.5%咯菌腈悬浮种衣剂，将10克药剂倒入包衣拌种盆，再用微量清水洗药袋2～4次，将洗出的余药与原药剂混匀，再取2.5～5千克干种子，放入包衣盆中，搅拌包衣至种子全部呈现红色即可，稍经晾干后播种或备用。也可以每100千克种子可用0.5千克的15%粉锈宁可湿性粉剂，或用0.3千克12.5%烯唑醇可湿性粉剂，或0.5～0.7千克的50%多菌灵进行药剂拌种。生物防治，可用5406菌肥，加上甲基托布津覆盖种子。

（二）玉米瘤黑粉病

玉米瘤黑粉病（又称疖黑粉病或普通黑粉病）是我国黄淮海区和东北区主要玉米病害之一。瘤黑粉病对我国的玉米生产区，尤其是西北、华北和东北地区玉米生产造成极大损失。

1. 危害症状 玉米瘤黑粉病在玉米整个生长期均可发生，但只感染幼嫩组织，一般苗期发病较少。抽穗前10～14天易感染病，所以抽雄后病株常迅速增加，茎、叶、叶鞘、雌穗、雄穗和气生根均可受害，病部的典型特征是产生肿瘤，病瘤初期表现银白色，有光泽，内部白色，肉质多汁，并且迅速膨大，经常能冲破苞叶而外露出来，表面变暗，略带淡紫红色，内部则变灰至黑色，失去水分后当外膜破裂时，散出大量黑粉。果穗发病可部分或全部变成较大肿瘤，叶上发病则形成密集成串小瘤，苗期发病常在幼苗茎底部生瘤，病苗茎叶扭曲畸形，明显矮化，能造成植株死亡。成株期发病，叶和叶鞘上的病瘤常为黄、红、紫、灰杂色疮痂病斑，多数不生黑粉，茎上大型的病瘤多生于各节的底部，受侵染后病菌扩展，组织增生，突出叶鞘而成。

2. 防治方法 可用0.20%硫酸铜或三效灵克菌丹等拌种，以消灭种子所带来病菌，同时还可以促进幼苗生长，提高活力。也可采用包衣种子，或者1千克种子用4～6克15%粉锈宁可湿性粉剂拌种，1千克种子用5～10克20%萎锈宁乳油拌种。在玉米心叶末期在心叶内撒施12.50%烯唑醇可湿性粉剂与50%辛硫磷乳油按1∶1复配的颗粒剂。在营养生长期发生病害的，在玉米抽雄前10天左右，用50%可湿性福美双500～800倍液或用0.30波美度石硫合剂，或用15%粉锈宁可湿粉剂每亩用药60～80克对水50～60千克喷雾，可减轻再侵染危害。

（三）细菌性穗腐病

玉米细菌性穗腐病在各地零散发生，但在南方种植甜玉米的地区（如广东省），由于甜玉米籽粒含糖量高，果穗又容易受到害虫危害，同时气候为多阴雨类型，因此是细菌性穗腐病发生较重的地区，由此对甜玉米的生产和加工带来一些不利影响。

1. 危害症状　病害发生在灌浆阶段。发生病害的果穗上，一个籽粒或成片籽粒发生腐烂，较正常籽粒颜色加深、籽粒瘪破，从发病籽粒中散发出臭味，无法食用。

2. 防治方法　在病害常发区，应注意对穗期害虫的控制，特别是在甜玉米生产地区，要选择低毒药剂或生物防治药剂控制危害该病的螟虫，以减轻穗腐的发生。

五、贮藏期病害

我国主要玉米产区在北方，收获时天气已冷，加上玉米果穗处有苞叶，在植株上得不到充分的日晒干燥，所以玉米的原始水分一般较高。新收获的玉米水分在华北地区一般为20%多，在东北和内蒙古地区一般为30%左右。玉米的成熟度往往不很均匀，这是由于同一果穗的顶部与基部授粉时间不同，造成顶部籽粒成熟度不够。成熟度不均匀的玉米不利于安全储藏。玉米胚部容易发霉。由于胚部营养丰富，所以胚部是虫害和霉菌容易发生的部位。胚部吸湿后，在适宜温度下，霉菌即大量繁殖，使玉米发生霉变。

1. 危害症状　刚收获的玉米由于水分含量高，杂质多，霉菌种类多，灰绿曲霉所占百分比高，是主要优势菌，一直到储藏结束，随着储藏时间的延长，玉米水分降低，霉菌种类减少，灰绿曲霉所占百分比有所增加。果穗上籽粒出现不同色泽的霉层时，说明病菌早已进入，籽粒出现变色、变味和霉烂。传播途径和发病条件：在田间果穗上，已感病籽粒未及时被淘汰，当贮藏仓库中的空气湿度高时，镰刀菌、黑孢菌、赤霉菌、灰腐菌等真菌便开始发育繁殖。玉米贮藏期真菌活动扩展条件是，种子含水量15%～20%，温度21～32℃。当水分低于15%，温度低于10℃，病害轻。

2. 防治方法　严格精选入仓种子，筛除小粒、瘪粒以及淡红色带菌种子，可减少贮藏时霉变损失。入库后，保持通风、干燥，种子含水量在13%～15%。干燥的玉米粒可放入仓内散存或围存，堆高以2～3米为宜。一般玉米含水量为13%以下，粮温不超过30℃，可以安全过夏。如果仓储新玉米粒，可在入仓1个月左右或秋冬季交替时，进行通风翻仓倒仓，以散发湿热，防止其“出汗”。对已经干燥且含水量降低到14%以下的玉米粒，可在冬季进行低温冷冻处理，并做好压盖密闭工作。

第二节　玉米虫害及其防治

一、玉米叶部虫害

玉米苗期的叶部虫害主要是玉米瑞典秆蝇和玉米黄呆蓟马。

山东省部分夏玉米田出现了玉米幼苗心叶扭曲畸形，心叶卷在一起展不开而形成细捻状、歪头状或环形状的现象。很多农民朋友以为是种子问题，或猜测是什么病害，更有一些农药经销商推荐用什么“病毒克星”之类的东西。其实，这根本不是什么病害，而是由瑞典秆蝇、蓟马两类害虫危害所致。

（一）玉米瑞典秆蝇

瑞典秆蝇，又名黑麦秆蝇、燕麦蝇。其虫体很小（成虫体长1.5～2毫米），人们一般不易察觉。成虫喜在刚出土的玉米幼苗芽鞘上产卵，卵散产。幼虫孵化后即钻入心叶内为害，使心叶叶尖受害，并被其分泌的黏液粘着，不能展开，但下部叶片继续生长，从而使心叶形成歪头状或环形状，老百姓称之为“长成了小辫”。玉米苗受害较早且伤到生长锥，会形成“枯心苗”；如受害较晚，幼虫仅危害到心叶的边缘，叶片展开时会形成皱缩状或使叶片边缘残破变黄，并可见发亮的黏液痕迹。如果不是形成“枯心苗”，对玉米一般没有太大的影响。玉米被害与播期呈正相关，播期早，被害重。其天敌主要有瘿蜂、姬小蜂、金小蜂等。

（二）玉米蓟马

主要是黄呆蓟马，包括禾蓟马、烟蓟马等，成虫体长在1～1.4毫米。玉米黄呆蓟马喜在已伸展的叶片表面危害，使叶片呈现大量断续的白色小点或银白色条纹斑块，伴随有小污点，叶片正面与银白色相对的部分呈现黄色条斑，心叶破碎，植株上部叶片畸形。玉米苗受害后，叶片失绿发黄，不易伸展，形成小老苗。危害严重时，心叶不能正常伸展而扭曲呈细捻状或猪尾巴状。

5月下旬至6月上旬气候干旱发生量大，危害重，反之则轻。早播玉米危害重于晚播玉米，玉米田土壤墒情差的危害重于墒情好的。

该虫转移规律是：5月下旬至6月上旬由麦田转移到春玉米，6月上中旬又向麦套玉米转移，7月上中旬由麦套玉米向野生寄主转移。

防治措施：

(1) 用含内吸性杀虫剂成分的种衣剂包衣种子，预防效果理想。

(2) 加强苗期管理，及时间苗、定苗，并拔除被害苗集中处理，减轻虫源。加强施肥、灌水等田间管理，促进玉米苗生长。

(3) 玉米出苗后，及时喷一次农药。在玉米出苗后3～5天，及时喷一次药非常重要（越早越好）。用20%氰马乳油600倍液，或22%丙氯合剂600倍液，或1.8%阿维菌素1 000倍液，或10%吡虫啉3 000倍液等喷雾1～2次，既可除治瑞典秆蝇、蓟马，又可防治灰飞虱、蚜虫、叶蝉传毒昆虫和黏虫等。

出现症状的地块，可在上述药液中加云大120等植物生长调节剂1支+0.5%的尿素+0.2%的磷酸二氢钾混合液连喷2次，以促进植株健壮生长，且利于增加产量。

(三) 玉米叶螨

玉米叶螨又名玉米红蜘蛛，常见的有截形叶螨、朱砂叶螨和二斑叶螨3种。玉米叶螨寄主植物很多，主要有玉米、棉花、豆类、瓜类、向日葵、番茄等。主要以成螨、若螨在叶片背面刺食寄主汁液，先危害下部叶片，渐向上部叶片转移，被害处先呈现失绿斑点，以后斑点逐渐变大、退绿变黄，严重时可造成叶片干枯，籽粒干瘪。我国玉米产区均有分布。

防治方法：

(1) 农业防治，采取冬耕、冬灌、清除杂草措施，可减少叶螨越冬虫量。

（2）选择对天敌安全、与环境相容性农药进行有效防治，保护利用天敌。药剂防治，在叶螨发生初期喷洒1.8%阿维菌素乳油4 000～5 000倍液，或15%扫螨净或5%尼索朗乳油2 000倍液，或73%克螨特乳油2 500倍液，或10%浏阳霉素乳油1 000倍液。注意药剂轮换使用，延缓叶螨抗药性。

（四）玉米蚜虫

玉米蚜虫，又名玉米缢管蚜。寄主较广，既危害玉米，也危害高粱、水稻、甜菜等作物以及多种禾本科杂草。玉米蚜多群集在心叶，为害叶片时分泌蜜露，产生黑色霉状物。在紧凑型玉米上主要为害雄花和上层1～5叶，下部叶受害轻。抽穗后危害穗部、花丝和苞叶，刺吸玉米的汁液，致叶片变黄枯死，常使叶面生霉变黑，影响光合作用，降低粒重，并传播病毒病造成减产。尤其在旱天发生严重。杂草较重发生的田块，玉米蚜也偏重发生。

防治方法：

（1）及时清除田间地头杂草，消灭玉米蚜的孳生基地。

（2）玉米心叶期蚜株率达50%，百株蚜量达2 000头以上时，喷洒25%辟蚜雾水分散粒剂1 000～1 500倍液，或10%吡虫啉可湿性粉剂4000～5 000倍液，或25%阿克泰水分散粒剂4 000～5 000倍喷雾。益害比在1∶（100～150）时，不需喷药，可充分利用天敌进行自然控制。

（五）黏虫

黏虫俗称五彩虫、麦蚕，属鳞翅目夜蛾科。它是一种多食性、迁移性、暴发性的害虫。黏虫食性很杂，可取食100余种植物。尤其喜食小麦、玉米等禾本科植物和杂草。黏虫大发生时常将叶片吃光，并能咬断麦穗、稻穗，啃食玉米雌穗花丝和籽粒，对产量和品质影响很大。

黏虫的发生与温度、湿度有密切关系。一般成虫产卵最适温度为19～25℃，30℃以上产卵受影响。另外湿度越大，越有利于成虫产卵，特别是在阴晴交错、多雨高湿的气候条件下，不但有利于成虫产卵，而且有利于卵的孵化和幼虫的成活发育。

防治方法：

（1）生态防治。在产卵期，可利用成虫喜选择枯叶产卵的习性，用小谷草把，每3根谷草10余根稻草扎成一把，每亩插60～100把，3天更换1次，并带出田外烧毁。在低龄幼虫期以灭幼脲1～3号2 000倍防治，不杀伤天敌，对农作物安全，用量少不污染环境。在黏虫羽化盛期，成虫喜取食蜜源植物，对黑光灯和糖醋酒混合液有很强趋性，可采用黑光灯和糖醋酒混合液诱集成虫。

（2）药剂防治。可用25％灭幼脲3号悬浮剂或40％毒死蜱乳油或50％辛硫磷乳油1 000～1 500倍液喷雾，也可用2.5％溴氰菊酯乳油、20％速灭相乳油1 500～2 000倍液防治，亦可用90％万灵可湿性粉剂3 000～4 000倍液，或喷2.5％敌百虫粉，每亩2～2.5千克。

（六）红腹灯蛾

红腹灯蛾，又名人字纹灯蛾。在华北、华中、华东、华南和西南等地分布为害。属杂食性害虫，主要危害玉米、大豆、棉花、芝麻、瓜类、蔬菜等多种植物和树木。在玉米上取食叶片、雌穗花丝及果穗。一般年份发生量不大，严重时可引起减产。

防治方法：

（1）冬季铲除田间地头杂草，并冬耕冬灌，以消灭越冬蛹。

（2）卵期及时摘除卵块或群集有初孵幼虫的叶片销毁。

（3）成虫期可利用成虫的趋光性，用黑光灯或频振式杀虫灯诱杀。

（4）玉米生长期防治同黏虫。

二、玉米地下害虫

危害玉米的地下害虫主要有蝼蛄、蛴螬、金针虫和地老虎等。这些害虫昼伏夜出，咬食玉米幼苗的茎基部或根，造成死苗、缺苗、断垄等不同程度的影响产量。

1. 金针虫　金针虫俗称铁丝虫，此虫的食性很杂，其成虫叩头虫在地上部分活动时间不长，只能吃一些禾谷类和豆类等作物的嫩叶，并无严重危害。幼虫长期生活在土壤中，咬食种子的胚乳使之不能发芽，还可危害玉米苗的须根、主根，使幼苗枯死，造成缺苗断垄现象。金针虫 2～3 年发生一代，以成虫或幼虫在土中 20～40 厘米处越冬，第二年 5～6 月份成虫出土活动，交尾产卵。第三年 7～8 月潜入地下 9～10 厘米处作土室化蛹。成虫羽化后当年不出土，而在土中越冬，成虫昼伏夜出。

2. 小地老虎 小地老虎别名土蚕、地蚕、黑土蚕、黑地蚕。属鳞翅目，夜蛾科。是一种典型的杂食性害虫，特别是对玉米、豆类、蔬菜等危害严重，常使受害作物缺苗断垄，甚至毁种重播。一年发生 2～3 代，以蛹或老熟幼虫越冬。幼虫老熟后，潜入土中作室化蛹。3 月中下旬越冬代成虫羽化，成虫夜间活动，有趋光性。卵散产，大部分产于土面或杂草叶背。4 月下旬出现第一代幼虫。幼虫有假死性。

3. 蛴螬 蛴螬是鞘翅目金龟子幼虫的总称，俗名白土蚕等，幼虫终生栖居土中，咬食刚刚播下的玉米种子、苗根及幼苗等，造成田间缺苗断垄。成虫则喜食玉米的花器，常影响雌穗结实率而造成减产。蛴螬体肥大，体型弯曲呈 C 形，多为白色，少数为黄白色。约 2 年发生一代，以成虫或二龄以上的幼虫在土中越冬。越冬幼虫 5 月下旬至 6 月初为危害盛期，7、8 月份三龄幼虫陆续下移 30～50 厘米深处作土室化蛹，蛹期 20 多天，羽化的成虫当年不出土，就在土室内越冬，直到第二年 5 月份出土活动。

4. 蝼蛄 蝼蛄属直翅目蝼蛄科，别名土狗子、地狗子。蝼蛄属不完全变态，其若虫和成虫相似。成虫和若虫均在土中咬食刚发芽的种子，也咬食幼根和嫩茎，把茎秆咬断或扒成乱麻状，使幼苗萎蔫而死，造成缺苗断垄。蝼蛄在表土层活动时，由于他们来往穿行，造成纵横隧道，使幼苗和土壤分离，导致幼苗因失水干枯而死，俗话说“不怕蝼蛄咬，就怕蝼蛄跑”就是这个道理。蝼蛄以成虫、若虫在土中越冬，一般每窝一头，每年 5～6 月份春播后和苗期是活动危害盛期，6 月下旬～7 月上旬为成虫交尾产卵盛期，每头蝼蛄产 100 多粒卵。进入 10 月份后，随着土温下降，开始陆续潜入深处越冬。

防治方法：

1. 农业防治　实行轮作换茬，避免连作；小春作物收获后进行精耕细作，秋收后清除田间秸秆，减少初侵染源；清除田间、埂边杂草，破坏地下害虫的生存条件，杜绝其幼虫早期食料来源及成虫的产卵场所，降低越冬虫口数量，减轻危害。

2. 捕捉幼虫　对高龄幼虫，可于每天早晨在田间扒开新被害植株的圈围，捕捉杀死幼虫。

3. 药剂拌种　目前的玉米种子大多数是经过药剂处理的包衣种，只有少数未处理的可用50%辛硫磷或50%甲胺磷乳剂500倍液拌种防治。

4. 采用毒饵诱杀

(1) 用90%敌百虫晶体100克对水1千克喷洒在切碎的菜叶上，或100克敌百虫加炒香的麦麸、米糠10千克对水适量拌均匀晾干，于傍晚撒施毒杀。

(2) 对高龄幼虫每亩用50%辛硫磷100克加30千克切碎的菜叶拌匀，于傍晚撒施毒杀。

5. 药剂喷雾防治　对1、2龄幼虫可采用喷雾防治，可用50%辛硫磷或90%敌百虫或2.5%敌杀死1 000～1 500倍液喷雾防治。

三、玉米蛀茎和穗期害虫

（一）玉米螟

玉米螟有亚洲玉米螟和欧洲玉米螟两种，在我国危害的主要是亚洲玉米螟。玉米螟又名钻心虫，初龄幼虫钻入心叶危害，叶片展开后留下许多横排小孔。大龄咬食花丝、茎秆、雄穗基部，还可钻入穗轴中出入咬食籽粒。

防治方法：

1. 农业防治　清除越冬玉米螟虫卵寄生的秸秆、根茬，消灭虫源，压低虫口基数和选择抗螟品种。

2. 生物防治　在各代螟卵的始发期、盛发初期、盛发期，各在田间放松毛虫赤眼蜂1次，每亩放1.5万～2万头，或每亩用Bt乳剂150～200毫升掺细沙5千克，撒到玉米心叶内（要注意为保护利用螟虫长距茧蜂，要避免在玉米心叶期喷洒化学药剂）。

3. 农药防治 可在玉米的心叶和心叶末期用1.5%辛硫磷颗粒剂1.5～0.75千克，加细沙6～8千克，每株撒1克左右，或用90%晶体敌百虫稀释液1 500倍液灌到心叶内；当幼虫集中到玉米雌穗的顶部时，可在花丝授粉后，用80%敌敌畏乳油500～600倍液，或2.5%敌杀死乳油400～500倍液，每千克药液灌2 000～3 000个雌穗。

（二）玉米穗虫

玉米穗虫是在玉米穗期危害的害虫总称，主要有玉米螟、棉铃虫、高粱条螟、桃蛀螟、黏虫等。

防治方法：实行冬耕冬灌，早春清除田间的秸秆。适时早播，使玉米雌穗的吐丝期避开穗虫的产卵盛期。利用成虫的趋光性，设置频振式杀虫灯或高压汞灯诱捕成虫。用农药防治方法同玉米螟的防治。

四、玉米贮藏期害虫

玉米贮藏期害虫主要有玉米象、麦蛾、印度谷螟、大谷螟、大谷盗、谷蠹、锯谷盗等。

1. 危害症状

贮藏期害虫蛀食玉米的籽粒，常使种子失去发芽力，使玉米籽粒发热发霉，造成严重的损失。

2. 防治方法

（1）加强粮仓管理。保持包装器材、仓房及周围清洁，定期清理并消毒害虫。调控粮仓的温湿度，当粮温升高、湿度加大时，及时开窗通风或晾晒。

（2）化学药剂熏蒸。每立方米粮堆施用56%磷化铝片剂6～9克。熏蒸7天，掀开塑料布，散气5～10天后，继续盖严，防止外界虫源入侵，20天后即可食用。

（3）药剂载体拌粮法。防虫磷为国家允许的贮粮用药，先制成药载体，即 1 千克防虫磷均匀混拌 49 千克糠或锯末，晾干即是药载体。1 千克药载体可拌和1 000千克玉米。也可用保粮磷 100 克拌和玉米 250 千克。两药都不需密封，装进容器贮藏 150～250 天未见虫蛀，食用时簸除或风扬后即可。

第三节 玉米主要草害及其防治

一、玉米田杂草的危害

玉米田杂草，能够吸收土壤中大量的水分养分，减少了土壤对玉米水分养分的供应；同时，杂草占据了玉米生长发育的部分空间，降低了玉米的光能利用率，影响光合作用，抑制了玉米的生长，最终影响玉米的产量和品质。玉米在苗期受杂草的危害最重，常导致植株矮小，茎秆变细，叶片发黄，生长的中后期发育不良，空秆株增多，籽粒的产量下降。杂草还是病虫害传播的一种媒介，是病虫繁殖、越冬和隐蔽的场所，常导致病虫害越季危害玉米。某些杂草的体内还含有有毒物质，人畜误食会引起中毒。此外，杂草滋生，增加了除草用工，提高了生产成本，给农民带来损失。

二、玉米田主要杂草

玉米分为春玉米和夏玉米，在我国危害玉米的杂草种类繁多，主要有一年生的马唐、稗草、牛筋草、灰菜、苋菜、狗尾草、苘麻、苍耳、藜、葎草、越年生的黄蒿；多年生的车前草、刺儿菜、苣荬菜、小旋花和莎草等。春播玉米田以多年生杂草为主，夏播玉米田则以一年生禾本科杂草和晚春性杂草为主。

三、草害的防治方法

（一）人工锄草和机械防除

可采取播种前机械耕地、玉米苗期机械中耕、人工划锄等方法灭草。通过机械或人工划锄方式除草，同时可提高土壤的通透性，有抗旱防涝的作用，缺点是费工费时劳动效率低。

(二) 化学药剂除草

随着耕作制度改革，化学除草越来越受到农民欢迎。化学除草剂的防治效果一般能达到90%以上，并且能做到防治一次，保持玉米生长期间田地里很少长草。

玉米田中往往是双子叶杂草与单子叶杂草混合发生，因此必须根据田间杂草发生情况正确选择施用除草剂。按施药方法分主要有土壤喷雾处理和茎叶喷雾处理两种方法。

1. 土壤处理剂 土壤处理剂即玉米播后苗前使用的除草剂。主要用在覆膜玉米、春玉米以及灭茬后直播夏玉米田的除草上。

常用的除草剂有乙草胺、莠去津、2，4-滴丁酯、甲草胺、异丙草胺、异丙甲草胺、丁草胺、二甲戊灵等。乙草胺等能有效地防除马唐、旱稗、狗尾草、牛筋草等一年生单子叶杂草，对部分小粒种子的双子叶杂草如马齿苋等也有一定防效，但对多年生杂草无效。土壤处理药剂持效期较长，对陆续发芽的杂草都有作用。

2. 茎叶处理剂 茎叶处理剂即杂草幼苗期使用的除草剂。一般在玉米5叶期前使用。由于在将除草剂喷施到杂草上的同时，也接触到了玉米，所以必须使用选择性的除草剂。常见的茎叶处理剂有烟嘧磺隆、噻吩磺隆、磺草酮、硝磺草酮、二甲四氯、2，4-滴丁酯、莠去津、苯唑草酮、唑草酮、阿特拉津、玉农乐以及乙莠悬浮剂、都阿合剂等。另外，灭生性的茎叶处理剂有百草枯、草甘膦、草铵膦等。玉米田茎叶处理剂是内吸性除草剂，对双子叶杂草和单子叶杂草都有较好的防除效果。

四、常用玉米田除草剂

1. 乙草胺（又名禾耐斯、消草安、Mon-97） 乙草胺主要防除一年生禾本科和小粒种子萌发的一年生阔叶杂草，如稗草、藜、反枝苋、香薷、马齿苋、荠菜、龙葵、蓼等，对其余杂草效果不够理想，尤其是苘麻、野黍、铁苋菜效果不好。在土壤中药效可持续8周以上，一次施药可控制整个玉米生长期间没有杂草危害。乙草胺是选择性旱田芽前除草剂，因此必须在杂草出土前施用。每亩可用50%的乙草胺乳油50～70克，土壤湿度大的南方旱田每亩用药30～60克，东北旱田每亩用130克，加水40～60千克，在播种后出苗前喷洒。

注意事项：乙草胺对人的眼睛和皮肤有轻微刺激作用。

2. 莠去津（又名阿特拉津）　莠去津可防除一年生禾本科和阔叶杂草，对多年生阔叶杂草如苣荬菜也有一定的抑制。在玉米播种后出苗前用药，土壤有机质含量1%～2%的地区每亩用40%的胶悬剂175～200毫升，有机质含量3%～5%和杂草多的地区每亩用40%胶悬剂200～250毫升，沙质土用下限，黏质土用上限。播后1～3天，加水30千克用喷雾器喷洒土表。玉米苗后施用，可在幼苗出现4片叶的时候进行，方法同苗前施用。

注意事项：莠去津的残效期长，对一些后茬作物常会产生药害，一般和其他药剂混配使用。

3. 甲草胺（又名拉索、灭草胺、澳特拉索、草不绿）　甲草胺可防治一年生禾本科杂草和某些阔叶杂草，如马唐、稗草、狗尾草、黍、苋、马齿苋等。在玉米播种后出苗前或定苗后杂草发芽前施用，每亩用43%乳油180～300克，对水50～60千克，均匀喷雾到土壤的表面。

注意事项：对人的眼睛和皮肤有较强的刺激作用。若溅入眼睛里和皮肤上，要立即用清水冲洗，并从速就医。

4. 2,4-滴丁酯（2，4-DA）　2,4-滴丁酯其活性高，除草效果好。东北地区常用其防除恶性“三菜”，对玉米田所有阔叶杂草特别是已经萌芽的均有良好的效果，如藜、蓼、反枝苋、葎草等阔叶杂草，对禾本科杂草无效。在玉米幼苗出现4～5片叶的时候，喷洒在杂草的叶面，每亩用45～90克2，4-滴丁酯加水15～75千克。如在玉米出苗前使用，可在播种后3～5天喷药，用药量每亩50～100克，加水15～75千克。2，4-滴丁酯安全性较差，如用药量大，喷药不均匀，错过防治适期，遇到非正常气候等，均能造成玉米药害，并且用药器械的残留比较严重。此外，持效期较短，对后茬杂草无效。

注意事项：2，4-滴丁酯对棉花、大豆等作物有害，使用时要有一定的隔离区。

5. 百草枯（克芜踪、对草快） 克芜踪能防治多种杂草，对一二年生杂草的防治效果好，对多年生根深的杂草只能杀死地上绿色部分，不能杀死地下部分。常用克芜踪消灭免耕田里的杂草茎叶、玉米田里7～15厘米高的杂草和玉米行间定向喷雾，每亩用有效成分30～50毫升。

6. 异丙甲草胺（屠莠胺、都尔、杜尔、杜耳、Dual） 异丙甲草胺主要防治牛筋草、马唐、狗尾草、稗草等一年生杂草，是选择性芽前处理除草剂。在玉米播种前施用，每亩用有效成分东北春玉米108～144克，华北夏玉米用70～108克。

7. 烟嘧磺隆 主要防除一年生禾本科杂草和若干阔叶杂草，是目前磺酰脲类除草剂中唯一一个对禾本科杂草高效的除草剂。烟嘧磺隆杀草谱广，效果好而稳定，杀草除根，对土壤、气候要求不高，施药期较长，对已知玉米品种安全。一般每亩所用有效量为2.5～4克。

8. 百草敌（麦草畏、Banvel、MDBA） 百草敌主要防治一年生和多年生阔叶杂草，如猪秧秧、藜、苍耳、刺儿菜、田旋花等。可在玉米出苗后3～6叶期喷雾，每亩用有效成分12～20克。一般在用药1天后阔叶杂草就会出现畸形卷曲，15～20天后死亡。

注意事项：用药后2～3天内遇到降雨会降低药效。

9. 硝磺草酮 用于防除玉米田阔叶杂草及部分禾本科杂草的三酮类除草剂。硝磺草酮除草速度较快，对玉米品种没有敏感选择性，对大多数阔叶杂草有较好的防效。一般苗前每亩所用有效量为6.67～15克，苗后为4.6～10克。

10. 40%乙莠水悬浮剂（乙阿合剂） 该药剂是玉米田专用特效草剂，对玉米田的一年生禾本科杂草如马唐、狗尾草、稗草、牛筋草、千金子、画眉草、早熟禾等和一年生阔叶杂草如藜、蓼、苋、龙葵、苍耳、鳢肠、马齿苋、铁苋菜、繁缕、扁蓄、地肤、飞廉、小白酒草、鸭跖草等都有极好的防除效果，对莎草杂草等也有明显的抑制作用。在玉米播后苗前到玉米出苗后杂草3叶期之前，每亩用40%乙莠水悬浮乳剂，华北夏玉米150～200克，华北春玉米150～250克，东北春玉米300～400克，加水50升左右，均匀喷雾，田间持效期50～60天，一次用药便能保证玉米整个生育期不受杂草危害。要严格掌握用药时间，最好在杂草出土前施药才能保证药效充分发挥，如果杂草出土后用药要在3叶期之前。

第七章
千幻万化的变身术

春耕、夏种、秋收、冬藏，玉米完成了田间生长的阶段后，再经过千幻万化的变身为人们利用。玉米浑身都是宝，其籽粒和秸秆是优质的饲料原料和工业原料，苞叶可以编织成各种工艺品，玉米须可以做成饮料，玉米轴可以提取酒精、糠醛等，还可以用来生产食用菌。做好玉米综合利用的大文章，才能成就一个欣欣向荣的朝阳产业。

第一节　玉米贮藏

玉米收获完成并不代表就可以高枕无忧了，产后损失也像病虫害一样可以造成减产。我国农产品产后损失惊人，由于设施简陋、方法原始、工艺落后，导致农产品产后损失严重，品质下降。我国每年大约产玉米籽粒 2.1 亿吨，粮食损失率超过 8%，每年仅玉米产后损失量就高达 168 亿千克。只有采用科学的贮藏方法，妥善保存玉米籽粒，才能减少损失，保证粮食生产安全。

一、玉米果穗的贮藏

目前中国玉米的收获方式还是以果穗收获为主，尤其是以山东省和河南省为代表的夏玉米区，玉米收获后含水量较高不易在短期内晒干，未充实干燥的果穗脱粒时，籽粒损坏率高、湿度大、带菌量多，难以安全贮藏，便需要对玉米果穗进行晾晒和贮藏。

（一）玉米果穗贮藏的必要性

新收获的玉米，果穗贮藏比籽粒贮藏利益多，新收获的玉米在进行果穗贮藏时，穗轴内的营养物质可继续运送到籽粒，使籽粒达到充分成熟。同时果穗贮藏时，穗与穗间的孔隙度较大，便于空气流通，有利于堆内湿气散发，防止籽粒霉变。籽粒在穗轴上排列紧密，外有坚韧果皮，能起一定的保护作用。除果穗两端的少量籽粒可能感染霉菌和被虫蛀外，中间部分的籽粒很少感染霉菌和被虫蛀。

（二）玉米果穗的贮藏方法

玉米果穗贮藏的方法有挂藏和仓堆藏两种。

1. 挂藏　主要应用于不宜机械操作，人工收获果穗时连同苞叶一起收获的地区。挂藏是利用果穗苞叶将玉米穗编成串，挂在避雨通风的地方，待籽粒水分降至16%以下时脱粒。

2. 仓堆藏　主要应用于机械收获果穗或人工收获时苞叶剥除的地区。仓堆贮是在土势高燥、排水透风好的地方，搭砌玉米穗仓，具体方法是选择与秋季主风向垂直方向，在地面用砖、木等垫高30～50厘米做好仓底，铺上秸秆，上面砌玉米穗仓，仓的厚度70～100厘米，高度和长度依种子量而定，也可砌成多排仓，但各排之间要留有一定距离，以免相互挡风。玉米果穗入仓时应进行挑选，将未成熟、含水量高的果穗挑出继续干燥，当水分降至20%以下时，可入仓贮藏而不必倒仓，一直贮藏至春季播前脱粒，也可在入冬前籽粒水分降至16%以下时，脱粒入种子库贮藏。

二、玉米籽粒的贮藏

虽然目前我国玉米收获的主要方式是果穗收获，但随着品种更新和生产方式的转变，机械化直接收获籽粒将会成为主要生产模式。直接收获籽粒或者果穗收获待水分降低脱粒后就需要对玉米籽粒进行贮藏。从内因方面看，玉米籽粒的含水量、杂质含量、籽粒破损都影响玉米籽粒贮藏的稳定性；从外因方面看，环境温度、湿度、气体成分、微生物、仓库害虫、鼠类等都容易造成玉米籽粒劣变。因此只有采用科学的贮藏方法，才能保证粮食安全，减少粮食损失。

（一）玉米籽粒结构和化学成分

玉米籽粒由皮层、胚乳和胚三部分组成（图 7-1）。各部分占玉米粒质量比（以干物质计）为：皮层7%～9%，胚乳 80%～85%，胚 10%～15%。皮层由不易分离的果皮和种皮组成，果皮较厚，并含有色素使籽粒呈现不同的颜色。胚乳有角质和粉质之分，其最外层为糊粉层，占籽粒质量的 8%～10%。胚由胚芽、胚轴、胚根及盾片所组成，盾片含油量占胚芽量的 35%～40%。

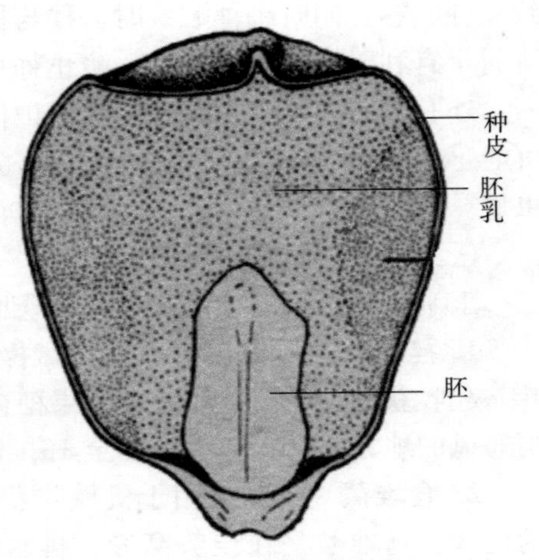

图 7-1　玉米籽粒结构

玉米籽粒营养丰富，主要成分是碳水化合物、蛋白质、脂肪和矿质元素，此外还含有维生素，如维生素 B_1、维生素 E、烟酸等。黄粒玉米还含有胡萝卜素和核黄素。玉米籽粒中含有多种人体必需氨基酸，其含量仅次于大豆和小麦。不同品种之间籽粒化学成分不同，同一品种因为气候、土壤、农业技术和其他原因的影响化学成分含量也会发生变化。

（二）玉米籽粒的特点与贮藏前准备

玉米籽粒与其他作物相比，主要有以下特点：①籽粒较大，本身含水量较高。在不同地区不同气候条件下，籽粒水分差别很大。②胚大，脂肪含量较高。玉米的胚在所有粮食作物中是最大的，约占籽粒体积的 1/3；占粒重的 10%～12%。玉米籽粒的脂肪77%～89%存在于胚中，胚含蛋白质 30%以上，含油 36%～41%，胚的脂肪酸值始终高于胚乳，酸败也首先从胚部开始。③籽粒成熟度不一致，果穗顶部籽粒授粉时间比较晚，成熟比较慢，饱满度差，水分含量也较高，脱粒时容易破碎或损伤，易发霉变质。④玉米籽粒呼吸强度较高。由于组织疏松，含有较多的蛋白质、脂肪和可溶性糖，呼吸量大，呼吸强度大约是小麦的8～11倍，导致玉米在贮藏过程中易吸湿，给霉菌繁殖创造条件，造成生霉、发酸变苦。

根据玉米籽粒的以上特点，贮藏前主要采取以下技术措施：

1. 通过晾晒或烘干降低籽粒水分　充分干燥、防潮，是玉米长期安全贮藏的主要措施。除用作种子的玉米外，可以采用暴晒或烘干处理，含水量达到13%以下，温度35℃左右便可以安全贮藏。秋季收获的玉米，如果当年气温逐渐降低，降水困难，可先晾晒后安全过冬，到来年春天再晾晒后入仓密封，做好隔湿工作，防止回潮，以安全过夏。对冬季已充分干燥的玉米，在北方采用低温处理，将粮温降至0℃以下，趁冷密闭压盖，对安全过夏有良好的效果。新收获的高水分玉米，未能及时干燥的，入冬后要做好防冻工作，含水量20%以上的玉米长时间处于0℃以下的低温环境中，籽粒内部水结冰，容易冻伤，给贮藏增加难度。

2. 过筛去除籽粒中杂质和虫卵　玉米中常含有成熟度差的籽粒、破碎粒、穗轴碎块及糠屑、砂土碎块等，由于这些杂质易吸湿、孔隙度小、带菌量大、很容易发热，导致发霉变质。所以，玉米在散堆前进行一次过筛、除杂净粮，是实现安全保管的重要措施。同时由于玉米颗粒较大，害虫体躯较小，采用适当孔径的淌筛除虫，虫害防治效果可达90%以上。

3. 药物处理防治害虫　玉米在收获、晾晒过程中，一般带有幼虫和虫卵。主要是蛾蝶类害虫和象鼻虫等甲虫类。为防止贮藏过程中继续危害，可在过筛后熏蒸的方法除治。也可用氯化苦或磷化铝熏蒸，费用低、效果彻底。氯化苦能伤害玉米的发芽率，作为种子用的玉米不宜用氯化苦杀虫。

4. 定期检查籽粒，及时发现问题　夏季贮存玉米籽粒要定期定点检查、记载，大风、雨后要及时检查，以便及早发现问题，采取措施。检查的主要内容是种子温度、水分，虫害，一般7～10天检查1次。

(三) 玉米籽粒的贮藏技术

1. 贮藏的方法和指标 贮藏方法是将干燥的玉米籽粒放入仓内散存或囤存，堆高2～3米比较合适。一般含水量低于13%，温度不超过28℃，完全可以安全过夏。如果仓储新玉米籽粒，可在入冬1个月左右或秋冬交季时，进行通风翻倒，以散发湿热，防止出汗。

2. 贮藏条件的控制 玉米籽粒贮藏过程中需要特别注意贮藏库房、空气相对湿度、温度等条件控制。

(1) 库房选择。库房是玉米贮藏的场所，其条件的好坏直接影响玉米的安全贮藏。目前，库房主要以地上仓库为主。为了玉米的安全贮藏，仓库最好选择地势高、干燥、不易受水淹的地方建造。建仓储库房的地块，土壤坚实度每平方米应能承受10吨以上的压力，建库房不仅要考虑库房本身的方便操作，还应具有足够的晾晒场地、加工室、检验室等建设用地。

仓储库房要具有防潮、隔热、密闭与通风、防虫和防鼠性能。建仓时，应在选材、设计上充分考虑以上性能，以达到建设高标准玉米贮藏库房的要求。

(2) 空气相对湿度。相对湿度受季节、降水、风和日照等诸多因素的影响。当仓内空气相对湿度大于玉米籽粒平衡水分的相对湿度时，玉米籽粒就会从空气中吸收水分，使其含水量增加，籽粒的生命活动也增强。反之种子水分逐渐减少，生命活动进一步减弱。在20℃条件下，空气相对湿度在60%～70%时，各类作物籽粒的平衡水分在9.5%～15.2%，基本达到安全水分标准。在实际应用中，仓内的相对湿度控制在65%左右较适宜。

(3) 籽粒温度。玉米籽粒贮藏温度不能规定统一的标准。一般低温是比较理想的贮藏温度。在建设库房时，应尽量选择能够降低温度的场所，便于玉米安全贮藏。烘干玉米籽粒时，籽粒从烘干机出来的温度以不超过50℃为宜，如果温度超过50℃，应采取降温处理，处理之后入库贮藏。

第二节　玉米饲料

玉米是发展畜牧业的重要饲料资源，而且玉米的主要用途也是用作饲料，饲料用玉米占玉米总产量的80%左右。玉米作为饲料有两种利用途径，一种是玉米籽粒或秸秆直接用于饲喂畜禽，是比较传统的饲喂方法，玉米转化效率较低，饲料报酬率为（5～6）：1。另一种是将玉米加工后饲喂畜禽，是比较科学的饲喂方法。秸秆经加工成青贮饲料后，可提高消化率20%～30%。将玉米籽粒加工成全价配合饲料，即根据畜禽生长发育的需要，在饲料中添加鱼粉、骨粉、饼粕等蛋白质饲料，按适宜的碳氮比加工制成各类畜禽所需营养的全价饲料，饲料报酬率可达（3～4）：1，高的可达2.6：1。

一、玉米全价饲料

（一）什么是全价饲料

全价饲料是指应用现代动物营养学原理，根据不同畜禽、不同生长阶段、不同生产目的对各种营养的需求量，以及饲料资源和价格状况，经科学设计和综合评判方法优选出的营养完善、价格便宜的饲料配方，并将多种饲料原料按一定比例，经工业生产工艺配制生产出的均匀度高、能直接饲喂的商品饲料。

（二）全价饲料的优点

全价饲料与普通饲料相比，具有以下优点：

1. 营养价值高　它是根据不同畜禽的营养需要和消化特点而配制的，营养较为全面，能够满足畜禽对营养的需求，最大限度地发挥畜禽的生产潜力。配合饲料中使用各种添加剂，强化了饲粮的营养价值，使畜禽饲养更加科学化，能够促进生长、预防疾病、改进畜产品质量。

2. 转化率高　营养物质均衡，避免单一饲料造成的饲料浪费，转化效率高，能充分发挥饲料的生产效能。能充分、合理、高效地利用各种饲料资源，使各种农副产品及屠宰、发酵酿造、食品、榨油和制药等行业的下脚料得到充分的利用。

3. 安全系数高 全价饲料能保证颗粒均匀一致，质量标准化，饲用安全。

4. 便于改善质量 随着科学研究的不断深入，可以随时利用营养学的新成果改变配方和工艺，使饲料最大限度地被畜禽吸收利用，提高经济效益。

（三）玉米在全价饲料中的作用

玉米在全价饲料中主要作为能量的来源物质，在各种禾谷类饲料中居首位。1千克玉米含总能量17.05～18.22兆焦耳，对猪的消化能为16.01～16.59兆焦耳，对鸡的代谢能为13.96～16.47兆焦耳。无氮浸出物占干物质的87.3%，纤维含量仅占2.0%，消化率极高，各种畜禽对玉米的消化率达92%～97%。

玉米的蛋白质含量相对较低，特别缺乏赖氨酸、蛋氨酸和色氨酸。在调制全价饲料时，需加入相应的蛋白质含量高的其他动植物饲料或饲料添加剂，以确保全价饲料利用的最大综合效益。

（四）饲料用玉米的质量标准

根据《饲料用玉米》国家标准（表7-1），以粗蛋白、容重、不完善粒总量、水分、杂质、色泽、气味为质量控制标准。饲用玉米标准分为3级，其中粗蛋白为干物质百分比，容重是指每升的克数，不完善粒是指虫蚀粒、病斑粒、破损粒、生芽和生霉粒、热损伤粒的总和，杂质指能通过3.0毫米圆孔筛的物质、无饲用价值的玉米和玉米以外的物质。

表7-1 饲料用玉米的质量标准

等级	容重（克/升）	粗蛋白质（干基，%）	不完善粒（%）		水分（%）	杂质（%）	色泽、气味
			总量	其中生霉粒			
1	≥710	≥10.0	≤5.0	≤2.0	≤14.0	≤1.0	正常
2	≥685	≥9.0	≤6.5				
3	≥660	≥8.0	≤8.0				

引自：GB/T 17890—1999。

二、玉米加工后的副产品

玉米加工后的副产物主要有玉米皮、玉米麸料、玉米蛋白粉和玉米胚芽粕等，是玉米加工淀粉、食用油或其他产品时的残渣。玉米副产物是生产饲料的优质原料，副产物制成的副产品具有很高的附加值，可以提高玉米加工业的效益，一般提高40%左右。

（一）玉米皮

玉米皮是种皮、麸皮和少量淀粉的混合物。玉米皮的粗蛋白质含量为7.5%～10.0%，无氮浸出物为61.3%～67.4%，在同类饲料中是比较高的。但由于缺少赖氨酸和脂肪，饲粮中不宜长期大量使用，否则会使体质变软。畜禽饲粮中粗皮不要超过10%～15%，细皮以20%～25%为宜。

（二）玉米麸料

玉米麸料又名玉米蛋白麸料，是玉米纤维质外皮、玉米浸渍液、玉米胚芽粕的混合物。按固体物质计算，混合后的比值为玉米纤维质外皮：玉米浸渍液：玉米胚芽粕＝（40～60）：（25～40）：（15～25）。玉米麸料一般含粗蛋白为10%～20%，有的高达25.8%。蛋白质消化率为牛85%、猪95%、鸡65%。缺点是赖氨酸、蛋氨酸、精氨酸含量不足，只有0.8%、0.3%和0.8%，在玉米加工副产品中含量最低。

（三）玉米蛋白粉

玉米蛋白粉又称玉米面筋粉。因加工工艺的不同，其蛋白质含量变化较大，一般为25%～60%。蛋白质消化率牛、猪、鸡分别是85%、98%和81%。其赖氨酸和色氨酸的含量同样不足，只有0.75%和0.2%，但蛋氨酸含量高达1.0%，精氨酸含量达1.5%～1.8%。此外，还含有大量的叶黄素。因此，玉米蛋白粉特别适合做鸡饲料，能对蛋黄起着色剂的作用。玉米蛋白粉能值较高，猪消化能为14.69兆焦耳/千克，鸡代谢能为13.77兆焦耳/千克。

（四）玉米胚芽粕

玉米胚芽粕是玉米提取油分后余下的残渣。特点是蛋白质含量只有17.7%，低于其他副产品。粗纤维含量为10.9%，粗脂肪含量为0.9%，但能值较高，无氮浸出物高达57.9%，对猪的消化能为11.88兆焦耳/千克。赖氨酸和精氨酸的含量较高，蛋氨酸和色氨酸的含量较低。但赖氨酸和精氨酸比值为100∶127，比较理想。

三、玉米秸秆饲料

玉米秸秆也是优质的饲料资源，2.5千克全株青贮玉米即相当于1千克优质干草，但价格仅相当于干草的73%～84%。饲喂试验表明，与饲喂干玉米秸相比，牛羊饲喂青贮玉米，产毛量或日增重量等指标显著提高。因此欧美等许多发达国家特别注重玉米秸秆饲料的生产和发展，玉米秸秆饲料早已成为反刍家畜的主要能量来源和畜禽育肥的强化饲料。在美国，20世纪70年代末期青贮玉米种植面积就达5 325万亩，占玉米播种面积的12%。我国青贮玉米面积只有300万亩，不足播种面积的1%。利用玉米秸秆饲料发展畜牧业生产的空间较大。

（一）玉米秸秆饲料的种类

玉米秸秆作为饲料利用有两种情况，玉米秸秆直接或秸秆青贮加工以后饲喂畜禽。青贮玉米饲料根据利用时期、利用部位分为全株玉米青贮饲料和玉米秸秆青贮饲料，按加工方式可分为黄贮和青贮，按品种类型分为青贮品种青贮饲料和粮饲兼用品种青贮饲料。

（二）秸秆饲料的特点

1. 资源充足 我国是玉米生产大国，年产玉米秸秆1.5亿吨，占作物秸秆总产量的30%，是一种不可忽视的巨大的饲料资源。目前绝大部分用于燃料和田间焚烧处理掉了，只有很少量的玉米秸秆用于散喂牛羊。饲料资源白白浪费掉了，充分发挥玉米秸秆巨大饲料资源库的作用，对推动畜牧业发展有很大作用。

2. 成本低廉 玉米秸秆是玉米生产的副产物，通过种植专用的玉米品种，大量的玉米秸秆就可作为青贮饲料的优质原料，与其他牧草相比成本极其低廉。

3. 营养丰富转换效率高 青贮玉米秸秆经青贮发酵后，在微生物的作用下，秸秆软化，产生大量的芳香族化合物，具有酒香味，柔软多汁，适口性好，所含营养易于消化吸收，转化效率高。

4. 饲料供应期长　进入冬季，草场牧草枯黄，干草储藏量有限，饲料供应时常产生困难。青贮玉米饲料不受季节的限制，采用一般的窖贮法，就能保存几个月，基本能满足冬春季节的需求。如果按技术规程操作，一般可贮存 6～10 年，能调节饲料供应淡季与旺季的矛盾。

5. 制作方法和设备简单　青贮饲料制作不需要特殊的设备和特殊的场所，只要具备一般的铡草机械和密封贮窖就可以进行青贮饲料的制作。制作方法也十分简单，将铡成 1～3 厘米的碎玉米秸秆放入密封贮窖中，加入少许添加剂（尿素等），压实密封发酵3～4 周就可以开封饲用了。

6. 有利于规模化养殖　贮藏青贮玉米饲料占用空间比干草小，一般 1 $米^3$ 青贮饲料重 700～800 千克，其中含干物质 150 千克左右，而 1 $米^3$ 干草仅 70 千克，所含干物质 60 千克左右，其单位体积的贮藏量是干草的 2.5 倍。另外，青贮饲料贮存期比较长，可以大量保存，因此可根据饲养规模来定青贮的数量，达到秸秆饲料生产规模化、集约化，实现规模养殖，增强市场竞争力，提高经济效益。

（三）秸秆饲料的制作技术

1. 秸秆饲料的加工原理　玉米秸秆饲料制作过程主要是密封条件下的发酵过程。利用乳酸菌的厌氧呼吸产生乳酸，抑制杂菌生长，达到长期保存的目的。当贮藏窖内的乳酸积累到一定量（pH＝4）时，大部分微生物停止繁殖，而乳酸菌本身也由于乳酸的不断积累，pH 逐渐降低，当 pH 降低到 3.8～4.2 时，乳酸菌自身繁殖也受到抑制。因此青贮饲料中的酸度也不会无限度的增加，从而达到青贮的目的。只要这种无氧条件不被破坏，各种微生物就不能生长繁殖，青贮的秸秆饲料就能长期保存。

一般把秸秆饲料的发酵过程分为 5 个阶段（表 7-2），贮窖密封后的 3～5 天为好气性时期；密封后的 15～20 天为厌氧性乳酸发酵时期，此阶段是最为关键的时期，如果乳酸产生量不足，就可能进入厌氧丁酸发酵过程，从而影响青贮饲料的质量。

表 7-2　玉米秸秆青贮饲料发酵过程

阶　段	环境条件	主导因素	物质变化过程	密封后的天数
一	好气性	植物细胞	碳水化合物→CO_2＋热	3～5 天
二	好气性	醋酸菌 大肠杆菌 杂　菌	碳水化合物→醋酸（少量）	
三	厌氧性	乳酸菌	碳水化合物→乳酸（开始）	2～3 星期
四	厌氧性	乳酸菌	乳酸含量达 1%～1.5%，pH 降到 4.2 以下，开始静止稳定	
五	厌氧性	丁酸菌	乳酸生成量不足的情况下： 糖→乳酸→丁酸 糖→丁酸 氨基酸→氨	2～3 星期以后

2. 秸秆饲料制作技术　利用玉米秸秆制作饲料主要有黄贮和青贮两种方式。干黄玉米秸秆中纤维素成分高达 30%～40%，木质素和半纤维素的含量都在 20%左右，并且秸秆细胞壁中的纤维素和半纤维素、木质素等交织在一起，很难被动物利用。即使经过氨化处理，玉米秸秆中的营养成分利用率仍然很低，干物质消化率仅在 50%左右。在发达国家很少利用干黄玉米秸秆作为饲料，我国利用也越来越少。

要获得优质的玉米秸秆青贮饲料，关键技术是创造有利于乳酸菌繁殖的厌氧条件。首先应排除贮藏窖内的空气。如果窖内残留氧气过多，则会导致呼吸加剧，温度升高，有利于其他菌迅速繁殖，乳酸菌受到抑制，导致养分损失品质劣变。其次水分含量要适中。一般秸秆青贮适宜的水分含量是 65%～75%，水分不足青贮饲料难以压实，空气排不出去，窖内容易产生高温，降低青贮饲料质量。如果水分过多，秸秆中原有的组织汁液容易流失或者秸秆黏结成块，也会降低秸秆饲料的饲用价值。最后，秸秆饲料源要含有一定的糖分。乳酸菌是以秸秆中的糖分为能量生存繁殖的。青贮料中的含糖量一般不低于鲜原料重量的1.5%，否则不能满足乳酸菌发酵的要求。玉米秸秆的含糖量一般大于1.5%。

3. 秸秆青贮饲料的质量控制　要发酵出质量上乘的秸秆饲料，必须掌握调制青贮饲料的关键技术。

（1）要有好的青贮窖。青贮窖是生产秸秆青贮饲料的场所，应具备密封性能好、窖壁光滑，有利于储料的填充及压实，同时窖壁要具有防水的功能等条件，否则将达不到储制高等级饲料的要求。青贮窖的规格、种类有各种各样，应根据自身的规模、经济条件灵活选择。按形状可分为圆形、构型和马蹄形；按位置可分为地上式、地下式和半地下式；按建筑材料可分为钢筋混凝土结构青贮窖、砖石水泥青贮窖、土质以及塑料青贮窖等。

（2）要有高质量的玉米秸秆原料。首先要选用优良的饲料玉米品种，优良品种的生物产量可达533千克/亩以上，秸秆粗蛋白、含糖量等营养指标也较高，能够获得高质量的秸秆饲料源。其次要适时收获，一般全株青贮的玉米在乳熟末期收割比较理想，既能获得高的生物产量，又能满足青贮的质量要求。粮饲兼用品种的收获期一般在完全成熟的前5天收获，根据品种的不同略有差异。确定最佳收获期的原则是，保证秸秆70%为绿色，籽粒接近完全成熟、不减产，进行收获。

（3）加工要符合技术规程。玉米秸秆饲料的制作一定要按技术规程进行，否则容易造成饲料腐烂、干燥，或者达不到质量标准。青贮饲料的调制一般按以下技术规程操作：收获→切料→装填→密封。玉米秸秆饲料加工技术可以概括为12个字，即切料要细，装填要实，密封要严。

（4）选择适宜的添加剂。为提高秸秆青贮饲料的品质和营养价值，必须在青贮饲料中添加适量的添加剂。添加剂的种类很多，甲酸、丙酸、苯甲酸和尿素等均是有效的添加剂。但生产中一般常使用尿素，既经济又高效。同时，在青贮饲料中加入适量的尿素，可提高粗蛋白含量。具体方法是用30倍尿素溶液均匀地喷洒在原料上，一定要把尿素混合均匀，保证青贮窖各个部位的尿素含量相同。

4. 秸秆饲料的质量鉴定 秸秆饲料的质量鉴定主要有感官鉴定和实验室分析鉴定两种。感官鉴定主要根据饲料的色、香、味进行。品质优良的秸秆饲料呈绿色或黄绿色，有酸甜的气味，表面略带湿润。相反，品质差的饲料，颜色褐色或黑色，有难闻的气味，或过度松散或结块。

实验室鉴定主要是测定 pH、含氨量及营养成分等。优良的青贮玉米秸秆饲料 pH 为 3.8～4.2，pH＞4.2 时，青贮质量较差，当 pH 达 5～6 时，青贮饲料的质量极差。测定青贮饲料中氨态氮的含量，可以判断青贮饲料在发酵过程中的状态，根据氨态氮占总氮量的百分比，可以推测蛋白质的损失量。

第三节 玉米食品

玉米按用途与籽粒组成可分为特用玉米和普通玉米两大类。特用玉米一般指糯玉米、甜玉米、爆裂玉米、高油玉米等。不同的玉米种类可以制作不同的食品类型。玉米食品富含各种矿质元素和维生素，非常适合老年人、儿童和特殊病人。发展玉米食品工业能综合利用玉米，提高玉米的生产效益，丰富人民的食品种类，促进农业的可持续发展。

一、玉米淀粉

玉米淀粉是人类饮食中的主要成分，它是碳水化合物能量的主要来源。淀粉是食品中不可缺少的添加剂。除提供丰富的营养外，它们为食品提供了形状、口味、增稠性、胶凝性、黏合性和稳定性等所要求的性质。

（一）特制淀粉

玉米籽粒脂肪含量较高，在贮藏过程中会因脂肪氧化作用产生不良味道。经加工而成的特制玉米粉，含油量降低到1％以下，可改善食用品质，粒度较细。适于与小麦面粉掺和作各种面食。由于富含蛋白质和较多的维生素，添加制成的食品营养价值高，是儿童和老年人的食用佳品。

（二）变性淀粉

普通玉米淀粉经过工艺处理可获得变性淀粉，成为可以满足各种特殊用途需要的淀粉制品。变性淀粉在烘烤食品中，用作酥油的代替品，作釉光剂，可代替昂贵的蛋白和天然胶。在饮料中，作稳定剂，取代部分阿拉伯胶，可改善产品的口感与体态。在罐头食品中，具有较高的耐热性和贮存的稳定性，作增稠剂与稳定剂，可改善产品的光泽。在糖果类食品中，作胶凝剂、抛光剂，可使产品形成的膜具有光泽，透明，并能降低产品的破裂性。在乳制品中作胶凝剂、改良剂，可增加制品的贮存稳定性，提高产品的加工黏度。在肉及鱼类制品中，作黏结剂和组织赋形剂、保水剂、胶凝剂，可使产品具有冻融稳定性和保水性。在面类食品中，可使产品具有酥脆的结构，并改善面的复水性，延长制品的贮存时间。在零食食品中，可使制品具有良好的膨化度。可以控制制品的酥脆性，作蒸烘零食的保水剂和组织成型剂。在冷冻食品中，可控制制品的结构与黏度，使产品具有光泽而且耐热与冷冻加工，是产品良好的保水剂和成形剂，使产品有良好的冻融稳定性，不易破裂。这些制品可以代替昂贵的原料，降低食品制造的成本，提高经济效益。

二、鲜食玉米和速冻玉米

近几年来人们对甜、糯玉米的需求不断增加，受市场经济调控，甜、糯玉米的种植和加工规模正在扩大，这既满足了人们日益增长的生活需要，也给种植者和加工、销售者带来较好的收益。

（一）鲜食甜糯玉米

甜玉米在口感上具有甜、香、脆、嫩等特点，且含有较高的营养成分。超甜玉米籽粒的水溶性糖含量一般可达 17%以上，蛋白质含量比普通玉米高 38.8%，脂肪含量比普通玉米增加 1 倍，且含有丰富的氨基酸和维生素 B_1、维生素 B_2、维生素 C 等，此外还含有非常丰富的锌、铁、锰等微量元素。

糯玉米清香滑嫩，适口性好，胚乳全部由支链淀粉组成，具有黏、软、细、滑四大特点，水溶性、盐溶性蛋白比例较高，醇溶蛋白比例较低，赖氨酸含量比普通玉米高16%～74%。

(二) 速冻甜糯玉米

速冻玉米就是在－30℃极短时间内，使中心温度达到－18℃，其细胞组织不被破坏而保持鲜嫩。将适时采收的甜糯玉米鲜穗或切段精选后速冻保鲜以延长保质期，可在冬春季节延续销售3～5个月。供应大中城市，每个中等速冻鲜穗售价2元以上。

采用速冻技术可以进行规模化生产，实现种植、加工、销售产业化，从而实现增加市场品种、周年供应、出口创汇的目的。

工艺流程：原料采收→剥皮→去花丝→选穗→清洗→漂烫→预冷→速冻→装袋→低温冻藏，随售随取。

速冻食品的质量好坏，与加工过程的各个环节都有直接关系，因此，必须层层把关。任何一个工序的疏忽大意都将影响产品的质量，严重者失去商品价值。

三、玉米罐头

(一) 甜玉米罐头

甜玉米罐头是一种果蔬类食品，是以未成熟的甜玉米为原料经工业加工而制成的一种罐装食品。

甜玉米是一种集粮食、水果、蔬菜于一身的优质罐藏原料作物，籽粒含糖量较高，其果糖、葡萄糖极易被人体吸收，蛋白质含量为每100克甜玉米籽粒含22克蛋白质，还含有多种维生素和人体所需的赖氨酸、胱氨酸等8种氨基酸。因此，是许多国家公认的大众化食品，同时也是老年人、儿童、孕妇的理想健康食品。

甜玉米罐头，按其籽粒的状态，可分为整粒状和糊状两种，整粒状居多。

工艺流程：原料采收→检验挑选→喷洗→脱粒处理→装罐→加汤汁→排气→封口→灭菌→冷却→检验→成品。

从原料的采收到罐头的加工完成，最好在12小时内进行完毕，若有当日剩余的原料最好存放在温度为0～4℃，相对湿度为90%～95%的冷库中，以保证再加工时，符合技术标准。

（二）玉米笋罐头

玉米笋罐头也是一种果蔬类罐头，是以笋用玉米的幼嫩穗为原料经加工而制成的一种特殊食品。

玉米笋含有维生素C、维生素B_1等维生素和各种游离氨基酸及钙、磷、铁等矿物质，以其为原料制成的玉米笋罐头，是20世纪80年代世界上发展的一种高档的果蔬罐头。主要进口国是美国、加拿大、日本、港澳、新加坡和马来西亚。

工艺流程：原料采收→修整挑选→漂洗→预煮→冷却→装罐→加汤汁→排气→封口→灭菌→冷却→成品。

从原料采收到玉米笋罐头加工完毕，最好也在12小时内进行。若当日有剩余的原料也必须放入温度为0～4℃，相对湿度为90%～95%的冷库中存放。

原料处理：将采收的玉米笋，去苞叶后，轻轻地去花丝，切除穗柄，修整成合乎标准的完整果穗，然后进行漂洗。

预煮：预煮是为了除去玉米笋表面的黏液，杀死表面附着的部分微生物，同时排出组织中的空气，使组织软化。预煮更重要的目的是要破坏酶的活性，稳定色泽，改善风味。（方法：用愈创木酚酒精液和过氧化氢等量混合后，将玉米笋切成一定厚度的片放入其中，在数分钟内如不变色，其酶就已被破坏）。

灭菌后的冷却：灭菌后必须快速冷却，使罐内中心温度为38～40℃，防止继续受热而影响产品的色、形、味。

经此工艺加工生产出的玉米笋罐头具有色淡黄、味鲜美、入口嫩脆、营养丰富的特点。

四、脱水甜玉米

（一）冻干食品的特点及优势

真空冷冻干燥脱水食品简称“冻干食品”是利用目前世界上最

先进的保藏食品的工艺技术：真空冷冻干燥技术将新鲜食品（果蔬、肉类、海鲜、速溶汤料等）中的水分速冻成冰，在真空状态下升华干燥而制成脱水食品。由于冻干过程是在低温真空状态下进行，故冻干脱水食品具有其他干燥方法所不可比拟的优越性：

①能最大限度地保持原新鲜食品的色、香、味和营养成分；

②能保持新鲜食品的外观形状；

③复水性极佳可在极短时间内恢复成接近新鲜食品状态；

④无任何添加剂的天然绿色食品；

⑤保存性好，可在常温下存放，无需冷藏；

⑥产品重量轻，便于运输。

（二）脱水甜玉米的生产与应用

加工方式：先将新鲜甜玉米在冷冻库内快速冷冻，使甜玉米内水分凝固成冰晶，再将其置于真空干燥仓内，进行“升华”——将冰直接转化为水蒸气。采用此工艺生产的冻干食品，只去掉了甜玉米内的水分，使其仍能维持产品的色、香、味、形，更保留了原生态的营养成分和新鲜甜玉米的维生素及矿物质。

应用领域：谷物类食品、烘焙产品、冰淇淋产品、饮料业、功能食品、健康休闲食品等。

储存：置于阴凉干燥，避光环境保存。

五、玉米油

玉米油含有85%以上的不饱和脂肪酸，主要是油酸和亚油酸，这些不饱和脂肪酸是人体生长发育所必需的，人体吸收率达97%以上，所以又称为保健油。

玉米油中还含有谷固醇，具有抑制胆固醇增加的作用。长期食用对冠心病和动脉硬化症有很好的疗效。据日本报道：长期食用玉米油，对人体血液胆固醇浓度降低16%。玉米油含富含维生素E，对安胎助产有良好功效。对人体细胞分裂，延缓衰老，有一定作用。所以玉米油是理想的食用油脂，对于老年人是一种保健油，对于婴儿是母乳化奶粉中理想的油脂原料。

（一）生产工艺流程

制取玉米油的原料是在玉米淀粉生产中分离出的玉米胚芽，进入榨油厂的胚芽约含有（按无水干物质计）：53%～57%脂肪，12%～19%蛋白质，8%～11%淀粉，15%～18%纤维素，6%～8%戊聚糖，0.7%～1.2%灰分及2%～3%其他物质。这些成分因玉米的品种、质量、分离胚芽的季节及所采用的工艺而有所变化。

玉米胚榨油大都采用压榨油制油，其工艺流程为：玉米胚→预处理（筛选、磁选）→热处理（调节水分）→轧坯→蒸炒→压榨→毛油。

1. 预处理　进入制油车间的玉米胚有干法和湿法两种分离玉米胚的处理方式。干法分离胚虽然能达到玉米重量的4%～8%，但由于干法分离效果差，含杂质较多，夹带着很多淀粉和玉米皮。应在榨油前用筛分法尽可能地将夹杂物去除。湿法分离的玉米胚纯度较高，所以出油率也较高。影响出油率的最大杂质因素是淀粉，分离胚芽过程若淀粉分不净，它不仅减少了商品淀粉的回收率，而且还因夹带在胚芽中的淀粉在蒸炒过程会糊化，减少了压榨过程油脂流出的流油面积，堵塞了油路，降低了出油率。此外，在玉米胚芽进入榨油机之前，还应进行磁选处理，以除去磁性金属碎屑，以保护榨油设备。

2. 轧坯　轧坯的目的在于破坏含油的细胞壁，改善碎胚芽的湿润和加热，使蛋白质变性，以利于出油。由于玉米胚在分离过程中吸收了水分，在轧坯以前，必须进行烘烤，以调节水分，降低其韧性，干燥至水分低于10%，才可以轧坯。一般可采用直径200毫米×370毫米型轧坯机（处理400千克/小时）。

3. 蒸炒　蒸炒也称热处理，其目的也是为了破坏细胞壁，使蛋白质充分变性和凝固，同时使油的黏度降低，以及使油滴进一步凝集，以利于油脂从细胞中流出。热处理的效果受水分、温度、加热时间、速度等因素的影响，其中最主要的因素是水分和温度。经热处理的料温在进入压榨机以前，争取达到100℃。

4. 压榨　压榨机有间歇和连续的两种，现均采用连续螺旋压榨机，靠压力挤压出油。获得高出油率的压力在69兆帕斯卡以上。

干法分离的胚芽出油率小于20%，湿法分离的胚芽出油率为40%～45%。

经上述工艺制得的玉米油为毛油，经过沉淀后，可作为精炼玉米油的原料，不可食用。

（二）毛油的精炼

玉米油精炼的工艺流程为：毛油→水化脱胶→碱炼→水洗（2次）→脱水脱色→过滤→脱臭→精炼玉米油。

1. 水化 水化是在玉米油加热到75～80℃时，加入5%～10%（对油而言）的水，边加边搅拌，同时加入适量的食盐，在此过程中，胶体膨胀并溶于水，然后将含有胶体的水和油分离达到水化脱胶的目的。玉米油的胶体为游离脂肪酸、磷脂结合的蛋白质、黏液质等非甘油酯杂质。这些杂质的存在在碱炼过程中会影响玉米油精炼，需要去除。

2. 碱炼 碱炼的目的是使游离脂肪酸和碱生成絮状肥皂，并吸附油脂中的杂质，使油脂进一步净化，碱炼一般采用烧碱，此方法脱酸效果好，能提高油脂的色泽，但会产生少量的皂化。如采用碳酸钠碱炼，能防止中性油脂的皂化，但油脂色泽较差。碱炼过程中碱液一般采用喷淋式加入油脂中，经过碱炼，游离脂肪酸能由原来的10%降到1%以下。碱炼过程中产生的皂角一般沉降于碱炼罐的底部，很容易分离。

3. 脱色 碱炼的玉米油，需对油脂进行脱色，一般用白土对其进行脱色，工艺要求加入70%～80%白土，然后升温到110～120℃，脱色10～20分钟，白土量为油脂的3%～5%，脱色是在真空下进行的。脱色过程中，温度不宜过高，否则会使油脂酸价上升。所以实际操作要选择适宜的操作温度和脱色时间，达到最好的脱色效果。

4. 脱臭 玉米油经过上述处理后，外观黄色透明，但由于含有少量的萜烯、醛、酮等可挥发物质，还留有一种玉米胚芽特有的异味，风味口感较差，虽说营养价值很高也不易被人们接受，所以必须经脱臭处理。

玉米油脱臭可采用高温、高真空、蒸汽汽提的办法，一般温度在180℃，真空度100千帕斯卡，就可达到比较理想的效果。

玉米油整个精制过程，损耗率在10%左右。质量达到：外观浅黄、清亮、透明；色度（罗维朋红）最大3；游离脂肪酸小于0.25%；烟点230～240℃。

六、其他玉米食品

（一）玉米氢化油

玉米深加工可得到耐储存且营养丰富的食用氢化油和具有多功能的糖醇，适合制作具有疗效的各种保健食品。如人们不太喜欢食用的玉米胚油，可经精制氢化，制成食品专用的油脂，也可以制成人造奶油、起酥油、代可可脂等。这样既保持了植物油的营养价值，又大大延长了货架保存期。玉米胚油经适度氢化后，还可用于儿童食品、家庭餐用等，同时也可代替方便食品中的用油。

（二）木糖

木糖是低热量甜味剂，在日本作为肥胖病人、高血压病人的甜味料，我国每年向日本出口1 000吨以上。木糖再经氢化制成木糖醇，它具有蔗糖相同的热量和甜度，是糖尿病人理想的甜味料，不但不增加血糖值，还具有降低血糖值的功效，可制成糖尿病人专用的疗效食品，木糖醇还不龋牙，可作儿童的防龋食品。用木糖醇、山梨醇制的无糖口香糖，在欧洲、北美洲均受欢迎。

（三）山梨醇

玉米经加工可制成70%以上的玉米淀粉，该淀粉可制成葡萄糖，葡萄糖氢化后可制成山梨醇，山梨醇易被人体代谢而不易被微生物利用，可以防止酸败，由于它能吸收空气中的水分，可作面包添加剂，使面包柔软，延长货架期。

（四）玉米小吃食品

1. 爆玉米花 爆玉米花是最早的快餐玉米小吃，它有沁人的玉米风味和令人喜爱的口感，可用脂肪、盐或焦糖、乳酪及许多其他风味剂调味。

2. 玉米果 将玉米进行水分调节后，在油中炸熟并加盐。这种食品有良好的食味，但硬度较高，食用时须少吃，否则易损伤牙齿。

3. 玉米卷 以玉米粉使用蒸煮挤压机加工而成。它从挤压机中获得的膨胀程度小于爆玉米花的膨胀程度。通常玉米卷用油喷洒后，再用乳酪或其他调味剂涂层。其优点是味道新鲜。

第四节 玉米的深加工

一、工业用途

玉米是重要的工业原料，世界上以玉米为原料的工业产品达500余种，综合利用率99%以上，高于其他任何作物。玉米淀粉是食品、医药、化工、纺织业的重要原料，是新兴的糖源、能源、药源。玉米油可加工成润滑油、油漆、肥皂等多种工业产品。

（一）燃料乙醇

燃料乙醇指以生物物质为原料通过生物发酵等途径获得的可作为燃料用的乙醇。燃料乙醇经变性后与汽油按一定比例混合可制成车用乙醇汽油。燃料乙醇拥有清洁、可再生等特点，可以降低汽车尾气中一氧化碳和碳氢化合物的排放。随着国内石油需求的进一步提高，以乙醇等替代能源为代表的能源供应多元化战略已成为中国能源政策的一个方向。中国已成为世界上继巴西、美国之后第三大生物燃料乙醇生产国和应用国。

（二）玉米的发酵加工

玉米为发酵工业提供了丰富而经济的碳水化合物。通过酶解生成的葡萄糖，是发酵工业的良好原料。加工的副产品，如玉米浸泡液、粉浆等都可用于发酵工业，生产酒精、啤酒等许多种产品。

二、玉米秸秆发电

玉米秸秆传统上用来做饭取暖，然而农民生活方式的转变，玉米秸秆已从农村燃料蜕变成废弃物，为了不让堆放的秸秆占地，农民只有在野外燃烧，结果不仅造成环境污染和火灾安全隐患，而且也是一种资源浪费。秸秆是一种很好的清洁可再生能源，每 2 吨秸秆的热值就相当于 1 吨标准煤，而且其平均含硫量只有 0.38%，而煤的平均含硫量约达 1%。在生物质的再生利用过程中，排放二氧化碳与生物质再生时吸收的二氧化碳达到碳平衡，具有二氧化碳零排放的作用，市场前景非常广阔。

根据国家“十一五”规划纲要提出的发展目标，未来将建设生物质发电 550 万千瓦装机容量，已公布的《可再生能源中长期发展规划》也确定了到 2020 年生物质发电装机3 000万千瓦的发展目标。此外，国家已经决定，将安排资金支持可再生能源的技术研发、设备制造及检测认证等产业服务体系建设。总的说来，生物质能发电行业有着广阔的发展前景。

三、苞叶编织

玉米苞叶编织的基本工序有以下几个步骤。

1. 苞叶选择 在收获果穗时，随时将苞叶外层青叶和紧挨着籽粒的薄叶剔除，选中间厚度均匀、色泽洁白的 5～8 片苞叶晒干，绑成捆贮藏留用。

2. 苞叶保管 玉米苞叶易吸湿发潮，因此，应密封保存。在晾晒时应朝晾晚收，以防止苞叶经露后变色。

3. 苞叶熏蒸 为提高编织品的洁白度，把苞叶用水浸湿后放入容器中，点燃硫黄后，封口熏蒸 12 小时即能达到要求。硫黄用量为每 5 千克苞叶用硫黄 0.2%。

4. 苞叶染色 为编织出精美逼真的苞叶工艺品，染色很关键。苞叶的染色方法同民间染布的方法大同小异，每千克苞叶用 0.4 千克染料、1 千克食盐加水煮染，加水量以淹没苞叶为宜。待水烧开后，翻动苞叶 3～4 次捞出晾干即可。

5. 图案和模具 图案是基础，有了创意独特、优美的图案，才能编织出高雅的工艺品。有了图案，选一块优质木板，刨平，按图案模型的要求，用铁钉钉制模具。

6. 苞叶劈瓣与纺经 苞叶编织采用的是1厘米宽的苞叶条，因此在编织之前要将苞叶劈分成条。劈条时应注意每条均匀一致，使编织的经纬线胚匀称美观。在纺经时，用力要均匀，接头要严密，线条粗细要一致。

7. 手工编织 在进行编织时，先用钉把经线胚均匀地固定在模矩上，每条经线胚的距离为2厘米。然后开始编织纬线。苞叶工艺品编织主要是手工，技术要求是边角要整齐，花瓣要鲜明。玉米苞叶编织的方法有平编法、四花编结法、八花编结法等。

玉米苞叶编织的工艺品种类很多，如提篮、地毯、挎包、坐垫、礼帽、中国结等，不同种类工艺品的编织方法大同小异，只是用料的多少和花样不同。

四、花粉利用

玉米花粉营养价值较为丰富，含有糖分、蛋白质、多种维生素和矿物质。玉米花粉所含的蛋白质、维生素C、矿物质和有机酸等显著高于蜂蜜（表7-3）。利用玉米花粉可以生产饮料和滋补、保健品等。

表7-3 玉米花粉的营养成分

项　目	水　分（%）	糖　分（%）	蛋白质（%）	维生素C（毫克/百克）	矿物质（%）	总　酸（%）
玉米花粉	6.56	38.62	32.65	148.96	2.76	1.34
蜂　　蜜	12.0	76.6	7.8	14.25	0.18	0.08

（一）花粉的采集

花粉采集最好选择晴朗无风的天气，从9：00～13：00均可采集，但9：00～11：00花粉量最大，采集较容易。采集方法为田间抖动雄穗取粉，或取下雄穗取粉。在不影响授粉的前提下，每亩采粉量3千克左右。将花粉收集到容器中，用细筛去除花药，然后放在无风、干燥的地方铺开晾干。注意花粉的厚度不要超过0.5厘米，每隔3小时翻动一次。没有干燥的花粉为淡黄色，干燥后的花粉为金黄色。

（二）花粉的贮藏

新采集的花粉水分含量较高，一般在15%～20%，容易发霉变质。要长期保存玉米花粉，必须降低水分。一般60℃条件下烘干5～8小时，水分可降到6%左右，保存60天品质基本不变。

（三）花粉产品及其功效

利用花粉可以生产玉米花粉浓缩汁、花粉汽水、花粉茶、花粉素、花粉奶酪等产品。花粉产品在医疗和保健方面有以下功能。

1. 调节神经系统　花粉具有健脑、安眠和抗神经衰弱的作用。长期服用玉米花粉产品，能缓解精神紧张状态，减轻神经衰弱。儿童长期服用，能促进儿童生长发育，活跃脑细胞，增强智力。

2. 可以增强体力　花粉是体力极度消耗后的最好滋补品。花粉能增加肺活量，增强体力和耐力，在进行剧烈运动之前，服用花粉制品，能够明显增强体力。

3. 保护心血管　食用玉米花粉产品，能增强毛细血管的强度，降低体内胆固醇含量，提高心脏的收缩力，对减少心脑血管疾病有一定的疗效。

4. 具有抗衰老的作用　花粉中含有一些稀有元素和必需氨基酸、酶（如SOD、POD）等天然活性物质，这些物质可以激活免疫系统，减缓细胞的自身破坏性，从而延迟衰老。

5. 增加血液中血红蛋白含量　花粉用于治疗贫血具有良好的疗效。试验表明身体虚弱的儿童，服用花粉1～2个月后，红血球数量增加25%～30%，血红蛋白含量平均增加约15%。

6. 具有美容作用　花粉产品具有滋润皮肤、防止皱裂的功效。机理主要是通过抑制皮肤表面细胞的早衰，达到保护皮肤的作用。

此外，玉米花粉产品对治疗肝炎有一定疗效；玉米花粉素对预防小儿佝偻病有很好的效果。

五、穗轴利用

玉米穗轴即通常所说的玉米芯，主要成分是难以水解的纤维素、半纤维素和木质素，以及少量脂肪和蛋白质等。可用作生产化工原料、酿酒，也是栽培食用菌的主要原料之一。

（一）提取糠醛

糠醛是一种化工原料，用途广泛。可以作为航天助燃剂、炼油润滑剂等，有些医药和农药也用到糠醛。

糠醛生产的主要工艺流程是，首先用粉碎机将玉米轴粉碎，加入5%～7%的稀硫酸，料液比为5∶2左右，搅拌均匀后，装入水解罐中，在压力0.6～0.8兆帕斯卡、温度180℃条件下，水解4～5小时，多缩戊糖水解成L-阿拉伯糖和D-木糖，木糖与醛在热状态下脱水生成糠醛。经纯碱中和，旋风分离，蒸馏后，获得糠醛。大约生产1吨糠醛需12吨玉米轴。

（二）提取糠醇

糠醇也称氧茂甲醇或呋喃甲醇，为无色易流动的液体，具有毒性。主要用途是制造树脂。

糠醇是糠醛催化加氢反应生成的。在常压下将糠醛气化，与过量氢气混合，在温度120～150℃时通过氧化物催化层，便可生成糠醇。先进的生产技术采用Cu-SiO_2作催化剂。

（三）提取木糖醇

木糖醇，白色晶体，溶于水和乙醇，是轻工业、化工、医药和食品工业的重要原料。在轻工业上，木糖醇可用于卷烟、牙膏、造纸等生产中；在化工上，可作为石油破乳剂、防冻剂和农药乳化剂等；在医药上，常作为肝炎、糖尿病等患者的医疗食品，具有缓解症状的良好效果；在食品上，常作为食糖代用品，用于食品加工中。

（四）酿酒

玉米轴酿酒工艺过程同其他原料酿酒过程大体相同。先把玉米轴粉碎，将玉米轴粉加水适量，蒸熟，熟料加酒曲酶，每100千克原料用3.5千克酒曲子，搅拌均匀后进行糖化，18～20小时后就可以进行蒸馏造酒了。

（五）制取饴糖

将玉米轴、大麦、麸皮或谷糠按15∶3∶5的比例配料，先将玉米轴粉碎成直径0.5厘米左右的颗粒，用清水浸泡1小时后放在蒸笼上蒸制。方法为先在笼屉上铺一层玉米轴碎屑，上面铺一层麸皮，蒸煮 20 分钟后，向其中拌入 5 千克凉水，搅拌均匀后继续蒸煮 20 分钟，然后再一次加入 5 千克凉水，以利于穗轴颗粒内的淀粉糊化。继续蒸煮 20 分钟，停火晾凉，拌入事先制好的麦芽浆，最后放入锅内，连续煮沸 4 小时，即可转化为糖液。滗出糖水，进一步熬成糊状，饴糖便做成了。

（六）栽植食用菌

玉米轴疏松多孔，含糖量较高，是生产食用菌的优质原料。玉米轴是黑木耳、草菇、凤尾菇等多种食用菌的优质培养基。

1. 黑木耳栽培 挑选无霉变的玉米轴，粉碎成屑。用 1%过磷酸钙和硫酸镁溶液浸泡 24 小时，使碎屑含水量达 65%左右。将浸泡的玉米轴屑、麦麸、糖、石膏粉按 78∶20∶1∶1 的比例混合均匀，保持含水量在 60%，装袋。将装好料的培养袋进行高压灭菌，待冷却后接种、扎好袋口。最后放在适宜的温、湿度和光照条件下发菌培植木耳。

2. 草菇栽培 草菇栽培有碎料栽培和玉米轴墙栽培。碎料栽培技术和木耳栽培大同小异。玉米轴墙栽培草菇的技术是将无霉变的玉米轴，整轴放在1%的石灰水中浸泡24小时，使含水量达 65%～70%。用木屑、碎秸秆加少量麦麸、尿素，加水调拌均匀，使水分达 65%左右作填充料。在宽 50 厘米、高 15～20 厘米的土埂内平铺上玉米轴，轴堆宽度 40 厘米，然后播菌种，菌种要播撒均匀，依次类推，一层玉米轴一层菌种，放满后覆盖薄膜，6～7 天开始出现菇蕾。

3. 凤尾菇栽培 将玉米轴粉碎成直径 0.5～1.0 厘米的碎屑，放在 1%～3%的石灰水中浸泡 24 小时，进行消毒和吸湿，使水分达到 65%～70%备用。在无阳光直射的地方或葡萄架下面，挖宽 100 厘米、深 10 厘米的条形沟槽，在槽底和四周铺上塑料布，在塑料布上铺撒玉米轴碎料 2 厘米左右，然后在上面撒铺一层凤尾菇菌种，连续地铺一层玉米轴碎料铺一层菌种，直到把沟槽填满，覆盖上塑料布，5～10 天后开始出现凤尾菇菌蕾，打开塑料布，保持湿度，凤尾菇就能正常生长。

第八章 前沿科技展望

“科学技术是第一生产力”。当历史的车轮驶进21世纪，日新月异的科技浪潮为人们生活的角角落落描绘上绚丽斑斓的色彩。乘上科技的翅膀，新中国甩开了长期背负的温饱问题包袱，实现农业现代化的宏伟梦想不再那么遥不可及。农业现代化会是什么样子？它是用现代的工业、科学技术、管理方法、社会化服务体系武装农业的过程，是用现代的科学文化知识武装农民的过程，是由粗放落后的传统农业转变为精准先进的现代农业的过程。当前，跟进北美、欧洲、日本、澳洲等发达国家的步伐，学习研究和创新应用机械化生产、信息化生产、可持续化生产等领域的前沿农业科技，良种、良田、良法、良机与良人相配套，是全面实现我国农业生产现代化的必由之路。

第一节 机械化生产

农业机械化是农业现代化的“基石”。农业全程机械化是利用先进设备代替手工劳动，在播前整地、播种、灌溉、中耕、植保、收获、收后整地等产前、产中、产后环节，大面积采用机械作业。玉米机械化生产技术是以玉米收获机械化技术为重点，另外包括可以一次完成的精少量免耕播种、化肥深施、覆盖镇压等复式作业机具与技术，中耕施肥、高效植保、节水灌溉等田间管理机械化技术，以及种子处理、产后果穗籽粒烘干等加工机械化技术。

一、机械化生产的作用

玉米生产全程机械化作业技术是推进现代农业发展的重要举

措。该技术不仅可以大幅度减轻农民的劳动强度、降低生产成本、解放劳动力，而且可以显著地提高玉米单产的功效，同时还能实现玉米种植的标准化、规模化，进而大幅度提高玉米市场的竞争力。

机械化精量播种每亩可省种 1.5 千克左右，增产 15%～20%，机收每亩可减少损失 3%～5%；玉米精播可提高工效 50 倍，玉米机械收获和人工作业相比，生产效率可提高 30 倍，可见玉米生产机械化不仅可以提高生产效率，减少损耗，农民增收，还可以摘取果穗将玉米秸秆粉碎还田或青贮做饲料，从而减少秸秆焚烧造成的环境污染，起到增加土壤有机质含量，增肥地力，防止风沙，减缓土地风蚀沙化，发展畜牧养殖业，促进农业持续发展。

二、世界玉米机械化生产

一些发达国家在 20 世纪先后实现了农业机械化和农业现代化。第一产业从业人员占全社会从业人员的比重降到 10%以下，农业在国内生产总值中的比重在 5%以下。土地经营规模大，劳均负担耕地面积美国为 900 亩左右，加拿大为1 740亩，澳大利亚为1 687.5亩，英国、法国、德国为 150～300 亩。农业劳动生产率高，美国 1 个农业劳动力生产的农产品可以养活 128 个人。发达国家农业机械化发展与农业劳动力转移、农业劳动生产率提高与农民收入增加关系密切，其研究也大多集中在农业机械化与农业劳动力、农业生产率、产量和农民收入的关系上。

美国是世界最大玉米生产国，是以高度机械化、规模化高效生产的玉米生产技术先进国家。德国、法国等欧洲国家的玉米全程机械化生产也已经实现。国外发达国家玉米生产机械功能齐全，性能先进，专业化、自动化、精准化、智能化、标准化、系列化、通用化程度较高。采用机械化单粒精量播种，保苗密度高。国外收获机械的机型主要有玉米果穗的专用收获机和在小麦联合收割机上配置玉米隔台两种形式。收获机械向高效、大型、大功率、大割幅、大喂入量和高速发展。玉米隔台一次可收获玉米达 12 行，割台总宽度达 8 米，联合收割机所配发动机的功率达 250 千瓦左右，可适应大型农场作业需要。新材料和先进制造技术使产品性能更好，可靠性更高。机电一体化和自动化技术，提高了舒适型、安全性和可操作性能。联合收割机安装产量检测器，可在玉米收获以后直接绘制出农场不同区域产量的直方图。随着全球定位系统、地理信息系统和遥感技术的运用，玉米收获机的智能化程度越来越高。

三、中国玉米机械化生产

中国玉米机械化生产主要集中在黄淮海夏玉米区（山东、河北、河南、天津、北京、安徽、江苏等省市）和北方春玉米区（黑龙江、吉林、辽宁、内蒙古、山西、陕西、新疆、宁夏、甘肃 9 个省份）。这两个区域玉米面积约占全国 82%，玉米产量约占全国的 85%。全国 99%以上的玉米机播和机收面积都集中在这两个区域。

在我国农业现代化进程中，小麦生产实现了全程机械化，而玉米生产先后实现了机械化播种、机械化摘穗、机械化病虫害防治，在机械化收获方面一直存在亟须解决的难题。一是玉米籽粒收获问题。玉米机收仍是我国粮食生产全程机械化最薄弱的“瓶颈”环节。与小麦籽粒收获相比，我国目前玉米主要收获方式还是靠人工。每当玉米成熟季节，人们需要抽出大量的人力、物力去抢时、赶时收获。收获早了，籽粒灌浆不足影响产量，影响产量；收获晚了，有些品种会自己倒伏，有时赶上连续降雨，容易发生霉变。收获时要经过繁重的掰果穗、运输、晾晒果穗、脱粒、晒粒、收粒、清选、出售、运输、储藏等环节，需要投入人、财、物费用 150～300 元/亩。如何实现能像收小麦一样收获玉米籽粒直接出售，一直是政府、科技、农民、粮食、流通领域共同关心的课题。二是玉米果穗和籽粒晾晒问题，玉米晾晒形成的玉米“黄金大道”占用公路、严重影响交通问题，主要原因是由于农户集中收获玉米，而玉米含水量高必须进行晾晒至籽粒适宜脱粒的含水量后才能脱粒，脱粒后把籽粒含水量晾晒至安全储藏的含水量 14%以下才能安全入库。而随着农村城镇化的快速发展，造成农民大量进城，专用晾晒场所越来越少，从而造成玉米收获后晾晒难、脱粒难等问题日益突出；农村晾晒场地逐步由村内转移到了国道、省道、县道、乡村道路等柏油马路及其他空闲地，不仅带来了严重的交通堵塞，还对所晾晒玉米造成污染，影响玉米品质。三是玉米秸秆焚烧问题。农民在玉米秸秆晾干后直接焚烧，造成浓烟滚滚笼罩大地，成为我国环保污染的重大问题，严重影响飞机起降，加重雾霾天气，焚烧秸秆已经成为一大社会公害。

解决上述问题，必须实现玉米产业的种植、管理、玉米收割机籽粒直收、籽粒烘干全程机械化，建立收购、烘干、运输、储存等收后烘干流通联合体系或合作社，就可实现像小麦一样直接地头卖玉米湿粮，从根本上解决玉米全程机械化的所有"难题"。我国玉米像小麦一样籽粒直收主要取决于两个方面的创新：一是玉米品种的技术创新，二是玉米收获机械的技术创新，两者缺一不可。近年来，虽然玉米摘穗收割机发展很快，技术水平完全成熟，苞叶剥光率可达到95%以上，个别果穗仅剩的三两片内层苞叶，不影响玉米脱粒。但还未能真正解决农户晾晒果穗、晾晒籽粒、秸秆处理等问题，一次性解决直接卖湿玉米的问题。玉米籽粒收割机技术创新，成为迫切需要。"华溪玉田""喜盈盈""沃德"等品牌的玉米籽粒收割机研制获得成功，技术基本成熟，已在陕西渭南、河南驻马店、河北沧州等地市得到大面积推广，为我国玉米籽粒直收创造了机械条件。

促进我国玉米机械化生产的对策：

一是完善农机相关法律和农机优惠政策。完善农机行业法律法规，建立准入机制，避免不良竞争，确保农机现代化健康发展。对农机生产制造企业进行技术和政策支持，壮大农机制造业，协调各方形成"政产学研"发展体系，加强对农机合作组织的扶持力度，为农机社会化服务体系发展注入新的活力，坚持因地制宜原则，针对各区域薄弱环节加大补贴力度。

二是加大适合玉米机械化生产相关技术研究。今后我国玉米生产发展的主要措施是"一增四改"。围绕着"一增四改"，需要加大适合玉米机械化生产相关技术研究。在育种技术方面，玉米育种者应在坚持高产、优质、多抗、适应性广等传统育种目标的基础上，注重选育出适宜全程机械化生产要求的品种。要加大适宜单粒精量播种、中早熟、耐密植、抗倒伏（折）、苞叶松、轴细硬、半硬粒、后期脱水快、结穗高度一致的有利于机械化作业的品种开发。在栽培技术方面，要规范种植方式。在种植模式上，欧美等发达国家多实行标准化种植，采用平作且行距一致。借鉴农业发达国家的做法，开展玉米标准化种植模式和机械生产标准化模式配套技术研究，综合考虑自然、品种特性、种植方式及机械作业等因素，充分发挥机械化生产对产量及效率的推动作用。

三是加快先进装备研究开发。工欲善其事，必先利其器。产品的性能是玉米生产机械化发展的关键，加快研究开发先进玉米生产装备是当务之急。要加大玉米装备关键技术和关键部件的基础研究，①研究多功能整地机械，重点研究脱附减阻技术，降低能耗，解决玉米联合收获机作业后大量秸秆覆盖下的整地问题；②研究玉米精密施肥播种机，研究精量施肥系统、单粒排种系统、精准仿形机构、V形镇压机构，解决在作物残茬覆盖条件下的施肥播种问题，提高播种质量；③研究高效低污染喷雾机和高构架自走式喷杆喷雾机，研究喷杆液压折叠技术、全封闭自动混药技术、同步喷雾技术、高构架自走底盘，解决喷雾作业的均匀性问题和玉米后期植保作业问题；④研究背负式和自走式玉米联合收获机，研究适合各种植区域要求的低破碎、低能耗、剥皮性能好的玉米联合收获机；⑤研究高效低能耗玉米烘干机。提高玉米生产装备水平，实现玉米生产标准作业，促进玉米生产机械化发展。

四是加强农机农艺相结合。没有农艺，农机就无的放矢；没有农机，农艺就是纸上谈兵。由于玉米生产条件复杂，耕作制度、种植方式多样，生产机械化难度较大，对生产机械化的迫切需求与技术及装备有效供给不足，已成为制约玉米生产机械化发展的主要矛盾。这就迫切需要农机与农艺相结合，工程技术与生物技术相结合，农机工作者与农业工作者合作，共同研究确定主攻方向，选择技术路线和发展模式，协作攻关来解决好这一发展难题。国内外实践证明，发展现代农业必须加强农机与农艺结合，用现代生产方式改变传统生产方式，共同建立一个高产、高效、全程机械化的现代农业产业技术体系。

五是加强农机社会化服务体系建设。创新农机经营管理模式，因地制宜发展多元化农机社会化服务体系，建立一批农机合作社、农机作业服务公司、农机大户等农机服务组织，农机管理部门制定各项农机作业及使用标准，进行以质定价，加强对农机技术状态及作业质量的监督。

六是将玉米生产机械化与产业化经营相结合，促进农业机械化全面发展。实行专业化分工与社会化协作相结合，使玉米生产由产中向产前和产后延伸，把玉米生产经营的产前、产中、产后诸环节联结成一个综合产业系统，实现产供销一条龙、贸工农一体化经营，使资源优势转化为产业优势和经营优势。逐步形成以北方玉米生产基地为基础，以玉米产品加工为龙头，带动玉米主产区一、二、三产业全面发展，振兴经济，形成有效增加农民收入的新局面。

第二节 信息化生产

农业信息化是农业现代化的“云梯”。像翱翔的飞机离不开强劲的发动机一样，农业现代化离不开现代信息技术提供的强大动力。信息技术的应用程度是衡量农业生产发展水平的重要标志。发达国家的农业信息化随着计算机的普及和通讯信息技术的发展在不断提升：自从20世纪50～60年代，开始利用计算机进行农业科学计算；70年代开始进行数据处理和数据库开发；80年代以来转向知识处理、自动控制研发和网络技术应用；当前，信息技术被广泛应用于农业信息获取与及时处理、系统模拟、生产管理、专家系统、决策支持系统等方面，信息化生产进入了农业数据库、多媒体技术、自动化控制等产业化普及应用的阶段。

一、农业信息基础设施的建设

农业信息基础设施包括电视、广播、计算机、手机等信息接收设备，以及畅通、快捷、稳定、全覆盖的互联网设施。法国政府免费向农民提供远程信息设备“迷你电脑”，通过公共交换网络通信系统，来方便农民随时查询行业商业数据、气象数据、交通信息等。日本则依靠中央政府和地方政府的财政拨款，由专业公司建设了大容量通讯网络及地方通信网络。

二、信息技术的研究与普及应用

（一）农业数据库系统和信息网络

农业信息数据量大、涉及面广、分布渠道散，怎样才能够帮助人们从知识的海洋中迅速找到需要的信息呢？人们运用计算机技术，将信息进行分类加工，研制出实用的专用数据库，并建立起农业数据库系统，比如世界著名的CABI、AGRIS、AORICOLA等。随着网络技术的发展，又创建出及时、准确、经济的农业信息网络，比如美国的AGNET联机网络、Agcomputing Inforlinc、AGRI-STAR、GRIN，英国的AGTINET，日本的CAPTAIN，澳大利亚的CISC，荷兰的EPIPRE和加拿大的Giass Rots Informart等。美国每年投入专项经费，来保障农业信息系统的运行、更新和升级，向大众免费开放国家农业数据库、地质资源数据库、海洋与大气数据库等。德国在广播、电话、电视等通信设施普及的基础上，建设起完善的农业信息数据库系统。数据库系统和信息网络给农业生产带来了翻天覆地的变化，创造了巨大的经济和社会效益。

（二）多媒体技术

多媒体技术不同于书籍、报刊、板报、广播等传统媒介，它是利用计算机或其他电子设备，以文字、图像、声音、动画或视频等多元化形式传播。多媒体技术将复杂深奥的农业技术，变得简单、好懂、易学、直观、立体，传播速度快、形象生动逼真、便于学习操作。

（三）专家软件系统

专家软件系统是将某个领域专家的知识、经验、技能等编写成软件，通过计算机、网络提供公共服务。国外农业专家系统的应用开始于20世纪70年代后期。比如通过作物专家系统模型来描述生产中非结构化、非系统化的知识，通过生产全程管理系统实现科学化管理，通过实用技术系统促进先进技术的推广利用。

（四）计算机辅助决策技术

计算机辅助决策技术为农民提供咨询服务。比如作物品种选择模型，可以提供不同品种品种特性、产量品质、抗逆性能及适宜的水肥条件等综合评估，帮助农民根据自身的条件和需求选择适宜的品种。

（五）精准农业技术

精准农业技术发源于美国。它是对影响作物产量和生产环境因素存在的时空信息进行定位、定时和定量的调控，包括全球定位系统、农田遥感监测系统、农田地理信息系统、农业专家系统、智能化农机具系统、环境监测系统、系统集成、网络化管理系统和培训系统。其中，遥感系统已被美国、欧洲、日本、中国和澳大利亚等国家广泛应用于资源调查、信息采集、生产环境评价、产量预报和灾害监测等。精准农作技术已经可以精确定位到10米^{2}为单位的小块土地上，大大降低了作物生产成本。

（六）自动化控制技术

现代工厂通过自动化生产线代替传统的人工控制作业线，实现产品的自动化、标准化和规模化生产。农业自动化控制技术，主要是利用计算机和电子通讯信息技术完成自动化播种、施肥、灌溉、采收、运输、储存、加工以及信息获取和处理等。美国铺设了大面积的无线传感器网络，实现了对作物生长环境的精准监测和控制；采用农业自动化灌溉施肥信息系统，实现了定时定点精准灌溉与施肥，既减少了劳动力使用量，又可使作物达到最佳的生长状态；应用病虫害远程诊断系统，实现了对病虫害的及时发现和正确诊断，便于迅速制订防治方案，减少病虫害发生带来的生产损失。

（七）虚拟农业技术

虚拟农业是20世纪80年代中期在作物生长模拟模型的基础上，开始研制出的一种农业信息新技术。它利用计算机、虚拟现实技术、仿真技术、多媒体技术，建立数学模型，定量而系统地描述作物生长发育、器官建成和产量形成等内在生理生态过程与外部生长环境之间相互作用的数量关系，在此基础上设计出虚拟作物，便于从遗传学角度快速定向培育农作物。

（八）农用机器人技术

农用机器人与网络化成为实现农业信息化的两大重要支撑技术。农用机器人是拥有像手臂一样自由度结构的机械系统，具有高度感知与判断等机能，或虽然外形仍为传统农业机械但可以自由移动。农用机器人多依靠计算机来控制，其内置的存储器可正确记录、储存并利用获取的检测信息和作业信息。农用机器人有作业环境机器人、作物种植机器人、收获采摘机器人、装箱机器人等。

三、农业信息服务体系的建立

农业信息化是涉及多部门、多领域、多行业、多学科的系统工程。国外农业信息化服务体系的建立有多种模式。美国以政府为建设主体，组建相关管理部门，负责农业信息化工作的实施，对市场进行宏观调控，确保信息的准确性、平稳性，通过扶持、支持农业信息化的办法让农业和农民间接受益。德国依靠关键技术的开发和应用，健全的农业保护政策，来带动农业信息服务发展：在学校开设了计算机和网络技术课程，教育与培训普及计算机网络技术；实现了农户生产经营管理信息化，农户通过自己的经营核算系统，用于管理经营、记账和会计核算，以及在政府网站上实现企业税务管理，通过农资管理系统来实现农机具设备、零件的网上购置等，通过协会产品集中收储销售管理系统，进行对外销售。法国是多元信息主体共存：农业部、大区农业部门和省农业部门向社会定期或不定期发布政策信息和市场动态；产品制造商以投资的形式参与改善农村的信息化基础设施条件；网络信息开发商开发应用软件，并将这些功能集成于小型计算机上，生产出各种便携式产品。日本根据市场运营规则，建立了专门的咨询委员会，制定较为配套完善的规章制度，建立起便捷的有地域特色的应用型农业信息体系。印度则发挥其软件发展的优势，依据需求构建农业信息服务体系。总之，国外农业信息化发达国家普遍重视政府的主导地位，重视因地制宜，重视对信息化从业人会员的培训，重视信息的质量和标准，以及相关法律法规的建设和完善。

近阶段，国外农业信息化的发展趋势是集成化、专业化、网络化、多媒体化、实用化和普及化。我国农业信息化的发展已经历了三个阶段：20 世纪 70 年代末期至 1993 年，我国将 RS、GIS 技术应用于农业发展；1994 年至 2000 年，农业部首次提出“金农工程”，一批有使用价值的农业应用信息库和数据库相继成立，各类型计算机应用系统先后开发成功，农业信息网络开始建设；2001 年以来，数字农业已渗透到农业生产各个领域，随着网络技术的普及和应用，农业电子商务获得广泛应用。当前，随着农业电子商务、农产品质量追溯、农业综合信息服务、农业物联网应用等深入发展，我国在持续加强农业信息化基础设施建设，强化信息技术在生产领域、管理领域、经营领域的创新应用，完善农业综合信息服务体系，促进农业现代化与信息化的融合。

第三节　可持续化生产

农业可持续化是农业现代化的“护卫舰”。古云“民以食为天”，土地资源有限，但人口在不断膨胀，使粮袋子问题成为世界范围内关乎国计民生的大事。“七十二行，庄稼为王”，为了填饱肚子，单纯追求产量的资源掠夺式生产方式，已经引发了化肥农药对环境过度污染、农田耕层变浅、土壤有机质下降、水土流失、生态退化等一系列问题。如果这样发展下去，温饱是解决了，但食品品质与安全性下降了；当代人不愁吃了，但子孙后代无地可种了。因此，20 世纪 80 年代可持续农业的概念就被提出了。可持续农业是指不会耗尽资源和损害环境的农业生产体系，在满足当代人需要的同时，不损害后代人满足其自身需要的能力。可持续化农业生产是一种综合农业生产模式，强调通过技术和机制创新，降低对农药、化肥、石化能源等依赖程度，尽可能地保护和维护土地、水、植物和动物遗传资源，不造成环境退化。无公害、绿色、有机、机械化、信息化等现代农业技术革命，为可持续化生产提供了技术保障。

一、土壤有机质增补

“地里上满粪，粮食堆满囤”，“春施千担肥，秋收万担粮”。受小家庭农户粪肥储存量的限制，单纯靠粪肥提升土壤有机质难以推广和维持。以生物有机肥、秸秆还田为主，化学肥料为辅，结合测土配方施肥等科学施肥技术，才能够做到土地用养结合。

（一）生物有机肥

生物有机肥是在微生物技术发展的基础上研制而成的新型肥料，是传统有机肥和菌肥的结合体。它以自然界中的有机物为基础，加入适量的无机元素和有利于土壤结构、作物吸收、元素释放等有益微生物，经过特殊工艺加工而成。生物有机肥的有机质大多为作物秸秆、草炭、禽畜粪、生活垃圾等有机废弃物，所含微生物有分解菌、固氮菌、解磷菌、解钾菌等。施入土壤的有机质经过微生物的一系列生命活动，可以达到改良土壤、培肥地力、提高化肥利用率、促进生长、抗病防虫、改善品质等作用。美国生物肥料的施用量高达60％～70％，欧洲部分国家施用量已占农业用肥总量的45％～60％。当前，随着生物有机复混肥料、生物有益菌种、生物肥料的生产和应用，生物有机肥将逐步取代化肥的主导地位。

（二）秸秆还田技术

玉米秸秆中含有大量的碳、氮、磷等营养元素，还田后不仅能增加土壤有机质含量，改善土壤团粒结构，增强土壤保水保肥能力，还能节约化肥用量，减少过度施用化肥带来的负面影响。西方国家，已将秸秆还田作为发展有机食品的主要手段。美国每年秸秆还田量达到了68%，秸秆还田比对照区的碳、氮、硫、磷分别增加47%、37%、45%和14%。英国秸秆直接还田量达到了73%，土壤有机质含量提高了2.2%～2.4%。秸秆还田有多种方式：堆沤还田采用高温、密闭的堆肥方式，当秸秆变为褐色或黑褐色，柔软容易破碎时，直接施入土壤；直接还田可采用破茬、深耕等机械化方式，利用高性能秸秆粉碎机结合秸秆分解菌等技术，进行整株还田、留高茬还田、秸秆粉碎翻压还田等。为提高玉米秸秆还田效果，需要注意控制还田总量，施用均匀碎小，埋入20厘米以下的土壤中，并增施氮肥来调节碳氮比。

二、节水灌溉

“上粪不浇水，庄稼撅着嘴”，“有水即有肥，无水肥无力”，玉米是喜欢肥水的作物。但一边是干旱少雨情况下的水资源紧缺，一边是沟灌、畦灌甚至大水漫灌式的浪费，降低了水资源的利用效率。我国农业第二次普查表明，2006年机电灌溉面积占耕地面积的比重为26.6%，但喷灌面积和滴灌渗灌面积占耕地面积的比重仅为1.8%和0.8%。

（一）喷灌技术

喷灌是用一定的压力将水经过田间的管道和喷头喷向空中，使水分散成细小的水珠，像降雨一样均匀地喷洒在植株和地面上。喷灌基本上不产生深层渗漏和地面径流，而且比较均匀，一般可节水30%～50%。喷灌灌水量较小，不易破坏土壤的结构，使玉米根系生长有一个良好的土壤环境。在半干旱地区，降雨无法满足玉米生长和发育的需要，适宜采用喷灌。

（二）滴灌技术

滴灌是利用一种低压管道系统，将灌溉水经过田间地面上的滴头，像打点滴似的持续浸润植株根部。滴灌能湿润根部耕层土壤，避免渗漏、棵间蒸发、地面径流等损失，比一般喷灌节水30%以上。滴灌的水滴对土壤的冲击力小，不易破坏土壤结构，能使根系一直处在比较适宜的环境中。在干旱地区，水资源及其紧缺，可加大投资，采用滴灌。

（三）地下浸润灌溉技术

地下浸润灌溉是利用人工铺设地下暗管或开凿“鼠道”，使灌溉水借助于土壤的毛细管作用，由地下上升到根系分布层。管道式是利用竹管或黏土烧制成的瓦片管埋在地下40～60厘米处，管径5～15厘米，管道间的距离因土壤性质而变动。有压力时，一般1.5米左右，宽者可达3～3.5米。沙性大，适当窄一些；黏性大，可以宽一些。道长一般控制在100米长以内。鼠道式是用拖拉机或绳牵引钻洞器，钻成一排排的地下土洞，形似鼠道。道深以40～50厘米为宜，道距60厘米左右，道的直径黏土7～8厘米，深翻地或轻质土壤可增加到10～12厘米。

（四）微喷灌技术

受玉米高度的影响，喷灌、滴灌等节水灌溉方式在满足玉米正常生长发育所需水量和灌溉均匀度方面难度较大时，可借用温室大棚内的微喷灌技术来解决。灌溉水在加压后，经过管道输送至支架顶端，再由特制喷头以云雾状浇灌到玉米上。通过调节支架的高度，来满足玉米在各个生长阶段的生长需要。微喷灌雨滴直径小，强度小，不会造成喷灌易引起的土壤板结、田间径流、水土流失和降低肥效等现象，也没有滴灌易引起的植物根部长期含水量过高容易发生根颈病害、土壤表层积盐等问题。微喷灌对水质的要求较高，在灌溉水进入微喷灌系统之前，需要进行沉淀过滤，以保证水质达到灌溉要求。由于微喷灌雨滴直径小，受风力和温度的影响较大，因此微喷灌支架的高度通常设定在距离玉米顶端30～50厘米。

三、信息化管理

信息化技术不但可用于提高玉米产量，还可以为持续化生产提供强大的技术支持。例如遥感技术、地理信息系统以及全球定位系统的应用，以其宏观、实时且低成本、快速、高精度的信息获取，再加上高效的数据管理以及空间分析能力，可快速查清耕地变化、资源及其分布，监测洪涝灾害、病虫害、旱灾、土地荒漠化，预测生产措施可能会给农业资源以及环境造成的影响。综合应用气象科学技术、遥感技术和计算机通信网络技术，研究和建立农业生产气象保障和调控技术系统。农业生产实时控制系统，可用于灌溉、施肥等生产管理的自动化控制。

除了以上措施，利用现代生物育种技术，培育抗逆性强和光合生产率高的新品种，可适应剧烈频繁的灾变；开发研制高效低毒无污染的新型农药，开展生物防治，能发挥自然天敌对病虫害的调控作用，达到综合防治病虫草害的效果；光合作用、生物固氮、生物技术等，能降低玉米生产对土地、肥、水等资源依赖程度。展望将来，随着绿色农业、有机农业等技术普及应用到玉米等主要农作物生产，人们一定能够实现农业的长远可持续化发展。

第九章 知识小百科

信息化时代，农业现代化的步伐越来越快，农业科技的发展是日新月异，农业生产中一些传统的技术与说法，有的保留了下来，有的被时代的浪潮所淹没，也有一些“改头换面”，被赋予了新的名字或含义。闲暇之余，了解一些玉米知识的点点滴滴，更能贴近玉米，感受玉米产业的蓬勃发展，还能学以致用，在玉米产业快速发展的潮流中立住脚，跟得上。

第一节 理论篇

● 自交系

在人工控制进行自花授粉情况下，经若干代，不断淘汰不良的穗行，选择农艺性状较好的单株进行自交，从而获得农艺性状较整齐一致、遗传基础较单纯的系，称为自交系。自交系主要用于杂交生产增产效果更加明显的杂交种子。

● 杂交种

指用不同的品种杂交生产的后代，往往在性状的表现上比它的亲本更加优秀，具有明显增产优势，称为杂交种。

小麦品种基本上都是常规种而不是杂交种，在保证种子纯度的情况下农民可以自己留种。而生产上使用的玉米种子都是杂交种，生产上利用的玉米杂交一代种子，具有明显增产优势，田间表现为出苗好，生长整齐健壮，在抗旱耐涝、抗病虫害和抗倒伏、早熟性等方面，都比亲本优越得多。部分农民朋友看到一代杂交种长出的玉米整齐一致、穗大粒多高产，误认为可留种第二年再种，结果发现杂交种第二代的植株高矮不齐，果穗大小不一，成熟早晚也不同，杂种优势显著减弱，产量也大大降低，给自己造成巨大损失。所以，大家一定要记住，玉米杂交种不能留种，要年年配种，年年利用杂种第一代，才能起到增产的作用。

● 品种审定

根据《全国农作物品种审定办法》规定，国家对主要农作物等的生产实行品种审定制度，指品种审定组织根据品种区域试验结果或生产试种表现，对照品种审定标准，对新育成或引进品种进行评审，从而确定其生产价值及适宜推广的范围。品种审定试验一般分国家和省两级，包括预备试验、区域试验和生产试验等。国家级审定工作由全国农作物品种审定委员会负责，受理经过国家区域试验的品种，或经两个省审定通过的品种，审定通过的品种可在指定范围内跨省推广。省级审定工作由省农作物品种审定委员会负责，受理本省经过省级区域试验的新育成品种或引进品种，审定通过的品种只能在本省范围内推广。请注意一点，国家品种审定制度规定“未经审定或审定不合格的品种，不得繁殖，不得经营、推广，不得宣传，不得报奖，更不得以成果转让的名义高价出售”。

● 引种

世界上的作物都有它们自己的分布范围，人们为了某种需要把作物从原来的自然分布区迁移到其自然分布区以外的地区种植，称为引种。一般有广义引种和狭义引种的区分。广义的引种，是指把外地或国外的新作物、新品种或品系，以及研究用的遗传材料引入当地。狭义的引种是指生产性引种，即引入能供生产上推广栽培的优良品种，这需要品种审定部门根据本地的生态条件和栽培特点，在有代表性的地域，有的放矢地选择一些引种材料，并对照品种（当地优良品种）进行比较，经1～2年品种测试后，选出少数优于对照的材料进行产量等比较试验，最后选出最好的材料在生产上推广。

● 转基因玉米

转基因玉米就是采用分子生物学技术将其他生物的基因转移到玉米的基因组中，使其在玉米后代中能够稳定遗传并且正确表达，从而获得玉米原本不具有的性状或产物，再将这些玉米植株经过选择，培育出的玉米新品种。1988 年首次获得转基因玉米植株，1995 年第一个含 Bt *cry1Ab* 基因和耐除草剂 *bar* 基因的转基因玉米在美国获得商业化许可。2011 年美国玉米种植面积为 5.61 亿亩，其中转基因玉米占 88%。目前，中国并未商业化生产转基因玉米，因此没有大规模种植，在大田生产的玉米都是非转基因玉米。我国也有少量转基因玉米在进行种植，只是一些高校、科研院所的科研人员为了科学研究而进行的试验，在相对封闭的环境中种植，而且必须报农业部审批备案，还要接受当地农业主管部门的监督。

● 大喇叭口期

玉米大喇叭口期一般在播种后 45 天左右开始，是营养生长与生殖生长并进阶段，这时玉米的第 11 片叶展开，上部几片大叶突出，但未全部展开，心叶丛生，好像一个大喇叭，故名大喇叭口期。该时期是田间管理的关键时期，主要目标是促秆壮穗，既要保证玉米植株的根、茎、叶生长旺盛，又要保证果穗发育良好。

● 光合作用

指含有叶绿体绿色植物和某些细菌，在可见光的照射下，经过光反应和碳反应（旧称暗反应），利用光合色素，将二氧化碳（或硫化氢）和水转化为有机物，并释放出氧气（或氢气）的生化过程。同时也有将光能转变为有机物中化学能的能量转化过程。光合作用是一系列复杂的代谢反应的总和，是生物界赖以生存的基础，也是地球碳—氧平衡的重要媒介。作物通过光合作用可将空气中的二氧化碳（或硫化氢）和水转变为糖，再经过复杂的过程转变为可食用的淀粉、蛋白质、脂肪等有机物。玉米是 C_4 植物，光合作用能力较强。

● C_4 植物

依据进行光合作用途径的不同，植物分为 C_4（碳 4）、C_3（碳 3）等类型。在光合作用的过程中，最初形成的基本化合物的最小单位是由 3 个碳原子组成的，称为 C_3 植物。后来，又发现了基本单位是 4 个碳的植物，称为 C_4 植物，以区别于 C_3 植物。C_4 植物是指在光合作用的暗反应过程中，一个 C_2 被一个含有 3 个碳原子的化合物（磷酸烯醇式丙酮酸）固定后首先形成含 4 个碳原子的有机酸（草酰乙酸），所以称为 C_4 植物。C_3 作物有大豆、小麦、水稻等，C_4 作物有高粱、玉米、甘蔗等。C_4 植物通常分布在热带地区，在强光、高温、低温等逆境条件下有较好的防御反应，光合作用效率较 C_3 植物高，对 CO_2 的利用率也较 C_3 植物高，所以具有 C_4 途径的农作物的产量比具有 C_3 途径的农作物产量要高。

● 叶龄指数

叶龄指数是指已出叶片数占主茎总叶数的百分数，计算公式为：叶龄指数（%）＝当时已出叶数/主茎总叶片数×100。在玉米的生产管理中，可根据叶龄指数对玉米的发育时期进行判断，从而决策肥水管理的措施。比如玉米大喇叭口期叶龄指数为 62±1.6，其（62±1.6）×主茎总叶片数/100。

● 籽粒乳线

玉米是单子叶植物，籽粒由胚乳和胚组成，胚乳是位于外面的一层，其中主要营养成分是淀粉，当玉米籽粒成熟过程中，外层胚乳中的淀粉逐渐积累，由外向内，结构由液体变为固体，籽粒上部固体与中下部白色乳液形成界面逐渐籽粒尖端移动，称为玉米籽粒乳线。乳线随着干物质积累不断向籽粒的尖端移动，直到最后消失。乳线消失时可作为玉米成熟参考依据。

● 籽粒黑层

籽粒黑层（或为黑色层）是玉米粒与穗轴的分界线。当玉米粒黑层开始出现并逐渐加深时，说明玉米趋于成熟。玉米达到完熟期，表现为穗苞叶松散，籽粒内含物已完全硬化，用指甲不易掐破、籽粒表面有鲜明的光泽、靠近胚的基部尖冠处产生墨色。黑层的出现标志养分已停止向种子输送，标志着玉米籽粒已达到生理成熟。

● 出籽率

指玉米的籽粒质量占全部穗子质量的百分数，以%表示。一般玉米品种的出籽率在 85%～90%。出籽率越高，同等质量的玉米果穗的籽粒产量越高。

● 倒伏与倒折

玉米植株倾斜程度大于45°者称为倒伏，倒伏程度以倒伏株数占全部调查株数的百分比衡量；抽雄后，玉米果穗以下部位折断，称为倒折，倒折程度以倒折的株数占全部调查株数的百分数衡量。倒伏和倒折严重影响玉米的产量，尤其对玉米的收获不利，容易造成收获损失，生产中需要根据当地气候特点选择适宜的抗倒品种。

● 玉米秃顶

玉米秃顶是指玉米果穗顶端不结实，籽粒不饱荚的现象，俗称秃顶或秃尖，严重影响玉米增产。玉米秃顶原因除玉米品种的遗传特性外，其原因主要有营养缺乏，影响细胞分裂，导致果穗顶端小穗、退化畸形，有时花丝发育晚，果穗顶端花丝发育晚，吐丝延迟，往往与雄花抽花时不配对授粉，使之不能结实；玉米在开花授粉期间遇到干旱，雄花和雌花开花间隔时间拖长，导致花丝伸出时错过雄穗散粉盛期，造成授粉不良影响结实。

● 玉米空秆

单株玉米通常结1～2个穗，且1个穗的居多，但在生产过程中，常出现不结穗的情况，就是空秆。空秆又称“公玉米”，空秆的形成是玉米雌穗分化期新陈代谢失调、输导组织受障碍，致茎秆中的养分不能输送给果穗，幼穗腋芽因缺乏营养物质而不发育。造成空秆的主要原因有：一是土壤瘠薄，养分不能满足玉米生育所需，生殖器官不能形成；二是种植密度过大，群体郁蔽，光合作用受到抑制，光合生产率低，个体瘦弱，影响雌穗发育；三是管理跟不上，田间缺水少肥，造成植株早衰；四是抽穗前出现卡脖旱或中期遇有低温冷害，影响或抑制了幼穗的分化，有时发育终止，造成空秆；五是机械损伤或蚜虫、叶螨、穗虫等为害猖獗；六是品种选择失误，不能适应或不能完全适应当地的条件，影响了穗分化，从而导致空秆；七是气候因素如干旱、高温、多雨、低光照等。

● 多穗

玉米多穗，主要是由于雌雄穗开花不协调造成的，往往是雄花开过了，而第一雌穗却没开花，主穗位优势丧失，不能抑制其他腋芽发展成穗，便产生了多穗现象，而这些多出来的玉米穗大多为空穗，基本上不结实或结实率很低，对产量影响较大。玉米多穗的原因较多，主要是在雌穗分化阶段遇异常天气、养分过剩、病虫害等。出现多穗现象时，保留上部1～2穗，及时删掉下部的果穗，集中供应上部果穗需要，保证产量。此外，有些玉米多穗现象是由遗传特性决定的，如甜糯玉米、青饲玉米一株多穗现象很普遍。

● 香蕉穗

香蕉穗属于一种玉米畸形穗，症状表现为植株长势较高，茎秆纤细，在一些植株中部的一、二个叶腋中甚至同时长出3～5个小型果穗，穗茎相连，形似香蕉，授粉不良或没有授粉。香蕉穗形成的主要原因是玉米雌穗分化形成期遭遇异常天气、干旱、病虫害等，抑制了雌穗分化，造成部分玉米植株主穗发育受到抑制，而果穗柄各节苞叶在养分积累较多的情况下，潜伏芽萌生新的雌穗，形成“香蕉穗”。在加强田间管理的同时，一旦发现香蕉穗现象，每株只留1个发育正常、较大的果穗，其余的要及时掰掉，将产量损失降到最低。

● 水果玉米

水果玉米是适合生吃的一种超甜玉米，青棒阶段皮薄、汁多、质脆且甜，可直接生吃，薄薄的表皮一咬就破，清香的汁液溢满齿颊，生吃熟吃都特别甜、特别脆，像水果一样，因此被称为水果玉米。水果玉米含糖量高达20%，是一般水果的1倍左右，比西瓜还要高出30%，还富含维生素A、维生素B_1、维生素B_2、维生素C、矿物质及游离氨基酸等，易于人体消化吸收，也是一种新兴休闲保健营养食品。水果玉米从含糖量上分为普通型水果玉米、超甜型水果玉米、加强甜水果玉米，都具有非常高的营养价值和保健功能。

● 玉米须

玉米须是玉米雌穗的花柱和柱头，常集结成疏松团簇，花柱线状或须状，又名玉麦须。玉米须含大量硝酸钾、维生素K、谷固醇、豆固醇和一种挥发性生物碱。有利尿、降压、降血糖、止血、利胆等作用。中医认为玉米须，甘平，能利水消肿，泄热，平肝利胆，还能抗过敏，治疗肾炎、水肿、肝炎、高血压、胆囊炎、胆结石、糖尿病、鼻窦炎、乳腺炎等。

● 玉米期货

美国是世界玉米生产、消费和贸易第一大国，以 CBOT（美国芝加哥期货交易所）为代表的美国玉米期货市场同现货市场有效接轨，其形成的玉米期货价格成为世界玉米市场价格的“风向标”，期货合约成为玉米及其相关产业进行保值的重要工具。2004 年 9 月 22 日玉米期货品种在大连商品交易所上市，目前玉米期货是国内现货规模最大的农产品期货品种。运用玉米期货，可以有效利用发现价格和规避风险功能来引导玉米产地的种植结构调整，促进农民增收，还能吸引社会游资分担产业风险，提高企业市场竞争力，对于提高我国在国际玉米市场中的竞争优势有着重要的现实意义。

● 玉米高产潜力

是指某个玉米品种潜在的遗传生产能力或某个地区潜在的玉米光温理论产量，也是玉米高产追求的希望所在。

● 玉米高产纪录

是在现有理想的品种特性、地理环境和栽培管理条件下，一个地区曾经达到过的玉米最高单产，是已经实现的玉米最高生产力，需得到业内专家和农业部门的认可。

● 卡脖旱

玉米孕穗、抽雄及开花吐丝的时期，是玉米一生中需水最多的时期，对水分特别敏感。这个时期缺水，幼穗发育不好，果穗小，籽粒少。如遇干旱，雄穗或雌穗抽不出来，似卡脖子，故名卡脖旱。

第二节　技 术 篇

● 耕地

在种植后（或休闲）的田地上对土壤进行翻耕、疏松、恢复团粒结构的最初作业，为创造播种、栽植的苗床做准备。耕地是农业生产田间作业中最基本的作业，也是田间机械化作业中消耗能量最大的作业项目。

● **翻耕（犁耕）**

将失去结构的表层土壤、连同地表杂草、残茬、虫卵、草籽和肥料（绿肥或厩肥）等翻埋到沟底，将下层的良好土壤翻到层并疏松土壤，达到消灭杂草和病虫害、改善土壤结构、提高土壤肥力的目的，为作物生长创造良好条件。目前常用的翻耕机具主要有铧式犁及圆盘犁（含驱动圆盘犁等）。铧式犁具有良好的翻垡覆盖性能，为其他耕地机具所不及。铧式犁也是世界农业生产中历史最悠久、应用最广泛的耕地机械。圆盘犁在一些国家和地区得到广泛应用。

● **深松**

在表层和底层土壤不交换的条件下对表层下土壤进行疏松的作业，达到破坏犁底层、加深耕作层和增加土壤的透气毕和透水性的目的，为作物生长创造良好条件。我国深松（深度一般在 30 厘米以上）所用机具主要有齿杆式（间隔）深松机、全方位深松机和深松联合作业机具等。少耕深松是保护性耕作措施之一，我国北方一些旱作地区，用深松取代常年翻耕（犁耕）已成为发展趋势，有些地区将深松和翻耕（犁耕）交替进行。

● **旋耕**

对上层土壤进行土层交换、碎土和混合的作业，并能将植被切断混合到耕层，为播种、栽植苗床做准备。旋耕机碎土能力强，在适宜的条件下一次作业可达到播种、栽植前整地的作业要求。旋耕机也存在耕层较浅、对土壤结构有破坏作用等问题。旋耕机也是我国广为应用的耕整地机械，主要用于水稻田耕作和北方旱作一些地区的浅耕作业。旋耕机还用于犁耕和深松后的碎土整地作业。

● **耕深（耕作深度）**

耕作深度要根据土壤条件、种植作物种类和作业要求因时、因地而定。如水稻田的耕深一般为 12～20 厘米，旱田的耕深一般为 16～30 厘米。沙壤土地区宜浅，黏重土壤地区宜深，春、夏耕宜浅，秋、冬耕宜深。

● 覆盖

指翻耕作业的土垡翻转、植被覆盖性能，也因农业技术要求而异，如对于秸秆还田和绿肥还田的翻耕，要求土垡翻转完善、植被覆盖率高，水稻田翻耕则要求垡片架空以利晒垡。不同类型和耕宽的犁体曲面其翻垡、覆盖性能亦不同，滚翻型犁体好，窜垡型犁体差，通用型犁体居中。

● 碎土

翻耕作业的碎土性能用碎土率来表示，与土壤类型和含水率密切相关。旱田的碎土率常用≤5 厘米土块的百分比来表示，水田的碎土率常用每米长度内断条次数来表示。

● 深松整地联合作业

深松整地联合作业是指在对中下层土壤进行疏松的同时对表层土壤进行碎土整地作业。

● 中耕

中耕是指作物生长期间对土壤进行的耕作措施，比如通常说的锄地、耪地、铲地、趟地等都是中耕。中耕可以疏松表土，切断毛管水的上升，减少水分蒸发，并能破除板结，改善土壤通气，增加降水渗入以纳蓄降雨，也便于提高地温，加速养分的转化，以利作物的生长发育。同时，还可以消灭杂草，减少水分、养料等非生产性的消耗，防止倒伏，提高农作物的产量和质量。玉米中耕一般在5 叶期前进行，需要注意“一遍浅、二遍深、三遍培土不伤根”的原则。

● 撒播

将种子按要求的播量撒布于地表，再用其他工具覆土的播种方法，称为撒播。撒播时种子分布不大均匀，且覆土性差，出苗率低。原用于人工播种，后来虽然出现过一些撒播机，但现在已很少采用。

● 条播

按要求的行距、播深与播量将种子成条播种，然后进行覆土镇压的作业方式称为条播。条播时，种子排出的形式为均匀的种子流，条播不计较种子的粒距，只注意一定长度区段内的粒数。条播覆土深度一致，出苗整齐均匀，播种质量较好，条播的作物便于田间管理作业，应用范围很广，主要用于谷物播种，如小麦、玉米、谷子、高粱、油菜等。

● 穴播（点播）

按规定行距、穴距、播深将种子定点投入种穴内的播种方式称为穴播（点播）。穴播可保证苗株在田间分布合理、间距均匀。某些作物如棉花、豆类等成簇播种，还可提高出苗能力。主要应用于中耕作物播种，如玉米、棉花、花生等。与条播相比，穴播能节省种子、减少出苗后的间苗管理环节，充分利用水肥条件，提高种子的出苗率和作业效率。

● 精密播种

按精确的粒数、间距与播深，将种子播入土内称为精密播种，属于穴播的高级形式。精密播种可节省种子和减少间苗工作量，但要求种子有较高的出苗率，并加强后期的田间管理，预防病虫害的发生，以保证单位面积内有足够的植株数。

● 铺膜播种

播种时在种床表面铺上塑料薄膜，种子出苗后，幼苗在膜外生长的一种播种方式。这种方式可以是先播下籽种，随后铺膜，待幼苗出土后再由人工破膜放苗；也可以采用先铺上薄膜，随即在膜上打孔下种的作业方式。

● 免耕播种

前茬作物收获后，不进行土地耕翻，用免耕播种机直接在前茬作物秸秆覆盖地上进行局部的松土播种的一种播种方法。一般来说，为了防止病虫害和杂草滋生，需要在播种前或播种后喷洒除草剂及农药。由于免耕播种的特殊性，它具有如下的优点：①可降低生产成本、减少能耗、减轻对土壤的压实和破坏；②可减轻风蚀、水蚀和土壤水分的蒸发与流失；③节约农时，增加土地的复种指数。

● 贴茬播种

玉米贴茬播种是指在小麦收获之后，不经过耕地、整地，直接在麦茬地上播种夏玉米，也称板茬播种或铁茬播种。采用贴茬播种技术可实现抢时早播，减少农耗时间，减轻劳动强度，有利于保持水土和防蚀保苗，利于机械化作业。

● 单粒精播

单粒精播是近年来兴起的一种新的玉米播种方式，为广大农民带来可观的经济效益，同时对农业增产起到了关键作用，可以说“单粒播种”是一项农业栽培技术革命，也是科学栽培方式的发展方向。单粒精播技术相对于传统播种技术，省种、省工，减少了苗期间苗、定苗这一环节，可使养分利用最大化，苗齐苗壮，提高品种抗性，减少除草剂无效浪费，提高除草剂药效，保证品种的最佳密度，提高果穗均匀度，提高玉米成熟度及产量，有利于增产创收，提高经济效益。单粒精播技术对种子的质量、整地和播种技术要求较高，所谓高质量的种子是指芽率、芽势、纯度、净度各项指标远远高于常规种子，符合单粒播种的标准，并不是所有的种子都能进行单粒播种的。

● 造墒

墒是农业生产中的术语，指土壤适合种子发芽和作物生长的湿度。土壤湿度的情况也称为墒情。缺墒的情况下，即土壤缺乏水分，无法满足种子萌发和幼苗生长中所需要的水分，在播种季节，需要采取人工措施进行水分的补充，以有利于播种，称为造墒。

● 旱作玉米

旱作玉米是指无灌溉条件的半干旱和半湿润偏旱地区，主要依靠天然降水从事玉米生产的一种雨养农业。经济有效地提高水分利用率，是旱作玉米增产的关键，也就是人们常说的“蓄住天上水，保住土中墒”。旱作综合栽培需要选用耐旱品种，综合进行抗旱锻炼，适期播种，中耕保墒，培肥地力，以肥造墒，秸秆覆盖，蓄水保水，并使用抗旱剂以提高产量。

● “一增四改”

“一增四改”技术是夏玉米实用生产技术，其核心内容是合理增加种植密度，改种耐密型品种、改套种为直播、改粗放用肥为配方施肥、改人工作业为机械化作业。合理增加品种密度指在选用耐密型品种的条件下，每亩比当前种植密度水平适当增加500～1 000株，并适当增施肥料投入等相应的配套措施，改套种为直播，可及时、足墒、适量播种，配方施肥，提高玉米机械化作业水平，有利于玉米高产。

● "一防双减"

"一防双减"技术是山东省植物保护总站归纳总结并大力推广的一项先进实用玉米植保新技术。它是在玉米大喇叭口期（播种后35～40天），将杀虫剂和杀菌剂混合使用，对病虫害进行一次性集中防治，减少玉米生长后期害虫（玉米螟、棉铃虫、甜菜夜蛾、叶螨和玉米穗蚜等）发生基数、减轻病害（大小斑病、弯孢叶斑病、南方锈病、青枯病等）危害程度，解决了玉米中后期病虫害防治"瓶颈"难题，实现玉米保产增产、高产稳产。

● 秸秆还田

秸秆还田是把不宜直接作饲料的秸秆（玉米秸秆、高粱秸秆等）直接或堆积腐熟后施入土壤中的一种方法。玉米秸秆含有丰富的有机物，含有作物生长所必需的氮、磷、钾等元素。玉米秸秆还田具有促进土壤有机质及氮、磷、钾等含量的增加；提高土壤水分的保蓄能力；改善植株性状，提高玉米产量；改善土壤性状，增加团粒结构等优点。有一点需要注意，秸秆直接还田时，应施加一些氮素肥料，以促进秸秆在土中腐熟，避免分解细菌与玉米对氮的竞争；同时，还要防秸秆粉碎过粗，防土壤过松，防病虫害传播。

● 蹲苗

蹲苗是一种农业生产中抑制幼苗茎叶徒长、促进根系发育的传统技术措施，其作用在于"锻炼"幼苗，促使植株生长健壮，提高后期抗逆、抗倒伏能力，协调营养生长和生殖生长。玉米生产中，多采取控制苗期肥水、适期中耕、扒土、晒根等措施使玉米植株节间趋于粗短壮实而根系发达。玉米蹲苗时间一般是出苗后开始至拔节前结束。蹲苗应掌握"蹲黑不蹲黄，蹲肥不蹲瘦，蹲湿不蹲干"

的原则。就是苗色黑绿、地力肥、墒情好的地块可以蹲苗，反之就不蹲苗，而应采取偏肥、偏水管理。

● 除草剂药害

除草剂对作物安全是相对的，若喷施玉米除草剂不当，会导致玉米幼苗产生扭曲、马鞭状异常，或茎叶干枯、叶片出现不规则褪绿斑，心叶变黄，生长受到抑制，植株矮化等现象，并且有的产生丛生、次生茎等异常现象。在玉米生产中使用除草剂，有多种原因可引起药害：有些玉米品种比较敏感，喷药时间选择不当，用药量偏大、混用不当、天气原因等。

发生玉米除草剂药害多是苗后茎叶喷雾除草剂不当造成的，尤其是含有阿特拉津、烟嘧磺隆的制剂，每年都有药害产生，影响玉米生产安全。一旦发现除草剂药害，最有效的补救方法是及时喷施植物生长调节剂如芸薹素、叶面微肥等，以促进植株生长，有效减轻药害。同时结合加强田间管理，浇足量水，促使玉米根系大量吸收水分，降低植株体内的除草剂浓度，缓解药害。或结合浇水，增施碳酸氢铵、尿素等速效肥，促进根系发育和再生，从而减轻药害。对药害较重、发生重分蘖的玉米苗，应去除分蘖，促进正常生长。

● 理论测产

根据自然生态区（方、片），选取区域内分布均匀、有代表性的取样点数进行理论测产，对于大面积测产，可用对角线 5 点取样法，小面积可用斜线 3 点取样法。每个取样点取 21 行求出平均行距，取 51 株求出平均株距，以其乘积除 666.7 求出每亩株数即密度。在样点处连续调查 100 株的倒伏株数、空秆数、双穗数得出有效穗数，取 30 株的穗粒数平均数作为测定穗粒数，千粒重以该玉米品种常年千粒重计算。依据以下公式推算出理论产量：理论产量＝亩有效穗数×穗粒数×千粒重×0.85。

● 实收测产

根据自然生态区（方、片）将万亩示范点划分为 10 片左右，每片随机取 3 个地块，每个地块在远离边际的位置取有代表性的样点 6 行，面积（S）≥66.7 米^2。每个样点收获全部果穗，计数果穗数目后，称取鲜果穗重 Y1（千克），按平均穗重法取 20 个果穗作为标准样本测定鲜穗出籽率和含水率（用国家认定并经校正后的种子水分测定仪测定籽粒含水量，每点重复测定 5 次，求平均值）。样品留存，备查或等自然风干后再校正，并准确丈量收获样点实际面积，计算每亩鲜果穗重。依据以下公式推算出实测产量：实测产量（千克/亩）＝鲜穗重（千克/亩）×出籽率（%）×［1－籽粒含水率（%）］÷（1－14%）。

● 测土配方施肥

也称平衡施肥，就是根据作物需肥规律、土壤供肥性能和肥料效应，在合理施用有机肥料的基础上，提出肥料的施用数量、施肥时期和施用方法。通俗地讲，就是土壤医生为你的土地看病开方配药。一般来说，测土配方施肥包括“测土、配方、合理施肥”3 个核心环节：测土是取土样测定土壤养分含量；配方是通过对土壤的养分诊断，按照庄稼需要的营养“开出药方、按方配药”；合理施肥就是在农业科技人员指导下科学施用配方肥。

● 土壤有机质

是指土壤中各种动植物和土壤微生物残体，是土壤的重要组成部分，是衡量土壤肥力高低的重要指标。有机质是土壤中最活跃的部分，是土壤肥力的基础。可以说没有土壤有机质就没有土壤肥力。在一般耕地耕层中有机质含量只占土壤干重的 0.5%～2.5%，耕层以下更少。人们常把含有机质较多的土壤称为沃土。

● 植物生长调节剂

是用于调节植物生长发育的一类农药，包括人工合成的化合物和从生物中提取的天然植物激素。植物生长调节剂广泛应用于农林业生产，不仅能保障农作物稳产、改进农产品品质，而且能增强作物的抗逆性，使农业生产省工省时、节本增效。植物生长调节剂为毒性较低的一类产品，如果按照国家登记批准标签上标明的使用方法和注意事项使用，是安全的。

● 种子包衣

是采取机械或手工方法，按一定比例将含有杀虫剂、杀菌剂、复合肥料、微量元素、植物生长调节剂、缓释剂和成膜剂等多种成分的种衣剂均匀包覆在种子表面，形成一层光滑、牢固的药膜。随着种子的萌动、发芽、出苗和生长，包衣中的有效成分逐渐被植株根系吸收并传导到幼苗植株各部位，使种子及幼苗对种子带菌、土壤带菌及地下、地上害虫起到防治作用。

第三节　农 机 篇

● 拖拉机通过性

农业拖拉机在田间、无路和道路条件下的通过能力称为通过性。衡量通过性的主要指标是最大越障高度、最大越沟宽度、最小离地间隙和农艺地隙。农田作业的主要要求是障碍通过性、潮湿地通过性和行间通过性。

● 拖拉机稳定性

拖拉机在坡道上不致倾翻和滑移的能力称为稳定性。纵向稳定性用拖拉机制动状态停放在坡道上不致产生倾翻、滑移的最大坡度角来评价；横向稳定性用横向极限翻倾角和横向滑移角来评价。

● 拖拉机制动性

行车制动性指拖拉机在行驶中操纵行车制动装置或迅速停车的能力。停车制动性能是操纵停车制动装置，拖拉机能在规定坡度上停住的能力。

● 拖拉机的劳工保护性能

劳动保护性能包括驾驶工作的安全性和驾驶员的劳动条件。主要包括拖拉机的制动性、稳定性、平顺性、操纵力、驾驶室强度和刚度、视野、噪声等性能。

● 拖拉机液压悬挂装置

拖拉机的液压悬挂装置由悬挂装置、液压系统、操作和耕深控制机构等组成。悬挂装置是拖拉机连接和提升机具的杆件组成的空间机构；液压系统由液压泵、油缸、控制阀和其他液压元件组成；操纵和耕深控制机构是由操纵机构和伺服控制机构组成。

● **油耗**

油耗包括燃油和机油的消耗，常用单位功耗（发动机功率或牵引功率）小时的燃油、机油消耗量表示，即燃油或机油的消耗率（比油耗）。

● **动力输出轴**

拖拉机动力输出轴是拖拉机向其驱动机具输出动力的轴伸，其功能是将动力传给配套农具。其主要性能要求是转速、轴头形式、尺寸及允许传递动力等主要参数应符合有关标准规定，以便与不同机具配套使用。

● **牵引机构**

牵引机构是拖拉机用来挂接在牵引式农具或拖车的装置。牵引机构与农具的铰接点称为牵引点，牵引点的水平位置可以进行左右调节，有的牵引点高度也可以调节。

● **悬挂犁**

由犁体、犁刀、犁架、悬挂装置和耕宽调节装置等组成。犁通过悬挂装置与拖拉机上、下拉杆挂接，犁的耕深由拖拉机液压系统控制（力、位调节），也可由犁的限深轮控制，即高度调节法。耕宽调节是通过改变悬挂犁的两个下悬挂点的前后相对位置，来控制第一犁体的正确耕宽，防止漏耕、重耕。

● **半悬挂犁**

由犁体、犁刀、犁架、半悬挂架、限深轮、尾轮及尾轮操向机构等组成。犁的起落由拖拉机液压装置控制。犁升起时，犁架前端被拖拉机悬挂机构提起，提升到一定高度后，通过尾轮油缸使犁的后部升起，由尾轮支承重量。尾轮操向机构与拖拉机悬挂机构的固定臂接，机组转弯时，尾轮自动操向。犁前部分犁体的耕深可用限深轮的高度调节，也可用拖拉机的力调节。

● **牵引犁**

由犁体、犁刀、犁架、牵引装置、起落机构、耕深和水平调节机构、犁轮等组成。犁以牵引装置与拖拉机挂接。耕地时，犁的沟轮与尾轮走在沟底，地轮走在未耕地上。用调节地轮高度来控制耕深。水平调节机构通过调节沟轮的位置，使耕地时犁架保持水平，达到前后犁体耕深一致。犁的起落由拖拉机液压系统推动犁上的分置油缸，带动沟、地轮弯臂摆动而实现。

● **翻转犁**

翻转犁在犁架上安装两组左右翻垡的犁体，通过反转机构使两组犁体在往返行程中交替作业，实现单向翻垡。

● **水平旋转双向犁**

采用一组犁体部件，通过犁主梁在水平面的旋转和安装在犁主梁上的犁体的相应转动，在一个往返行程中进行单向翻垡。

● **调幅犁**

指犁体数量不变，工作幅宽可在一定范围内进行调节的铧式犁，可提高对作业条件（土壤条件、耕深等）变化的适应能力，从而提高作业效率、降低油耗。同一型号调幅犁可与不同功率的拖拉机配套，扩大了配套范围。

● **偏置犁**

偏置犁的犁体可相对拖拉机横向偏移一定距离，能将拖拉机轮缘外的未耕地耕完。当犁的耕幅小于拖拉机轮子外缘宽度时，为能耕到底边常用偏置犁。

● **层耕犁**

利用不同位置配置的犁体对土壤进行分层耕作的犁，多用于土壤改良。有两层耕作层耕犁和三层耕作层耕犁等不同类型。

● **旋耕机**

指由动力驱动刀辊旋转，对田间土壤实施耕、耙作业的耕耘机械。旋耕机与其他耕作机具相比，具有碎土充分、耕后地表平整、减少机组下地次数及充分发挥拖拉机功率等优点，广泛应用在大田和保护地作业。

● **圆盘犁**

以凹面圆盘为工作部件进行翻土碎土作业的犁。有普通圆盘犁、双向圆盘犁和垂直圆盘犁等类型。耕地时，圆盘在土壤反力作用下滚动前进，并以其刃口切开土壤。被圆盘切下的土垡在沿圆盘凹面上升的过程中松散破碎，最后被翻入犁沟。圆盘犁切断草根和残茬的能力较强，且不易堵塞，因而多用于潮湿地、草地、泥炭地、绿肥田和秸秆还田后的耕翻作业。

● 圆盘耙

根据耙耕作原理以成组的凹面圆盘为工作部件，耙片刃口平面同地面垂直并与机组前进方向有一可调节的偏角。作业时在拖拉机牵引力和土壤反作用力作用下耙片滚动前进，耙片刃口切入土中，切断草根和作物残茬，并使土垡沿耙片凹面上升一定高度后翻转下落。作业时能把地表的肥料、农药等同表层土壤混合，普遍用于作物收获后的浅耕灭茬、早春保墒和耕翻后的碎土等作业，也可用作飞机播种后的盖种作业。按耙组的配置形式可分为单列式、双列对置式和偏置式 3 种。

● 撒播机

撒播主要用于面积较大、均匀度要求不太严格的作物类，其特点是播种速度快，节约农时，操作方便，播种机构简单。目前使用的播撒机有地面机械播撒和空中飞机播撒两大类。地面使用的常用机型为离心式撒播机，主要由种子箱和排种器组成，种子由种子箱落到排种器上，在离心力作用下沿切线方向播出，播幅达 8～12 米。洒出的种子流按照出口的位置和附加导向板的形状，可分为扇形、条形和带形。撒播装置也可安装在农用飞机上使用，主要用于大面积牧草和林区树种子撒播。

● 条播机

条播机主要用于谷物、蔬菜、牧草等小粒种子的播种作业。条播机工作时，开沟器随着机具前行开出种沟，种箱内种子被排种器以均匀种子流排出，通过输种管落到种沟内，然后覆土器覆土完成播种过程。有的条播机还带有镇压轮，用以将种沟内的松土适当压密保证种子与土壤密切接触，以利于种子发芽生根。条播机单机播幅为 6～7 米，播速一般为 10～12 千米/小时，一般由机架、行走装置、种子箱、排种器、开沟器、覆土器、镇压器、传动机构及开沟深浅调节结构组成。

● **穴播机**

播种玉米、大豆、棉花等大粒作物时多采用单粒点播或穴播，其主要工作部件是靠成穴器来实现种子的单粒或成穴布种。目前，我国使用较广泛的穴播机是水平圆盘式、窝眼轮式和气力式穴播机。穴播机的机架由横梁、行走轮、悬挂架等组成，而种子箱、排种器、开沟器、覆土镇压器等则构成播种单体。单体数与播种行数相等。播种单体通过四杆机构与主梁连接，有随地面起伏的仿形功能。每一单体上的排种器动力来源于自己的行走轮或镇压轮传动。

● **联合播种机**

联合播种机具能同时完成整地、筑埂、平畦、铺膜、播种、施肥、喷药等多项作业或其中某几项作业的播种装置。联合播种机具可以减少田间作业次数，减轻机具对土壤的压实，缩短作业周期，还可节约设备投资，降低作业成本，因此，联合播种机近几年在生产中得到广泛推广应用，是未来种植机械发展的重要方向。目前用于生产的联合播种机主要有旋耕播种机和整地播种机。

● **铺膜播种机**

地膜覆盖播种技术是解决我国干旱、半干旱地区农作物生长期缺水问题的关键性栽培技术措施之一。要保证地膜覆盖的优势，对地膜覆盖所采用农膜的质量应有严格的要求，除要求选用透光、透气性能好的地膜外，最好选用质量好的可降解膜，否则需配套地膜回收技术和措施，以免造成土壤污染。

● **免耕播种机**

在未耕整茬地上直接进行播种作业的机具，即为免耕播种机。免耕播种机多数部件与传动播种机相同，不同的是未耕翻地土壤坚硬，地表还有残茬，因此必须配置能切断残茬和破土开种沟的破茬部件。为了提高破土开沟能力，免耕播种机的开沟器，一般都在前面加设一个破茬圆盘刀，或采用驱动式窄形旋耕刀，从破碎残茬或疏松种沟土壤。

● **条播排种器**

条播根据作物生长习性不同、有窄行条播、宽带条播、宽窄行条播等不同形式，现阶段应用较广泛的条播排种器有外槽轮式、内槽轮式、磨盘式、摆杆式、离心式等。

● **外槽轮式排种器**

工作时外槽转，种子靠自重充满排种盒及槽轮凹槽，槽轮凹槽将种子排出实现排种。从槽轮下面被带出的方法称为下排法。改变槽轮转动方向，使种子从槽轮上面带出排种盒的方法称为上排法。

● **内槽轮式排种器**

凹槽在槽轮内圆上，槽轮分左右两部分，可排不同的种子。工作时槽轮旋转，种子靠内槽和摩擦力被槽轮内环向上拖带一定高度，然后在自重作用下跌落下来，由槽轮外侧开口处排出。主要靠内槽和摩擦力拾起种子，靠重力实现连续排种。

● **磨盘式排种器**

在排种磨盘和播量调节板或底座之间保持一定的间隙，间隙中充满种子；工作时弧纹形磨盘旋转，带动种子向外圆周运动，到排种口的种子靠自重下落排出。

● **摆杆式排种器**

工作时曲柄连杆机构带动摆杆往复摆动，来回搅动种子，导针在排种口做上、下往复运动，可清除种子堵塞和架空问题，保证排种的连续性。

● **离心式排种器**

属于集中式排种器，工作时排种锥筒带动种子高速旋转，在离心力的作用下，种子被排出排种口实现排种。

● **点播排种器**

用于作物的穴播或单粒精密点播，穴播时排种器将几粒种子成簇地间隔排出，而单粒精密播种时，则按照一定的时间间隔排出单粒种子。目前在生产中使用较多的点（穴）播排种器的形式有水平圆盘式、窝眼轮式、型孔带式、气吸式、气吹式、气压式等类型。

● **水平圆盘式排种器**

当水平排种圆盘回转时，种箱内的种子靠自重充入型孔并随型孔转到刮种器处，由刮种舌将型孔上的多余种子刮去。留在型孔内的种子运动到排种口时，在自重和推种器作用下，离开型孔落入种沟，完成排种过程。

● 窝眼轮式排种器

种子筒内的种子靠自重充入窝眼轮的窝眼内，当窝眼轮转动时，经刮种器刮去多余种子后，窝眼内的种子随窝眼沿护种板转到下方一定位置，靠重力或推种器投入输种管，或直接落入种沟。单粒精播时每个窝眼内要求只容纳一粒种子。

● 型孔带式排种器

种子从种箱靠自重流入种子室，并在排种胶带运动时进入其型孔内依次排列。充有种子的型孔运动到清种轮下方时，与排种带移动方向相反旋转的清种轮将多余种子清除。排种带型孔内的定量种子离开鼓形托板后，种子靠重力落入种沟。

● 气吸式排种器

气吸式排种器是利用真空吸力原理排种的。当排种圆盘回转时，在真空室负压作用下，种子被吸附于吸孔上，随圆盘一起转动。种子转到圆盘下方位置时，附有种子的吸孔处于真空室之外吸力消失，种子靠重力或推种器下落到种沟内。

● 指夹式排种器

种子从种箱流入夹种区。当装有12个指夹的排种托盘旋转时，每一指夹经过夹种区，在弹簧的作用下，指夹板夹住一粒或几粒种子，转到清种区。由于清种区地面时凹凸不平的表面，被指夹压住的种子滑过时，受压力的变化，引起颠动，并在毛刷的作用下，将多余的种子清除下来，而只保留夹住一粒种子。当其转到上部排出口时，种子被推到隔室的导种链叶片上，与排种托盘同步旋转的导种链叶把种子带到开沟器上方，种子靠自重经导种管落入种沟内。

● 气吹式排种器

种子在自重作用下充入排种轮窝眼内，当盛满几粒种子的窝眼旋转到气流喷嘴下方时，在喷出气流作用下，窝眼内上部的多余种子被吹回到充种区。而位于窝眼底部的一粒种子在压力差作用下紧附在窝眼孔底。当窝眼进入护种区，种子靠自重逐渐从窝眼里滚落下。

● **气压式排种器**

工作时，风机的气流从进风管进入排种筒，部分气流通过筒壁小孔泄出，在窝眼孔产生压差力。使种子紧贴在窝眼内并随排种筒上升，当排种筒上方的弹性卸种轮阻断窝眼与大气相同的小孔消除压差，于是种子泄压并在重力作用下分别落到各行的接种漏斗内进入气流输种管，被气流输送到各行的种沟内。

● **开沟器和成穴器**

在播种机作业时开出种沟或掘出种穴，将种子或肥料导入沟穴内，并使湿土覆盖完好。开沟器和成穴器的要求是：开沟直，深度一致，掘穴整齐，符合要求，种子在行内分布均匀，不乱土层，避免杂物（作物残茬、草等）造成拥塞，对土壤适应性好，结构简单，阻力小。

● **导种管**

用来将排种器排出的种子导入种沟器或种沟。对导种管的要求是：对种子流的干扰小，有足够的伸缩性并能随意挠曲以适应开沟器升降、地面仿形和行距调整的需要。在条播机上，排种器排出的均匀种子流因导种管的阻滞均匀度变差。在精密播种机上，导种管及开沟器上的种子通道往往是影响株距合格率的主要因素。

● **覆土器**

开沟器只能使少量湿土覆盖种子，不能满足覆土厚度要求，通常还需要在开沟器后面安装覆土器。对覆土器要求是覆土深度一致、在覆土时不改变种子在种沟内的位置。播种机上常用覆土器有链环式、弹齿式、爪盘式、圆盘式、刮板式等。

● **镇压轮**

用来压紧土壤，使种子与湿土紧密接触。平面和凸面镇压轮的轮辋较窄，主要用于沟内镇压；凹面镇压轮从两侧将土壤压向种子，种子上方部位土层较松，有利于幼苗出土；空心橡胶轮其结构类似设有内胎的气胎轮，其气室与大气相通（零压），胶圈受压变形后靠自身弹性复原，这种镇压轮的优点是压强恒定。

● **划行器**

划行器用来指示拖拉机下一行程的行走位置，以保证与邻接播行的行距准确无误。划行器的工作部件为球面圆盘或锄铲，装在划行器臂上。划行器臂铰连在播种机机架上，可根据需要升降。播种机两侧各有一划行器臂，划行部件伸出长度可以调整。

● **除草单翼铲**

由倾斜铲刀和竖直护板两部分组成。前者用于锄草和松土，后者可防止伤根或断苗。因此单翼铲总是安装在中耕单组的左右两侧，将竖直部分靠近苗株，翼部伸向行间中部。没有垂直护板部分的单冀铲称为半翼铲。由于单翼铲是安装在苗株两侧，故有左翼铲、右翼铲之分。

● **除草双翼铲**

利用向左、向右后掠的两翼切断草根，左右两翼完全对称。通常置于行间中部，与单翼铲配合使用。

● **回转式除草器**

由两个相对转动的梳齿滚配置，在每行苗幅的两侧，梳齿滚由地轮或动力输出轴驱动，工作时在苗间划出有规律的齿迹，可以除去生根较浅的草芽，疏松表土。

● **松土铲**

主要用于中耕作物的行间松土，有时也用于全面松土，它使土壤疏松但不翻转，一般工作深度16～20厘米。松土铲由铲头和铲柄两部分组成，铲头作为工作部件，其种类有很多，常用的有箭形松土铲、凿形松土铲、铧形松土铲和尖头松土铲等。

● **培土器**

主要用于中耕作物的根部培土和开沟起垄。其类型可分为曲面可调式培土器、旋转式培土器、锄铲式培土器和铧式培土器等。

● **中耕仿形机构**

使工作部件在作业时能随地面起伏而浮动，以保持其相对于地面的高低位置不变，从而获得均匀一致的入土深度。

● **喷粉机械**

主要由药粉箱、搅拌机构、输送机构、风机及喷粉部件等组成。工作时，箱内药粉经输粉机构送入风机，在高速气流作用下形成粉流，经喷粉部件喷撒到植株上。

● **离心式撒肥机**

由动力输出轴带动旋转的撒肥盘利用离心力将化肥撒出，有单盘式与双盘式两种。撒肥盘上一般装有 2～6 个叶片，它们在转盘上的安装位置可以是径向的，也可以是相对于半径前倾或后倾的；叶片的形状有直的，也有曲线形的。前倾的叶片能将流动性好的化肥撒得更远而后倾的叶片对于吸湿后的化肥则不易黏附。

● **全幅施肥机**

在机器的全幅宽内均匀地施肥，其工作原理可以分为两种：一种是由多个双叶片的转盘式排肥器横向排列组成；另一种是由装在沿横向移动的链条上的链指组成，沿整个机器幅宽施肥。

● **气力式宽幅撒肥机**

利用高速旋转的风机所产生的高速气流，并配合以机械式排肥器与喷头，大幅宽、高效率地撒施化肥与石灰等土壤改良剂。

● **玉米收获机**

玉米收获机是在玉米成熟时，根据其种植方式、农艺要求，用机械来完成对玉米的茎秆切割、摘穗、剥皮、脱粒、秸秆处理及收割后旋耕土地等生产环节的作业机具。按照动力配置形式不同，分为牵引式、背负式、自走式机型。按收获工艺不同，分为收获果穗型收获机、直接脱粒型（籽粒）收获机、穗茎兼收型收获机和青贮收获机。

● **牵引式玉米收获机**

牵引式玉米收获机以拖拉机作为动力，工作装置自成体系，装有支重轮、操纵系统等，作业时由拖拉机牵引工作装置。牵引式玉米收获机的优点：一是投资成本低；二是玉米收获期结束，牵引动力可用于别的田间作业；三是传动部件少，维护方便。缺点是：操作不便，对行困难，地头机具转弯半径过大，作业前需人工开道。

● 背负式玉米收获机

背负式玉米收获机一般与拖拉机配套使用，将各工作部件安装在拖拉机上，驾驶员通过操控拖拉机及作业装置进行玉米收获作业，作业完成后，可将玉米收获机的工作部件拆下，拖拉机用于其他作业。该类机型具有拖拉机利用率高、价格低、投资回收期短等优点。缺点是：操纵不便、收获效率太低，前轮过重，转向困难；后轮驱动力不足，易打滑。

● 自走式玉米收获机

自走式玉米收获机是一种专门用来从事玉米收获作业的装备，自身具备动力、行走、操纵控制等系统。自走式玉米收获机的优点是：机具可一次性完成摘穗、剥皮、集穗、装车、秸秆粉碎还田作业，作业效率高，降低劳动强度，驾驶操作方便，对行方便。缺点是：投资成本大；传动部件较多，维护保养成本高；收获期短，收获期一结束，整机闲置，浪费动力。随着专业机手和农机合作社的增加和国家政策的引导，自走式玉米收获机发展迅速，已成为市场的主流机型。

● 果穗型玉米收获机

果穗型玉米收获机是将玉米果穗摘下后，经过剥皮或者不剥皮，将玉米果穗收获。收获破损率低，比较适合多熟制地区含水率较高的玉米收获。但其收获后玉米果穗要经过运输、晾晒、脱粒、晒粒、收粒、清选、出售、运输、储藏等环节，需要投入大量人、财、物。

● 玉米籽粒收获机

玉米籽粒收获机由割台、脱粒机、清选设备、提升器、粮仓、底盘组成。其中割台由拨禾轮、切割器、立式运转滚筒、割台搅龙和输送槽组成。脱粒机由喂入滚筒、脱粒滚筒等组成。清选部分由上筛和下筛组成。玉米籽粒收获机工作时，拨禾轮首先把玉米向后拨送，引向切割器，切割器将玉米割下后，由拨禾轮推向割台搅龙，搅龙将割下的玉米推集到割台中部的喂入口，由喂入口伸缩齿将玉米切碎，并拨向倾斜输送槽，玉米秸秆和玉米穗在高速旋转的脱粒滚筒表面，被滚筒上的柱齿反复击打、切割，迅速分解成籽粒、粒糠、碎茎秆和长茎秸。籽粒、粒糠、碎茎秆从分离板的孔隙中落入清选设备的抖动筛上。长茎秸从排草口排出，完成籽粒与秸秆分离。长茎秸从排草口抛出去，分离出来的籽粒、颖糠、碎茎秸、杂余，输送到清选设备，在清选设备的上筛和下筛的交替作用下，玉米籽粒从筛孔落到提升器内，其余杂物被清选排出机外，玉米籽粒通过提升器送入粮仓，完成脱粒。

● **穗茎兼收玉米收获机**

穗茎兼收玉米收获机能一次性完成玉米果穗收获、果穗集箱，玉米秸秆切割、切碎还田、切碎回收等作业功能，有效地解决了我国玉米联合收获机没有玉米秸秆综合利用的缺陷，满足不同地区和用户对玉米秸秆利用的需求。

● **玉米秸秆青贮收获机**

玉米秸秆青贮收获机是将玉米茎秆和果穗一起收获，经切碎装置切碎后收集到一起，主要用作青贮饲料。玉米秸秆青贮收获机可一次完成对玉米秸秆、棉花秸秆、牧草等农作物秸秆的切割、收获、切碎、抛送装车，也可经切割粉碎后直接还田，一机两用。经切割粉碎后的秸秆、牧草等完全符合指标要求，是畜牧养殖业最理想的饲料原料。

● **秸秆捡拾打捆机**

秸秆捡拾打捆机是一种秸秆捡拾收获设备，能自动完成牧草、水稻、小麦和经揉搓的玉米秸秆的捡拾、打捆和放捆，广泛用于干、青牧草及水稻、小麦、玉米秸秆的收集捆扎。该机具有结构紧凑、操作方便、可靠性高等特点。成形后的草捆体积小而紧凑，并且草捆内松外紧，透气性好，便于运输和贮存。该机的推广使用对解决秸秆回收、改善农村焚烧秸秆带来的环境污染及提高秸草的利用质量起到了巨大的推动作用。

● **卧式摘穗装置**

卧式摘穗装置主要由一对相对旋转的摘穗辊、传动箱和摘穗辊间隙调整等组成。摘穗辊表面有双头螺旋状凸棱、棱上并有龙爪形摘穗爪，摘穗辊为前低、后高纵向配置，其轴线与水平面成30°～40°倾角，两摘穗辊轴线平行且具有约35毫米的高度差。摘穗辊分前、中、后三段，前端为带螺纹的锥体，主要起引导茎秆和有利于茎秆进入摘穗辊间隙；中段为带有螺旋凸棱的圆柱体，起摘穗作用，两对摘穗辊的螺纹方向相反，并相互交错配置，在螺纹上相隔90°设有摘穗钩，可以加强摘穗能力，易于揪断穗柄；摘穗辊后段为强拉段，表面上具有较高大的凸棱和沟槽，其主要作用是将茎秆的末梢部分和在摘穗中已拉断的茎秆强制从缝隙拉出或咬断，以防堵塞。

● **立辊式摘穗装置**

立辊式摘穗装置由一对相对转动的立式摘穗辊、挡禾板、转动装置等组成。每个摘穗辊分上下两段，上段为主要部分，起摘穗作用。下段为辅助部分，起拉茎作用。另一种将摘穗辊设计为3段，此种设计一般配有拉茎辊，以此增强对茎秆的拉引和对切碎装置的喂入。此外，还有一种采用组合式立式摘穗辊，应用在我国4YL—2机型中，分为前辊和后辊两部分。前辊表面具有螺旋钩爪使其更容易摘穗，后辊为六棱形或六花瓣形，使拉茎辊具有较强的拉引作用。

● **横卧式摘穗装置**

横卧式摘穗装置由一对相对回转的横向卧辊、喂入轮、喂入辊、输送装置等组成。摘穗时，拨禾轮将切割器割下的茎秆铺放在输送器上，经过喂入轮和喂入辊的辅助，将茎秆的梢部喂入到与机器前进方向垂直的横卧辊间隙中，摘辊在向后拉抛茎秆的过程中将果穗摘离。横卧式摘穗装置具有结构简单、功耗小、抓取茎秆的能力强和对青贮玉米的摘穗效果较好的优点。

● **摘穗板与拉茎辊组合式装置**

这种结构的摘穗装置多用于玉米割台上，由拉茎辊和摘穗板两部分组成。摘穗板位于纵向斜置的拉茎辊上方，工作宽度与拉茎辊工作长度相同。摘穗板为该种结构的核心部件，为防止对果穗的挤伤，通常设计为边缘圆弧形。摘辊分为前后两段，前端主要起引导和辅助作用，后端用于拉茎，目前拉茎段断面有四叶轮形、四棱形、六棱形等几种。

● **果穗输送装置**

果穗输送装置一般可分为链耙式输送和螺旋推运器两类，链耙式（刮板式）具有传动可靠、输送能力强、可大角度输送物料等特点一般常被采用。螺旋推运式主要用作籽粒推运、苞叶推运或果穗的短距离输送。

● **剥皮机构**

剥皮机构主要由玉米剥皮机、喂入均布装置、压送器、清杂风机、苞叶输送装置等部件组成。玉米联合收获机剥皮装置的工作原理是玉米果穗进入与水平呈一定倾角（一般为 10°～12°）并相向旋转的剥皮辊组与压送装置之间，果穗在压送装置作用下，紧贴在剥皮辊上，并且在重力以及剥皮辊和压送装置不断推进的作用下，沿剥皮辊表面向后滑动；由于两剥皮辊间存在高度差且材质不同，所以对果穗苞叶的摩擦力也不同，进而使果穗沿自身轴线旋转；在旋转和滑动的过程中果穗苞叶被蓬松，并且当剥皮辊与苞叶间的摩擦力大于苞叶和穗柄的联结力时，将苞叶剥下，然后由对辑将苞叶排出剥皮装置，剥净的果穗沿剥皮辊向下滑行并被输送到果穗集装箱。

● **高低辊式剥皮机**

高低辊式剥皮装置由几对轴心高度不等的剥皮辊组成，呈槽形配置，槽形配置的果穗横向分布较均匀，性能较好，目前采用较多，高低辊式剥皮装置剥净率较高，但啃穗严重。

● **平辊式剥皮机**

平辊式剥皮装置的剥皮辊轴心处在同一平面内，降低了啃穗，但也降低了果穗剥净率。在剥皮辊的上方设有压送器，使果穗与剥皮辊稳定接触而避免跳动，压送器对改善玉米果穗的剥皮质量和提高剥皮装置的生产率起着重要的作用。

● **压送器**

压送器位于剥皮辊上方，主要起到导向、压送玉米果穗，使果穗紧贴剥皮辊，顺利剥皮后输送出剥皮机的作用。可通过改变调整螺栓的长度使压送器绕转轴转动，由此调整橡胶拨齿与剥皮辊之间的距离，以此达到最佳剥皮效果。

● 无级变速轮

当驾驶员操纵无级变速油缸手柄时，变速油缸伸缩使转臂转动，从而使动轮被某级无级变速带挤压而产生横向滑动，同时另一级带放松，改变动轮左右带槽工作直径，达到变速目的。调整时先通过操纵手柄将动轮组合置于中间位置，然后松开螺栓轴，螺栓轴沿转臂长孔上下移动，达到调整要求后，将无级变速轮固定。在调整过程中应用手不断转动无级变速轮；严禁调紧超限度，而造成变速箱输入轴变形或折断。

● 茎秆粉碎装置

茎秆粉碎装置按照刀片的形式可分为锤爪式和弯刀式。弯刀式比较常用的有Y形刀和两弯一直形刀；锤爪式特点是强度高，耐磨损，粉碎效果好，缺点是消耗动力比较大。Y形甩刀切割部位多数开刃，这样增加了它的剪切力，秸秆粉碎率高，因刀具为Y形，对秸秆的捡拾性能较好，体积和重量均小于锤爪，所受阻力较小，所以其消耗功率较小。两弯一直形，其刀数量多，刀具交叉，兼备弯刀和直刀的特点，拉着轻，打得碎。在玉米收获机上的应用已越来越广泛。

● 分禾器

分禾器也称为扶禾器，分为左分禾器、中分禾器和右分禾器。分别安装在割台的左右两侧和中间，用螺栓与割台连接在一起。分禾器是玉米收获机的重要工作部件。它的主要作用是把其两端的玉米植株分离开来并将两分禾器之间的玉米植株收拢，导入到拨禾喂入机构。分禾器的分禾能力及行距适应能力，都是影响玉米收获机性能的重要因素。机组工作时，分禾器尖首先接触作物，能够将倒伏的秸秆挑起，引导至两个相对转动的摘穗辊之间，以减少落穗损失。

● 拨禾链

拨禾链由标准的套筒滚子链加装拨齿链板组成，即用专用的拨齿链板取代了外侧链板，直接铆接在链销上，一条拨禾链相对于另一条拨禾链的拨齿间距应错开 1/2 间距。其功用是将进入机器的玉米秆向后拨动，使之进入摘穗辊，并带动被过早摘下的玉米穗向上移动，使其落入果穗升运器，防止产生堵塞。对于摘穗辊式摘穗装置，拨禾链布置在摘穗辊前部的上方；对于摘穗板与拉茎辊组合式摘穗装置，拨禾链安装在摘穗板上部与拉茎辊平行的秸秆倒槽内。

● 往复式切割器

往复式切割器，其割刀作往复运动，结构较简单，适应性较广。目前在谷物收割机、牧草收割机、谷物联合收获机和玉米收获机上采用较多。它能适应一般或较高作业速度（6～10 千米/小时）的要求，工作质量较好，但其往复惯性力较大，振动较大。切割时，茎秆有倾斜和晃动，因而对茎秆坚硬、易于落粒的作物易产生落粒损失（如大豆收获）。对粗茎秆作物，由于切割时间长和茎秆有多次切割现象，则割茬不够整齐。

● 圆盘式切割器

圆盘式切割器的割刀在水平面（或有少许倾斜）内作回转运动，因而运转较平稳，振动较小。该切割器按有无支承部件来分，有无支承切割式和有支承切割式两种。

● 甩刀回转式切割器

甩刀回转式切割器的刀片铰链在水平横轴的刀盘上，在垂直平面（与前进方向平行）内回转。其圆周速度为 50～75 米/秒，为无支承切割式，切割能力较强，适于高速作业，割茬也较低。目前多用于牧草收割机和高秆作物茎秆切碎机上。

● 玉米脱粒滚筒

常用的滚筒形式有圆柱形钉齿滚筒和圆锥形钉齿滚筒两种。圆柱形钉齿滚筒可以连同钉齿整体铸造，也可在铸造滚筒上安装钉齿。它的结构简单，成本低，脱粒质量好，因而应用较多。为提高脱粒能力，特别是脱未剥苞叶玉米穗的能力，可在滚筒的前端、后端或两端带螺旋板；圆锥形钉齿滚筒一般由齿板座、齿板和钉齿等组合而成，制造成本较高。凹板一般为圆柱形，有整体式和分开式两种。整体式凹板由钢板冲孔后卷成圆筒形，制造简单，重量轻，但工作间隙不能调节。分开式凹板分为上、下两半，可通过调节下凹板位置改变间隙大小。

● **切向流滚筒式脱粒装置**

切向流滚筒式脱粒装置在使用过程中穗秆都是沿滚筒圆周的切线方向流动，包括 3 种：纹杆滚筒式、钉齿滚筒式和双滚筒式。脱粒和分离质量较好，谷粒的损伤也很少。但构造复杂，所需功率大，茎秆断碎也多。

● **轴流滚筒式脱粒装置**

轴流滚筒式脱粒装置是在其滚筒的顶盖或外壳内设有螺旋导板，当穗秆喂入后，一面随滚筒做圆周运动，一面在导板的引导下沿滚筒做轴向移动。因此，脱粒的时间比切向流式长得多，其脱粒和分离能力也较强。在装有这种脱粒装置的谷物联收机上，一般不单设分离装置，以缩短机体长度。

● **斜床式干燥机**

斜床式干燥机为方仓式，一般由若干个并列的方仓组成，仓的底部为倾斜式通气孔板，下部为通风道。其地板倾角略小于谷物自然堆角（一般为 20°左右），作业时需注意使谷层表面的坡度角与地板角相一致，以保持谷层厚度相同。其谷层堆积厚度一般为 1 米左右，小粒谷物（小麦及水稻）因单位谷层厚度阻力大则堆积厚度宜小些，而大粒谷物（玉米）则堆积厚度宜大些，斜床式干燥机除适于散粒谷物的干燥外还可干燥玉米果穗，由于玉米果穗堆的孔隙度较大，其堆积高度可达 3 米。

● **分流循环式干燥机**

分流循环式干燥机实际是干、湿粮混合式干燥机，该机由两层顶部缓苏段（起到一定的缓苏作用）、烘干段、缓苏段、冷却段、排粮段、热风机、冷风机及提升机等组成。工作时，湿粮与循环搅龙排出的循环粮混合，两种粮（干粮和湿粮）由提升机送到塔的顶部缓苏段，经过充分缓苏，湿粮水分下降。继续向下运动，经过多级顺流干燥和缓苏，最后进入冷却段，成品粮经过冷却达到安全水分（含水14％以下）后排出机外，而循环粮无需进行冷却，在与湿粮混合后继续进行循环干燥，故称此机为分流循环干燥机，其实质是干粮、湿粮混合干燥机。

第四节　资 源 篇

● 无霜期

指一年中终霜后至初霜前的一整段时间。在这一期间内，没有霜的出现。农作物的生长期与无霜期有密切关系。无霜期越长，生长期也越长。无霜期的长短因地而异，一般纬度、海拔高度越低，无霜期越长。在实际农业生产中，真正有危害的是霜冻，因此应该叫无霜冻期，即春季最后一次霜冻至秋季第一次霜冻之间的天数。

● 有效积温

每一种植物都需要温度达到一定值时才能够开始发育和生长，这个温度在生态学中称为发育阈温度或生态学零度，但仅仅温度达到所需还不足以完成发育和生长，因为还需要一定的时间，即需要一定的总热量，称为总积温或者有效积温。玉米的生态学零度为10℃，高于10℃的温度为有效温度，玉米种子发芽的最适温度为23～30℃，苗期最低温度为8℃，最高温度为44～50℃。穗期最低温度为18℃，最适温度为25℃，最高温度为35℃。

● 复合肥

复合肥是一种同时含有氮、磷、钾三要素中两种或两种以上的肥料。复合肥分为化成复合肥和混成复合肥，其中混成复合肥是由两种和几种盐按一定比例混合而成，但两者在肥效上差异不大。复合肥具有以下优点：养分含量高，主要营养元素多，副成分少，结构均匀，物理性状好，可节省贮运费用和包装材料。

● 玉米专用肥

根据玉米的需肥特点和土壤的供肥特性开发的一种长效缓解稳定型高浓度复混肥料。它是在掌握玉米生长发育和养分吸收积累规律的基础上，充分考虑不同地区区域特点和土壤肥力差异开发的，含有玉米生长发育所必需的大量元素氮、磷、钾和中微量元素钙、镁、硫、锌、硼等多种营养成分。具有肥效期长，养分完全，利用率高，省肥、省工，提高玉米抗逆性，延长叶片功能期的特点。

● 缓释肥

缓释肥是指能减缓或控制养分释放速度的肥料，就是在化肥颗粒表面包上一层很薄的疏水物质制成包膜化肥，水分可以进入多孔的半透膜，溶解的养分向膜外扩散，不断供给作物，即对肥料养分释放速度进行调整，根据作物需求释放养分，达到元素供肥强度与作物生理需求的动态平衡。广义上的缓释肥包括缓释肥与控释肥两大类型。“缓释”是指化学物质养分释放速率远小于速溶性肥料，施入土壤后转变为植物有效态养分的释放速率；“控释”是指以各种调控机制使养分释放按照设定的释放模式（释放率和释放时间）与作物吸收养分的规律相一致。缓释肥有以下优点：肥料用量减少，利用率提高；施用方便，省工安全；增产增收。

● 耕层

耕层是指在自然土壤的基础上，经过人类长期的耕作、施肥、灌溉等生产及自然因素的持续作用形成了农业耕作土壤。其包括耕作层（表土层）、犁底层、心土层和底土层。耕层通常厚为15～25厘米。耕层构造是由各层次中的固相、液相和气相的三相比所决定的，对协调土壤中水分、养分、空气、温度等因素具有重要作用。

● 犁底层

犁底层又称亚表土层，是位于耕作层以下较为紧实的土层，由于在犁耕时犁底层与心土层摩擦、压实并淀积黏粒而逐渐形成的，犁底层土壤紧实，一般离地表12～18厘米，厚5～7厘米，最厚可达到20厘米，容重常达每立方厘米1.5克以上。作物根系在此层受阻，不能深入心土层，而且易在此层积累无机盐，不利于作物生长。对耕作土壤来说，具有较薄的犁底层对保持养分、保存水分都是非常有益的。但是犁底层过厚（＞20厘米）、坚实，对物质的转移和能量的传递、作物根系下伸、通气透水都非常不利，这种情况必须采取深翻或深松的办法，改造、减小犁底层。但是易漏水漏肥的土壤或种植水稻的地块，创造一个透水性差的犁底层，是土壤耕作的一项特殊任务。

● 有机农产品

根据有机农业原则和有机农产品生产方式及标准生产、加工出来的，并通过有机食品认证机构认证的农产品。有机农产品是纯天然、无污染、安全营养的食品，也可称为生态食品。有机食品判断标准：一是原料来自于有机农业生产体系或野生天然产品；二是产品在整个生产加工过程中必须严格遵守有机食品的加工、包装、贮藏、运输要求；三是生产者在有机食品的生产、流通过程中有完善的追踪体系和完整的生产、销售档案；四是必须通过独立的有机食品认证机构的认证。

● 无公害农产品

是指产地环境、生产过程、产品质量符合国家有关标准和规范的要求，经认证合格获得认证证书并允许使用无公害农产品标志的未经加工或初加工的食用农产品。

● 绿色食品

是指遵循可持续发展原则，按照特定生产方式生产，经专门机构认定，许可使用绿色食品标志的无污染的安全、优质、营养类食品。

主要参考文献

白蕴芳，陈安存．2010. 中国农业可持续发展的现实途径［J］．中国人口资源与环境，20（4）：117-122.

陈国平．1993. 玉米科学施肥技术［J］．土壤肥料，（6）：8-11.

陈景堂，池书敏，马占元，等．2000. 玉米改良单交种的聚丙烯酰胺凝胶电泳分析［J］．华北农学报，15（4）：14-18.

陈一芹，杨秀丽．2002. 玉米杂交种子的质量控制与高产制种技术［J］．辽宁农业职业技术学院学报，4（1）：15-16.

崔俊明．2007. 新编玉米育种学［M］．北京：中国农业科学技术出版社．

董树亭．2007. 作物栽培学概论［M］．北京：中国农业出版社．

范成方，史建民．2014. 山东省粮食种植成本影响因素的实证分析——以玉米、小麦为例．中国农业资源与区划，35（2）：67-74.

范宏贵．2008. 玉米良种与栽培指南［M］．北京：中国农业科学技术出版社.

盖钧镒．2002. 作物育种学概论［M］．北京：中国农业出版社．

高荣岐，张春庆．2010. 作物种子学［M］．北京：中国农业出版社．

郭景伦，赵久然，孔艳芳，等．2000. 引物组合法在利用DNA指纹鉴定玉米自交系真伪中的应用研究［J］．华北农学报，2000，15（2）：27-31.

郭利朋，黄媛，杨英茹，等．2014. 典型国外农业信息化发展的经验探究［J]. 安徽农业科学，42（14）：4472-4473，4482.

郭庆法，王庆成，汪黎明．2004. 中国玉米栽培学［M］．上海：上海科学技术出版社．

国家统计局农村社会经济调查司．2000—2014. 中国农村统计年鉴［M］．北京：中国统计出版社．

郝付平，陈志．2007. 国内外玉米收获机械研究现状及思考［J］．农机化研究，10：206-208.

郝建平，刘克治，徐桂峰．1995. 玉米高产原理与栽培新技术［M］．北京：中国农业科技出版社．

胡伟．2004. 中国玉米收获机械化发展研究，硕士学位论文 [M]．中国农业大学．

江玲，万建民．2007. 植物激素 ABA 和 GA 调控种子休眠和萌发的研究进展 [J]．江苏农业学报，23 (4)：360-365.

金钢．1991. 玉米胚芽油的开发及玉米提胚制油技术的应用 [J]．中国油脂，16 (4)：38-40.

李力生，潘世强，张盛文．2001. 我国玉米种子加工业的现状及发展对策 [J]. 吉林农业大学学报，23 (1)：116-120.

李少昆，王崇桃．2010. 玉米高产潜力·途径 [M]．北京：科学出版社．

李少昆，王崇桃．2010. 玉米生产技术创新·扩散 [M]．北京：科学出版社.

李长荣，马继光，刘立晶．2012. 河西走廊杂交玉米制种机械化现状及发展趋势分析 [J]．新疆农机化，5：6-9.

刘军，黄上志，傅家瑞，等．2001. 种子活力与蛋白质关系的研究进展 [J]．植物学通报，18 (1)：46-51.

刘开昌，王庆成，李宗新．2012. 玉米新品种高产栽培技术及产业化 [M]．北京：台海出版社．

刘亚年．1993. 玉米的营养价值与人体的健康 [J]．粮食与饲料工业，5：25-26.

刘洋，李亚雄，等．2010. 几种国外制种玉米去雄机 [J]；新疆农机化，4：14.

罗迎，刘宁，李志．2014. 基于机器人的信息化农业生产体系探讨 [J]．榆林学院学报，24 (4)：57-60.

石洁，王振营．2011. 玉米病虫害防治彩色图谱 [M]．北京：中国农业出版社．

孟昭东，汪黎明，王庆成．2005. 鲁单系列玉米新品种与高效生产技术 [M]. 北京：台海出版社．

牛峰．2011. 黄淮海夏玉米适时晚收原因的探讨与技术对策 [J]．安徽农学通报，17 (3)：72-74.

聂振邦．2000—2014. 中国粮食发展报告 [M]．北京：经济管理出版社．

沈瑛．2002. 国外农业信息化发展趋势 [J]．世界农业，273 (1)：43-45.

汪黎明，王庆成，孟昭东．2010. 中国玉米品种及其系谱 [M]．上海：上海科学技术出版社．

王大山，孙伯川，邓蓉．2014. 发达国家农业信息化的实践探索 [J]．现代化农业，422（9）：49-51.

孟昭东，王庆成．2006. 高产玉米良种及栽培关键技术［M］．北京：中国三峡出版社．

王荣栋，尹经章．2005. 作物栽培学［M］．北京：高等教育出版社．

王振华，鲁晓民，张新，等．2011. 我国玉米全程机械化育种目标浅析［J］．河南农业科学，40（11）：1-3，21

温凤荣．2014. 山东省玉米产业竞争力研究．博士学位论文［D］．济南：山东农业大学．

吴彬．2006. 如何保持玉米杂交种子的高纯度［J］．麦类文摘（种业导报），4：45.

徐庆勇．2000. 良种在农业生产中的作用及产业化研究［M］．中国农业科学院．

闫书安，张春央．2008. 玉米需肥规律及科学施肥技术［J］．安徽农学通报，14（12）：33-34.

禹宙．2007. 生物有机肥对我国农业可持续发展的影响［J］．农业科技通讯，（10）：26-28.

张桂梅，王印忠，郑宝信．1996. 玉米杂交种质量下降的原因及对策［J］．种子世界，6：7-8.

张世煌，田清震，李新海，等．2006. 玉米种质改良与相关理论研究进展［J］. 玉米科学，14（1）：1-6.

张中东，惠国强，张红梅，等．2006. 玉米的营养及药用价值研究进展［J］．玉米科学，14（3）：173-176.

赵剑峰，杨庆凯．2000. RAPD 技术在国内玉米育种中的应用［J］．玉米科学，8（4）：18-19.

赵卫利，刘冠群，程俊力．2011. 国外农业信息化发展现状及启示［J］．世界农业，385（5）：71-72.

周春江，宋慧欣．2008. 现代杂交玉米种子生产［M］．北京：中国农业科学技术出版社．

周宗濂，孟昭旭，蔡世华．1996. 玉米杂交种子生产技术要点［J］．天津农林科技，135（1）：16-18.

图书在版编目（CIP）数据

玉米丰产增效栽培/李宗新，曲树杰，李文才主编.—北京：中国农业出版社，2015.7
ISBN 978-7-109-20535-2

Ⅰ.①玉… Ⅱ.①李…②曲…③李 Ⅲ.①玉米—高产栽培 Ⅳ.①S513

中国版本图书馆 CIP 数据核字（2015）第 121754 号

中国农业出版社出版
（北京市朝阳区麦子店街 18 号楼）
（邮政编码 100125）
责任编辑 廖 宁

中国农业出版社印刷厂印刷 新华书店北京发行所发行
2015 年 7 月第 1 版 2015 年 7 月北京第 1 次印刷

开本：880mm×1230mm 1/32 印张：8.375
字数：240 千字
定价：24.00 元